深智數位
股份有限公司

前言

　　我本人很喜歡物理學家費曼先生，尤其是他的科學精神，我的治學過程受他的啟發很大。當我涉足一個新的知識領域時，只有當我能夠完全推導出這個知識領域的知識框架時，才會認為自己已經學會並掌握了這個知識。

　　在我第一次投入物件辨識領域時，首要建立的就是這一領域的知識系統。然而，我發現如此熱門的領域竟然連一本較為系統的、理論與實踐相結合的入門書都沒有。雖然能夠在網上搜尋到很多帶有「物件辨識」字眼的技術圖書，可是讀上幾章就發現前半部分充斥著太多機器學習和深度學習的基礎概念和公式，等熬過閱讀這些基礎內容的時間，充滿期待地去讀後半部分時，卻又覺得好料太少，大多時候只停留在對某個流行的物件辨識框架已開源程式碼的講解，以大量篇幅介紹怎麼訓練原始程式碼，怎麼測試開源程式碼，又怎麼在自己的資料集上使用開源程式碼。當我想了解設計一個物件辨識網路的方法、製作訓練所需的正樣本的原理及其實現方法、損失函數的原理、一個物件辨識框架的邏輯的時候，我就迷失在了這些文字的汪洋大海裡。

　　相反，在很多技術大神的部落格文章和一些技術討論區中，我逐步掌握了一些工作的技術核心，學習了他們架設網路的技術路線、製作正負樣本的數學原理、各種損失函數的效果和物件辨識框架的內在邏輯等知識。在有了這些技術基礎後，透過不斷地模仿和思考，我也逐漸寫出了一套自己的物件辨識專案程式，這對我日後去閱讀新的物件辨識論文、開展前端工作、上手開源程式碼都帶來了很大的幫助。這不僅讓我掌握了一些微觀上的操作細節，也讓我對物件辨識領域有了巨觀上的把握。

但是，當我再回顧自己這段學習的心路歷程時，還是覺得這樣的學習方式，諸如選擇適合初學者的論文、選擇通俗易懂又全面的科普文章等，具有太多的偶然性。如果遲遲沒有找到合適的文章，那就不能理解什麼是 YOLO 檢測器，什麼又是 Detection with Transformers 框架。同時，大多數開源程式碼的上手難度較高，「九曲十八彎」的巢狀結構封裝往往讓初學者剛上手就迷失在了一次又一次的程式跳躍裡，更不用說要將一堆堆零散的知識串聯成一個可以印刻在大腦裡的認知框架。

在我寫下這段文字時，深度學習仍舊是以實踐為主，它的重要分支—物件辨識也依舊是以實踐為主的研究領域，但很多相關圖書往往只停留在基礎知識的講解上，所使用的程式也是網上現成的開源程式碼，這對初學者來說通常是不友善的。

在某個閒暇的傍晚，我仰靠在實驗室的椅子上，思索著剛看完的論文，正被其中雲山霧繞般的複雜理論所困擾，那一刻，燦爛的夕陽照亮了灰白的天花板，一切都被溫暖的橘色所籠罩，煥發出鮮活的色彩。我坐直身子，凝視著窗外遠處被柔和的夕陽所點綴的大樓，心曠神怡。忽然間，我萌生了寫一系列我所認可的物件辨識科普文章的念頭，其中既包括對經典論文的解讀，又包括原理層面的講解，最重要的是提供一套可複現的程式，讓讀者能夠從撰寫程式的角度進一步加深對物件辨識的理解，最終將那些我所認為的偶然性都變成必然性。

於是，我開始在知乎 (編按：中國大陸的文章撰寫分享網站) 上寫相關的文章。那時候，我對 YOLO 很感興趣，這也是物件辨識領域最熱門的物件辨識架構，因而我選擇透過寫 YOLO 相關的科普文章來講解我所了解的物件辨識領域的基礎知識。

漸漸地，隨著自己對 YOLO 的認識、對物件辨識領域認識的不斷加深，我寫的科普文章越來越多，內容也越來越詳細。同時，隨著我程式功底的提升，與科普文章書附的程式實現也越來越豐富。我對自己的科普工作有 3 點要求：相關論文必須讀透、科普內容必須翔實、程式實現必須親自動手。尤其是第三點，在我看來，是很多科普文章所缺乏的，這些文章最多就是放上已有的開源

程式碼來補充內容。或許，正是因為很多讀者能夠在我的科普文章中既習得了感興趣的技術原理，又獲得了一份可以運行的、可讀性較高的程式，理論與實踐相結合，避免了紙上談兵，所以讀者對我的一些文章舉出了積極評價和讚賞。

在這兩年時間中，我堅持跟進物件辨識領域的技術發展，在業餘時間裡動手實現每一個感興趣的模組甚至是整個網路架構，配合自己的程式做深度的論文講解，因此我寫出的科普文章越來越多，還建立了以 YOLO 為核心的物件辨識入門知乎專欄。儘管在如今這個講究「快」的時代，一點一點學習基礎知識可能不如直接在現有工作的基礎上做一些「增量式改進」來得實在，但我還是堅持自己的理念，繼續進行這方面的科普工作。

如今，在人民郵電出版社編輯的賞識下，我有幸能夠將這些年來的科普文章整理成一本技術圖書，對我來說，這是對我科普工作的一大肯定。我很希望本書能夠填補該領域中入門圖書的空白，為初學者提供一個較好的入門資料。同時，也由衷地希望這本書能夠拋磚引玉，引來更多的專業人士撥冗探討，引導後人。

那麼，回到這本書所要涉獵的技術領域：什麼是物件辨識（object detection）？

在電腦視覺領域中，物件辨識是一個十分基礎的電腦視覺問題，是影像分類（image classification）這個相對簡單且更基礎的任務的諸多下游任務中的重要分支。在影像分類任務（如圖 0-1 所示）中，我們設計一個分類器（classifier）模型，期望這個分類器能夠辨識出給定影像的類別，例如輸入一張有關貓的影像，我們希望分類器能夠判別出輸入影像中的物件是一隻貓，如圖 0-1 所示。

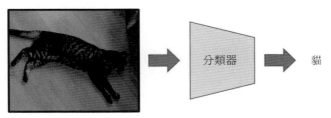

▲ 圖 0-1 影像分類任務

不過，儘管能夠辨識出「貓」這一類別，但對其所處的空間位置卻幾乎是不知道的。因此，影像分類任務有著明顯的局限性。不同於影像分類任務，在物件辨識任務中，我們需要設計一個檢測器（detector）模型，期望這個檢測器能夠辨識出影像中我們所感興趣的物件，這裡對「辨識」的定義既包括辨識出每個物件的類別，又要定位出每個物件在影像中的位置。舉例來說，輸入一張影像，如圖 0-2 所示，我們希望檢測器能夠辨識出影像中的「貓」和「電視機」，並採用邊界框的形式來標記物件在影像中所處的空間位置。

▲ 圖 0-2 物件辨識任務

乍一看，這樣的任務對人類來說是一件易如反掌的事情，多數人幾乎不需要經過相關的培訓和訓練，即可辨識和定位出現於我們視野中的物體。然而，就是這麼一個對人類來說再簡單不過的任務，對電腦而言，卻是十分困難的。

直到 21 世紀初，隨著深度學習中的卷積神經網路（convolutional neural network， CNN）技術的興起，物件辨識才獲得了長足的發展。儘管在此之前，已經出現了一批基於傳統人工視覺特徵（如 HOG 特徵）的方法，然而物件辨識在真正意義上的突破還是從深度學習時代開始的。

物件辨識發展至今，可以說是百家爭鳴，百花齊放，不同的演算法有著不同的特色和優勢，倘若我們一一講來，將會是一本長篇且有趣的整體說明類別圖書。但同時也會使這本書變得厚重無比，成為長期放於書架、與塵土作伴的「大部頭」。這並不是我的初衷。

不論是哪一個科學領域，總會有幾個代表性的工作時常被人提起。在物件辨識領域中， YOLO（You Only Look Once）便是這樣的工作之一。 YOLO 是一個具有里程碑意義的存在，以在 GPU 上的即時檢測速度和簡潔的網路架構兩大特點而一鳴驚人，打破了 R-CNN 系列工作的神話，結束了基於 two-stage 方

法的檢測框架的統治時代，掀開了基於深度學習的物件辨識領域的新篇章，建立了新的物件辨識範式，為這一領域注入了新鮮的、更具有潛在研究價值的新模式。在後續許多出色的工作中，我們都能夠看到 YOLO 的影子。

時至今日，YOLO 網路已從最開始的 YOLOv1 發展出 YOLOv2、YOLOv3 和 YOLOv4 等多個版本。在 GitHub 上，由非 YOLO 官方團隊實現的 YOLOv5 也備受研究者的青睞，以及由曠視科技公司發佈的 YOLOX 再度將 YOLO 工作推向了新的高峰。2022 年，美團公司發佈的工業部署友善型的 YOLOv6 和 YOLOv4 的作者團隊新推出了 YOLOv7，再一次刷新了 YOLO 系列的性能上限。隨著這些優秀的研究者們不斷致力於最佳化和改善 YOLO 框架，YOLO 幾乎成了物件辨識任務的代名詞，是當前物件辨識社區較活躍，也是較受歡迎的工作。或許終有一天，YOLO 將被這個時代所拋棄，但在物件辨識發展史中，YOLO 所築下的里程碑將永遠屹立。

正因如此，我斗膽選擇以 YOLO 為核心，寫下這本以「入門物件辨識」為宗旨的技術圖書。本書可能是第一本以實踐為出發點來講解 YOLO 網路的教學類別圖書，也是一本對初學者較友善的物件辨識入門書。同時，請允許我以這麼一本基礎書來為各位讀者拋磚引玉。

本書的組織結構

本書包含四大部分，共 13 章。以下是本書各章內容的簡介。

第 1 部分是「背景知識」，涉及第 1 章、第 2 章的內容。

- **第 1 章，「物件辨識架構淺析」**。詳略得當地介紹了自深度學習時代以來的物件辨識的發展簡史，以簡略的筆墨向讀者鋪開這一技術發展的畫冊。在這一章中，作者列出了若干經典的物件辨識框架，如 R-CNN 系列和 YOLO 系列，說明了當前物件辨識領域的兩大技術流派：兩階段和單階段。同時，介紹了當前流行的物件辨識架構，包含主幹網絡、頸部網路和檢測頭三大部分，這為以後的改進和最佳化工作提供了較為清晰的路線和準則。物件辨識發展得已較為成熟，由於篇幅有限，作者無法

將每一部分的所有工作都羅列出來，因此只能挑選其中極具代表性的工作介紹。在了解了相關原理後，建議讀者循序漸進地去了解更多的相關工作，豐富知識系統。

- **第 2 章，「常用的資料集」**。介紹了物件辨識領域常用的兩大資料集：PASCAL VOC 資料集和 MS COCO 資料集，其中，MS COCO 資料集是最具挑戰性的、當下諸多論文中必不可少的重要資料集之一。了解這些資料集的基本情況，是入門物件辨識領域的基本功之一，有助讀者開展後續工程或學術方面的工作。

第 2 部分是「學習 YOLO 框架」，涉及第 3 章～第 8 章的內容。

- **第 3 章，「YOLOv1」**。詳細講解經典的 YOLOv1 工作，包括網路結構、檢測原理、訓練中的標籤分配策略、訓練模型的策略以及前向推理的細節。透過本章的學習，讀者將正式邁過物件辨識領域的門檻，對物件辨識任務建立基本的認識，掌握基於 YOLO 框架的檢測技術路線，這有助開展後續的學習和研究工作。

- **第 4 章，「架設 YOLOv1 網路」**。在第 3 章所學習的 YOLO 相關知識的基礎上，透過對 YOLOv1 的網路結構做適當的改進，著手撰寫相關的網路結構的程式。本章的程式實現環節將有助提升讀者對物件辨識框架的認識，使其對如何基於現有的深度學習框架架設物件辨識網路有一定的基本了解。

- **第 5 章，「訓練 YOLOv1 網路」**。本章進一步撰寫 YOLOv1 的專案程式，在第 4 章的基礎上，本章主要撰寫讀取資料、前置處理資料、架設模型、實現標籤匹配、實現訓練和測試程式以及視覺化檢測結果等諸多程式實現內容。透過學習本章，讀者將對如何架設一個物件辨識框架並實現訓練和測試等必要的功能有一個較為清晰的認識。這些認識也將對讀者日後開展深入研究、快速掌握其他開源程式碼的架構起著很大的作用。

- **第 6 章，「YOLOv2」**。介紹了自 YOLOv1 之後的新一代 YOLOv2 網路，著重介紹了 YOLOv2 所採用的各種改進和最佳化方式，有助讀者了解包括批次歸一化層、先驗框、多尺度訓練等在內的關鍵技術。這些技術都

是當前主流的物件辨識框架中不可或缺的部分。同時，還對 YOLOv2 做了一次複現，有助讀者從程式實現的角度進一步加深對 YOLOv2 的認識，同時鞏固架設物件辨識專案的程式能力。

- **第 7 章，「YOLOv3」**。介紹了 YOLOv3 檢測框架的技術原理和細節。自 YOLOv3 開始，YOLO 系列工作的整體面貌就基本確定下來：強大的主幹網絡和多尺度檢測架構。這兩點在後續的每一代 YOLO 檢測器中都能清晰展現。同時，也講解了 YOLOv3 的程式實現，完成對複現的 YOLOv3 的訓練和測試。

- **第 8 章，「YOLOv4」**。介紹了 YOLOv4 檢測框架的技術原理和細節，著重介紹了相較於 YOLOv3 的諸多改進。同時，也講解了複現 YOLOv4 的相關程式實現，進一步引導讀者從實現的角度加深對 YOLOv4 的認識和理解，幫助讀者鞏固和強化對一個完整的物件辨識專案程式的認知和實現能力。

第 3 部分是「較新的 YOLO 框架」，涉及第 9 章、第 10 章的內容。

- **第 9 章，「YOLOX」**。介紹了新一代的 YOLO 框架，講解了 YOLOX 對 YOLOv3 的改進以及新型的動態標籤分配，並動手實現了一款較為簡單的 YOLOX 檢測器。

- **第 10 章，「YOLOv7」**。介紹了 YOLOv7 檢測框架的技術原理，主要介紹了 YOLOv7 所提出的高效網路架構的實現細節，並動手實現了一款較為簡單的 YOLOv7 檢測器。

第 4 部分是「其他流行的物件辨識框架」，涉及第 11 章、第 12 章和第 13 章的內容。

- **第 11 章，「DETR」**。介紹了掀起 Transformer 在電腦視覺領域中的研究浪潮的 DETR，講解了 DETR 的網路結構，並透過講解相關的開源程式碼來展現 DETR 的技術細節。

- **第 12 章，「YOLOF」**。介紹了新型的單級物件辨識網路，講解了 YOLOF 獨特的網路結構特點和所提出的標籤匹配，並透過程式實現的方式複現了 YOLOF，進一步增強讀者的程式能力。

- 第 13 章，「**FCOS**」。介紹了掀起無先驗框檢測架構研究浪潮的 FCOS 檢測器，填補了前文對於無先驗框技術框架的空白，加深了讀者對無先驗框檢測架構的理解和認識。FCOS 是這一架構的經典之作，也是常用的基準線模型，同時，無先驗框技術框架也是當下十分受歡迎的框架。

本書特色

1. 較為全面的 YOLO 系列內容解讀

　　本書以 YOLO 系列為核心，圍繞這一流行的通用物件辨識框架來開展本書的技術講解、程式實現和入門知識科普等工作。本書翔實地講解了自 YOLOv1 到 YOLOv4 的發展狀況和相關技術細節。儘管在本書完稿時，YOLOv4 已經算是「古董」了，但即使是這樣一個「古董」，最新的 YOLO 檢測器也沒跳出 YOLOv4 的技術框架，無非是在每一個模組中採用了最新的技術，但其基本架構是一模一樣的。因此，在學習 YOLOv4 後，就能在巨觀上對 YOLO 框架的發展有足夠清晰的認識，同時在微觀上了解和掌握相關的技術細節，為日後讀者自學更新的 YOLO 檢測器做足了相關知識儲備，也為後續的改進和最佳化夯實了基礎。書中也提供了大量圖片以幫助讀者更加直觀地理解 YOLO 系列。

2. 作者撰寫的開源程式碼

　　完整、可複現的開源程式碼是本書最大的亮點。本書不僅詳細地講解了 YOLO 系列所涉及的理論知識，更是在此基礎上撰寫了大量的相關程式。正所謂「紙上得來終覺淺，絕知此事要躬行」，只有透過閱讀程式、撰寫程式和偵錯程式，才能對 YOLO 具備更加全面的認識，而這些認識又會為入門物件辨識領域提供大量的正回饋。本書的絕大多數程式是由作者親手撰寫，部分實現也參考了現有的開源程式碼，而非簡單地借用或套用已開放原始碼的 YOLO 專案程式作為範例，或投機取巧地解讀 YOLO 開放原始碼專案。每一次程式實現環節都對應一份完整的物件辨識專案程式，而非零散的程式區塊，其目的是讓讀者能夠一次又一次地建立起對完整的物件辨識專案的認識。本書的諸多經驗和

認識都是建立在作者撰寫的大量豐富程式的基礎上，使得讀者既能夠在閱讀此書時對 YOLO 建立起一個基礎認識，同時又能夠透過閱讀、模仿、撰寫和偵錯程式建立起對 YOLO 的理性認識。

3. 經典工作的解讀和程式實現

除 YOLO 之外，本書還講解了流行的物件辨識框架（如 DETR、YOLOF 和 FCOS），同時，也提供了由作者撰寫的完整的專案程式，以便讀者閱讀、複現和偵錯。透過學習這些 YOLO 之外的工作，有助讀者將從 YOLO 專案中學到的知識橫向地泛化到其他檢測框架中，進一步加深對物件辨識的認識，同時還能夠縱向地摸清、看清物件辨識領域的發展趨勢，掌握更多的技術概念，為後續的「踐行」做足準備。

本書目標讀者

本書主要具有一定神經網路基礎知識、了解深度學習導向的基本概念、想要踏踏實實地夯實物件辨識基礎知識的初學者。同時，對於在工作中對 YOLO 框架有一定涉獵，但缺乏對相關技術的了解和掌握，並打算學習相關技術、掌握基礎概念的演算法工程師和軟體工程師也同樣適用。

本書採用自底向上、由淺入深、理論與實踐相結合的講解方式，幫助讀者建立起較為紮實的物件辨識知識系統，有助開展後續的研究工作。

閱讀本書需具備的基礎知識

由於本書不會去講解過多的機器學習和深度學習的基本概念，因此希望讀者在閱讀此書時，已經具備了一些機器學習、神經網路、深度學習和電腦視覺領域相關的基礎知識。同時，我們也希望讀者具備 Python 語言、NumPy 函數庫和 PyTorch 深度學習框架使用基礎，以及對流行的電腦開放原始碼函數庫 OpenCV 的基本操作有所了解和使用經驗。

另外，為了能夠順利偵錯本書提供的開源程式碼，還需要讀者對 Ubuntu 作業系統具有一些操作經驗。儘管本書的大多數程式也能在 Windows 系統下正常運行，但不排除極個別的操作只能在 Ubuntu 系統下運行。同時，讀者最好擁有一片性能不低於 GTX1060 型號的顯示卡，其顯示記憶體容量不低於 3GB，並且具備安裝 CUDA、cuDNN 和 Anaconda3 的能力，這些硬體和軟體是運行本書程式的必要條件。

致謝

感謝我的導師李瑞峰對我這些年的博士課題研究的支持和指導，感謝我的父親和母親的支持，也感謝我所在實驗室的師兄、師弟和師妹的支持。沒有你們的支持，就不會有這本書，是你們給予了我創作的動機、勇氣和決心，是你們的支援賦予了我工作的最大意義。

感謝人民郵電出版社的傅道坤編輯在本書的創作過程中提供指導、審閱書稿並回饋大量積極的修改建議，感謝人民郵電出版社的單瑞婷編輯在本書的審閱和校對階段所付出的努力和不辭辛勞的幫助，也感謝人民郵電出版社的陳聰聰編輯的賞識以及楊海玲編輯提供的幫助和支援。

感謝人民郵電出版社的工作人員為科技圖書的普及做出的貢獻。

目錄

第 1 部分　背景知識

第 1 章　物件辨識架構淺析

第 2 章　常用的資料集

第 2 部分 學習 YOLO 框架

第 3 章 YOLOv1

第 4 章 架設 YOLOv1 網路

第 5 章　訓練 YOLOv1 網路

第 6 章　YOLOv2

第 7 章　YOLOv3

第 8 章 YOLOv4

第 3 部分　較新的 YOLO 框架

第 9 章　YOLOX

第 10 章　YOLOv7

第 4 部分　其他流行的物件辨識框架

第 11 章　DETR

第 12 章 YOLOF

第 13 章 FCOS

第 **1** 部分

背景知識

第 **1** 章

物件辨識
架構淺析

　　一般來說在正式邁入一個技術領域之前，往往先從巨觀的、基礎的層面來認識和了解它的發展脈絡是很有益處的，因此，在正式開始學習 YOLO[1-3] 系列工作之前，不妨先從巨觀的角度來了解一下什麼是「物件辨識」，了解它的發展簡史、主流框架以及部分經典工作。擁有這些必要的巨觀層面的認識對於開展後續的學習也是極其有益的。本章將從物件辨識發展簡史和當前主流的物件辨識網路框架兩大方面來講一講這一領域的發展技術路線。

1.1 物件辨識發展簡史

　　在深度學習時代到來之前，研究者們對物件辨識的研究路線基本可以劃分為兩個階段，先從影像中提取人工視覺特徵（如 HOG），再將這些視覺特徵輸入一個分類器（如支持向量機）中，最終輸出檢測結果。

以現在的技術眼光來看，這種做法十分粗糙，但是已經基本能夠滿足那時即時檢測的需求，並且已經在一些實際場景的業務中有所應用，但那主要得益於人體結構本身不算太複雜、特點鮮明，尤其是行走中的人的模式幾乎相同，鮮有「奇行種」。不過，想做出一個可靠的通用物件辨識器，辨識更多、更複雜的物體，則存在很大的困難，在作者看來，造成這種困難的最根本的原因是我們難以用一套精準的語言或數學方程式來定義世間萬物。顯然，要檢測的物體種類越多，模型要學會的特徵就越多，僅靠人的先驗所設計出的特徵運算元似乎無法滿足任務需求了。

直到 2014 年，一道希望之光照射進來，撥開了重重迷霧。

2014 年，著名的 R-CNN[4] 問世，不僅大幅提升了當時的基準資料集 PASCAL VOC[12] 的 mAP 指標，同時也吹響了深度學習進軍基於視覺的物件辨識（object detection）領域的號角。從整體上來看，R-CNN 的想法是先使用一個搜尋演算法從影像中提取出若干**感興趣區域**（region of interest，RoI），然後使用一個**卷積神經網路**（convolutional neural network，CNN）分別處理每一個感興趣區域，提取特徵，最後用一個支援向量機來完成最終的分類，如圖 1-1 所示。

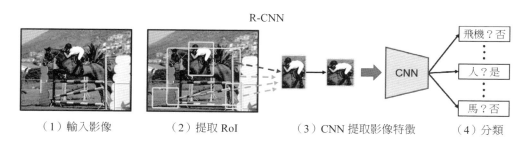

（1）輸入影像　　　（2）提取 RoI　　　（3）CNN 提取影像特徵　　（4）分類

▲ 圖 1-1 R-CNN 檢測流程

一般來說搜尋演算法會先舉出約 2000 個感興趣區域，然後交給後續的 CNN 去分別提取每一個感興趣區域的特徵，不難想像，這一過程會十分耗時。為了解決這一問題，在 R-CNN 工作的基礎上，先後誕生了 Fast R-CNN[13] 和 Faster R-CNN[14] 這兩個工作，如圖 1-2 所示，迭代改進了 R-CNN 這一檢測框架的各種弊端，不斷完善 R-CNN「先提取，後辨識」的檢測範式。這一檢測範式後被稱

為「兩階段」（two-stage）檢測，即**先提取出可能包含物件的區域，再依次對每個區域進行辨識，最後經過處理得到最終的檢測結果。**

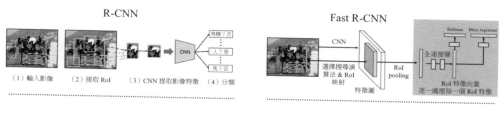

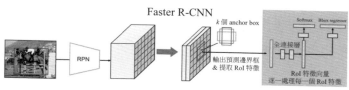

▲ 圖 1-2　R-CNN 家族

　　而在 2015 年，又一個革命性的工作──YOLO（You Only Look Once）[1]問世。不同於 R-CNN 的兩階段檢測範式，YOLO 的作者團隊認為，提取候選區域（定位）和逐一辨識（分類）完全可由一個單獨的網路來同時完成，無須分成兩個階段，不需要對每一個特徵區域進行依次分類，從而能夠減少處理過程中的大量容錯操作，如圖 1-3 所示。

▲ 圖 1-3　YOLOv1 檢測流程

　　顯然，在這一技術理念下，YOLO 只需對輸入影像處理一次，即可獲得最終的檢測結果，因而 YOLO 在檢測速度上具有天然的優勢。YOLO 所採用的這種點對點的檢測方式將定位和分類耦合在一起，同步完成，因此，這類工作被稱為「單階段」（one-stage）檢測。顯然，相較於以 R-CNN 為代表的兩階段檢測範式，YOLO 這類單階段檢測框架理應更加高效、簡潔。

　　在這樣的設計理念下，YOLO 憑藉著其在 TITAN X 型號的 GPU 上以每秒處理超過 40 張影像的檢測速度（即 40 FPS）超越了當時所有的通用物件辨識器。儘管 YOLO 的檢測性能要略遜於當時最新的 Faster R-CNN 檢測器，但其顯著的速度優勢使其成為一個可以滿足即時檢測需求的通用物件辨識器，許多研究者看到了這一檢測器背後所蘊含的性能潛力和研究價值。此後，YOLO 以其在檢測速度和模型架構上的顯著優勢一鳴驚人，掀開了物件辨識領域的新篇章。

　　也正是在 YOLO 框架大火之後，物件辨識領域正式誕生了以下兩大流派：

- 以 R-CNN 為代表的 two-stage 流派；

- 以 YOLO 為首的 one-stage 流派。

　　通常情況下，two-stage 框架往往檢測精度較高而檢測速度卻較慢，one-stage 框架則恰恰相反，往往檢測精度較低但檢測速度較快。在很多電腦視覺任務中，精度和速度總是矛盾的，因而促使研究者嘗試從二者的矛盾中尋求一個較為平衡的解決方案。隨著後續研究者們的不斷思考、探索和嘗試，如今的 one-stage 檢測框架幾乎兼具了性能和速度兩方面的優勢，實現了極為出色的性能上的平衡。

　　縱觀科學發展史，「大道至簡」和「奧卡姆剃刀」原理往往是有效的。也許正因如此，廣大研究者和工程師才更加青睞 one-stage 框架，投入更多的科學研究精力和資源去最佳化這一框架，使其獲得了長足的發展。這一點從每年發表在電腦視覺頂級會議的物件辨識工作中可見一斑，one-stage 框架相關工作佔據了很大的比重，如 SSD[16]、RetinaNet[17] 和 FCOS[18] 等。近來，這一套框架又由方興未艾的基於 Transformer[5] 的 DETR 系列[6,7] 做了一次大幅度的革新。可以認為，物件辨識的 one-stage 框架以其更簡潔、更具潛力等優勢已經成為這一領域的主流框架。

　　因此，在入門物件辨識領域時，學習 one-stage 框架相關工作是更為契合主流的選擇。

注意：儘管基於深度學習的方法成為了這一領域的主流，但我們不難發現，基於深度學習的方法仍舊延續著傳統方法的工作框架，即**先提取特徵，再進行分類和定位。** 只不過這兩部分現在都被神經網路代替了，無須人工設計。因此，雖然傳統電腦視覺方法在許多方面被基於深度學習的方法所超越，但其思想仍值得我們參考和思考。

1.2 物件辨識網路框架概述

從深度學習時代開始，物件辨識網路的框架也逐漸地被確定了下來。一個常見的物件辨識網路往往可以分為三大部分：**主幹網絡**（backbone network）、**頸部網路**（neck network）和**檢測頭**（detection head），如圖 1-4 所示。

▲ 圖 1-4 物件辨識網路的組成

- **主幹網絡**。主幹網絡是物件辨識網路中最核心的部分，其關鍵作用就是提取輸入影像中的高級特徵，減少影像中的容錯資訊，以便於後續的網路去做深入的處理。在大多數情況下，主幹網絡選擇的成敗對檢測性能的影響是十分巨大的。

- **頸部網路**。頸部網路的主要作用是將由主幹網絡輸出的特徵進行二次處理。其整合方式有很多，最為常見的就是**特徵金字塔網路**（feature pyramid network，FPN）[19]，其核心是將不同尺度的特徵進行充分的融合，以提升檢測器的多尺度檢測的性能。除此之外，還有很多單獨的、可隨插即用的模組，如 RFB [20]、ASPP [21] 和 YOLOv4 [8] 所使用的 SPP 模組等，這些模組都可以增加在主幹網絡之後，以進一步地處理和豐富特徵資訊，擴大模型的感受野。

- **檢測頭**。檢測頭的結構相對簡單，其主要作用就是提取類別資訊和位置
資訊，輸出最終的預測結果。在某些工作裡，檢測頭也被稱為**解碼器**
（decoder），這種稱呼不無道理，因為檢測頭的作用就是從前兩個部分
所輸出的特徵中提取並預測影像中的物件的空間位置和類別，它相當於
一個解碼器。

　　總而言之，從巨觀角度來看，幾乎任何一個檢測器都可以分為以上三大部
分，如此的模組化思想也有助我們為其中的每一部分去做改進和最佳化，從而
提升網路的性能。接下來，我們再從微觀角度來依次講解物件辨識網路的這三
大部分。

1.3 物件辨識網路框架淺析

　　在 1.2 節中，簡單介紹了當前常見的物件辨識網路框架的基本部分：主幹網
絡、頸部網路和檢測頭。本節將詳細介紹每一個組成部分。

1.3.1 主幹網絡

　　為了檢測出影像中物件的類別和位置，我們會先從輸入的影像中提取出必
要的特徵資訊，比如 HOG 特徵。不論是基於傳統方法還是深度學習方法，提取
特徵這一步都是至關重要的，區別只在於提取的方式。然後利用這些特徵去完
成後續的定位和分類。在深度學習領域中，由於 CNN 已經在影像分類任務中被
證明具有強大的特徵提取能力，因而選擇 CNN 去處理輸入影像，從中提取特徵
是一個很自然、合理的做法。在物件辨識框架中，這一部分通常被稱為**主幹網**
絡。很多時候，一個通用物件辨識器的絕大部分網路參數和計算都包含在了主
幹網絡中。

　　由於深度學習領域本身的「黑盒子」特性，很多時候我們很難直觀地去理
解 CNN 究竟提取出了什麼樣的特徵，儘管已經有一些相關的理論分析和視覺化
工作，但對於解開這層面紗還是遠遠不夠的。不過，已經有大量的工作證明了
這一做法的有效性。

從某種意義上來說，如何設計主幹網絡是至關重要的，這不僅因為主幹網絡佔據了一個物件辨識器的計算量和參數量的大部分，還因為提取的特徵的好壞對後續的分類和定位有著至關重要的影響。在應用於物件辨識任務之前，深度學習技術就已經在影像分類任務中大放光彩。尤其是在 VGG[22] 和 ResNet[23] 工作問世後，影像分類任務幾乎達到了頂峰—從不再舉辦 ImageNet 比賽這一點就可見一斑。雖然這個領域還在陸陸續續地出現新的工作，誕生了很多出色的主幹網絡，但當年百花齊放的盛況已成為歷史。

深度學習技術能夠如此出色地完成影像分類任務，充分表明了這一新技術確實有著不同凡響的特徵提取能力。另外，由於 ImageNet 是影像分類領域中最大的資料集，包含百萬張自然影像，因而許多研究者認為經過該資料集訓練後的 CNN 已經充分學會了如何提取「有用」的特徵，這對於包括物件辨識、語義分割、實例分割等在內的下游任務是有益的。以物件辨識任務為例，儘管影像分類任務和物件辨識任務有著明顯區別，但二者又有著一定的相似性：**都需要對影像中的物件進行分類**。這種相似性為研究者們帶來了這樣的啟發：**能否將訓練好的分類網路（如 ResNet 等）遷移到物件辨識網路中呢？** 在經過這樣的思考後，一些研究者們便將在 ImageNet 資料集上訓練好的分類網路做一些適當的調整—去掉最後的 global avgpooling 層和 Softmax 層後，便將其作為物件辨識網路中的主幹網絡，並使用在 ImageNet 資料集上訓練好的參數作為主幹網絡的初始化參數，即「預訓練權重」。這一模式也就是後來所說的「ImageNet pretrained」。

大量的工作已經證明，這一模式是十分有效的，可以大大加快物件辨識網路在訓練過程中的收斂速度，也可以提升檢測器的檢測性能。雖然主幹網絡起初並不具備「定位」的能力，但依靠後續增加的檢測頭等其他網路層在物件辨識資料集上的訓練後，整體的網路架構便兼具了「定位」和「分類」兩大重要能力，而主幹網絡所採用的預訓練權重參數又大大加快了這一學習過程。自此，許多物件辨識模型都採用了這樣一套十分有效的訓練策略。

然而，2019 年的一篇重新思考經過 ImageNet 預訓練的模式的論文[24]以大量的實驗資料證明了**即使不載入預訓練權重，而是將主幹網絡的參數隨機初始化，也可以達到與之相媲美的性能**。但為了達到此目的，需要花更多的時間來訓練網路，且資料集本身也要包含足夠多的影像和訓練標籤，同時，對於資料

前置處理和訓練所採用的超參數的調整也帶來了一定的挑戰。這樣的結論似乎是很合理的，正所謂「天下沒有免費的午餐」（早餐和晚餐也不免費），既然設計了一個主幹網絡，若是不想在 ImageNet 資料集上預訓練，那麼自然就要在物件辨識資料集上投入更多的「精力」。因此，目前經過 ImageNet 預訓練的模式仍舊是主流，後續的研究者們還是會優先採用這一套訓練模式，來降低研究的時間成本和計算成本。

最後，簡單介紹 5 個常用的主幹網絡模型。

- **VGG 網路**。常用的 VGG 網路[22]是 VGG-16 網路。由於其結構富有規律性，由簡單的卷積塊堆疊而成，因此備受研究者們的青睞。VGG 網路也打開了「深度」卷積神經網路的大門，是早期的深度卷積神經網路之一。早期的 Faster R-CNN 和 SSD 都使用了這一網路作為主幹網絡。

- **ResNet 網路**。ResNet[23]是當下最主流、最受歡迎的網路之一。常用的 ResNet 是 ResNet-50 和 ResNet-101。ResNet 的核心理念是「殘差連接」（residual connection），正是在這一理念下，此前令許多研究者困擾的「無法訓練大模型」的問題獲得了有效的解決。自 ResNet 工作之後，如何設計一個深度網路已經不再是難題，並且這一系列的工作已在多個電腦視覺領域中大放光彩，其殘差思想也啟發了其他領域的發展。

- **DarkNet 網路**。DarkNet 系列主要包含 DarkNet-19 和 DarkNet-53 兩個網路，它們分別來源於 YOLOv2[2] 和 YOLOv3[3] 這兩個工作。但由於 DarkNet 本身是很小眾的深度學習框架，且這兩個網路均是由 DarkNet 框架實現的，因此使用這兩個主幹網絡的頻率相對較低。

- **MobileNet 網路**。MobileNet 系列的工作由 Google 公司團隊一手打造，目前已經推出了 MobileNet-v1[25]、MobileNet-v2[26] 和 MobileNet-v3 [27]這 3 個版本。MobileNet 系列的核心技術點是**逐深度卷積**（depthwise convolution），這一操作也是後來絕大多數輕量型 CNN 的核心操作。相較於前面介紹的以 GPU 為主要應用平臺的大型主幹網絡，MobileNet 著眼於低性能的行動端平臺，如手機、無人機和其他嵌入式裝置等。

- **ShuffleNet 網路**。ShuffleNet 系列由曠視科技公司團隊一手打造,目前已經推出了 ShuffleNet-v1 [28] 和 ShuffleNet-v2 [29] 兩個版本,同樣是針對低性能的行動端平臺設計的輕量型網路,其核心思想是**通道混合**(channel shuffle),其目的是透過將每個通道的特徵進行混合,彌補逐深度卷積無法使不同通道的資訊進行互動的缺陷。

還有很多出色的主幹網絡,這裡就不一一列舉了。有關主幹網絡的更多介紹,感興趣的讀者可自行查閱相關資料。

1.3.2 頸部網路

1.3.1 節已經介紹了物件辨識模型中的主幹網絡,其作用可以用一句話來總結:**提取影像中有用的資訊**。當然,「有用的資訊」是一種籠統的描述,尚不能用精確的數學語言來做定量的解釋。另外,由於主幹網絡畢竟是從影像分類任務中遷移過來的,在大多數情況下,這些網路的設計很少會考慮到包括物件辨識、語義分割等下游任務,它們提取的特徵也就有可能不太適合物件辨識任務。因此,在主幹網絡處理完畢之後,仍有必要去設計一些額外的模組來對其特徵做進一步的處理,以便適應物件辨識任務。因為這一部分是在主幹網絡之後、檢測頭之前,因此被形象地稱為**頸部網路**。

相較於主幹網絡常使用 ImageNet 預訓練參數,頸部網路的參數的初始化沒有太多需要解釋的。既然頸部網路的作用是整合主幹網絡的資訊,可供研究者們自由發揮的空間也就大得多,很多頸部網路被相繼提了出來。這裡我們介紹兩種常見的頸部網路。

- **特徵金字塔網路**。特徵金字塔網路(feature pyramid network,FPN)[19] 是目前物件辨識領域最有名的結構之一,幾乎是當下物件辨識網路的標準設定,其多尺度特徵融合與多級檢測思想影響了後續許多物件辨識網路結構。FPN 認為網路中的不同大小的特徵圖所包含的資訊是不一樣的,即淺層特徵圖包含更多的位置資訊,且解析度較高,感受野較小,便於檢測小物體;而深層特徵圖包含更多的語義資訊,且解析度較低,感受野較大,便於檢測大物體。因此,FPN 設計了一種自頂向下的融合方式,

將深層的特徵不斷融合到淺層特徵中，透過將淺層與深層的資訊進行融合，可以有效地提升網路對不同尺度物體的檢測性能。圖 1-5 展示了特徵金字塔網路的結構。

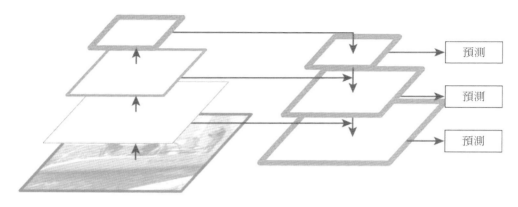

▲ 圖 1-5 特徵金字塔網路的結構

- **空間金字塔池化模組**。雖然最早的空間金字塔池化（spatial pyramid pooling，SPP）模組是由 Kaiming He 團隊[30]在 2015 年提出的，但在物件辨識任務中常用的 SPP 模組則是由 YOLOv3 工作的作者團隊所設計的 SPP 結構，包含 4 條並行的分支，且每條分支用了不同大小的池化核心。SPP 結構可以有效地聚合不同尺度的顯著特徵，同時擴大網路的感受野，進而提升模型的性能。SPP 模組是一個 C/P 值很高的結構，被廣泛地應用在 YOLOv4、YOLOv6 和 YOLOv7 等工作中。圖 1-6 展示了 SPP 模組的網路結構。

還有很多出色的頸部網路，這裡就不一一展開細說了，感興趣的讀者可以自行搜尋學習。

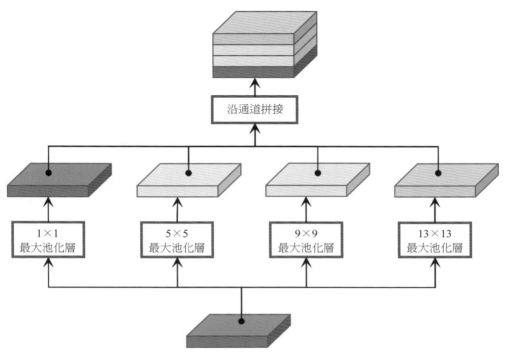

▲ 圖 1-6 SPP 模組的網路結構

1.3.3 檢測頭

當一張輸入影像經過主幹網絡和頸部網路兩部分的處理後，得到的特徵就可以用於後續的檢測了。大多數的檢測框架所採用的技術路線都是在處理好的特徵圖上，透過部署數層卷積來完成定位和分類。對於這一部分，由於其目的十分明確，而前面兩部分已經做了充分的處理，因此檢測頭的結構通常十分簡單，沒有太多可發揮的空間，圖 1-7 展示了 RetinaNet 的網路結構，RetinaNet 採用了「解耦」結構的檢測頭，這是當前物件辨識網路中常用的一種檢測頭結構，它由兩條並行的分支組成，每一條分支都包含若干層普通卷積、非線性啟動函數以及用於最終預測的線性卷積層。

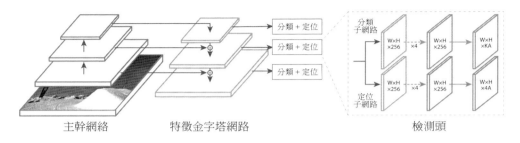

主幹網絡　　　　特徵金字塔網路　　　　　　　　　　檢測頭

▲　圖 1-7　RetinaNet 的網路結構（摘自論文〔17〕）

1.4 小結

　　本章主要介紹了物件辨識領域的發展簡史，並著重地講解了當前主流物件辨識網路的組成：主幹網絡、頸部網路和檢測頭。透過這一章的學習，讀者可以基本了解什麼是物件辨識，摸清這一領域發展的基本脈絡，尤其是能夠建立起對當前的主流物件辨識網路框架的巨觀認識。這一點是十分重要的，很多後續的改進工作都是從這三部分出發，提出各種修改。同時，這種模組化的思想也有助我們去學習新的物件辨識知識和架設一個完整的物件辨識網路框架。

第 **2** 章

常用的
資料集

迄今為止，在機器學習和深度學習領域，資料本身對一個演算法的好壞依舊起著至關重要的作用—資料的有無、資料量的大小以及資料的品質都會直接影響一個演算法的實際性能。在大多數時候，可能演算法本身在理論層面是很優秀的，但在處理糟糕的資料時，再優秀的演算法性能也要大打折扣。

如今，社會發展已進入巨量資料時代，這就表示資料獲取會變得更加容易，而這在一定程度上也大力推動了深度學習的發展。例如早期的影像分類任務，在李飛飛團隊公佈了龐大的 ImageNet 資料集並舉辦了相關比賽後，吸引了大量的研究團隊，充分利用 ImageNet 資料集所包含的百萬級的資料來建構強大的影像分類器，越來越多的優秀演算法應運而生，為後續諸多的下游任務做足了技術儲備。而在物件辨識領域，正是在 MS COCO 資料集[32] 被公佈後，促進了物件辨識領域的發展，使得越來越多的檢測演算法被部署到實際場景中，從而解

決實際任務中的問題。諸如此類的例子還有很多，總結起來，就是深度學習的每一筆分支的發展都離不開一個龐大的、高品質的、場景複雜的、具有挑戰性的資料集。因此，在步入物件辨識領域之前，了解該領域常用的資料集是十分必要的。

當然，有時一個資料集可能會服務於多個任務，因此會存在不同形式的資料標籤。為了配合本書，我們只介紹資料集中的部分內容。倘若讀者對資料集的其他部分也感興趣，不妨前往資料集的官方網站查看更多的資訊。

2.1 PASCAL VOC 資料集

PASCAL VOC（PASCAL Visual Object Classes）資料集[12]是物件辨識領域中的經典資料集，該資料集中共包含 20 類物件，一萬多張影像。該資料集中最為常用的是 VOC2007 和 VOC2012 資料集。一般來說 VOC2007 的 trainval 資料與 VOC2012 的 trainval 資料會被組合在一起用於訓練網路，共包含 16551 張影像，而 VOC2007 的 test 資料則作為測試集來驗證網路的性能，共包含 4952 張影像。當然，還有其他資料組合方式，但由於這一組合最常見，因此讀者只需了解這一種方式。如果讀者對更多的組合使用方式感興趣，可自行查閱相關資料。圖 2-1 展示了 VOC 資料集的一些實例。

▲ 圖 2-1　VOC 資料集的一些實例

讀者可以登入 PASCAL VOC 官方網站下載 VOC2007 和 VOC2012 資料集，或使用本書書附原始程式碼的 README 檔案中的下載連結來獲得該資料集。為了配合後續的程式實現，作者推薦各位讀者使用本書所提供的下載連結去下載資料集，以便和後續的實踐章節相對應，以減少一些不必要的麻煩。

以作者提供的資料集下載連結為例，讀者會看到一個名為 VOCdevkit.zip 的壓縮檔，下載後對其進行解壓，即可獲得 VOC2007 和 VOC2012 資料集。我們將在實踐章節中使用 VOC 資料集，因此強烈建議讀者提前將其下載下來。

以 VOC2007 資料集為例，打開 VOC2007 資料夾，我們會看到幾個主要檔案，如圖 2-2 所示。其中，JPEGImages 資料夾下包含資料集影像，Annotations 資料夾下包含每張影像的標注檔案。標注檔案的命名與影像的命名相同，僅在尾碼上有差別。而對於帶有「Segmentation」字眼的檔案，我們暫時不需要考慮，因為它們是用於語義分割和實例分割任務的，不在本書的討論範圍內。

隨後，進入 ImageSets 資料夾，我們主要關心的是其中的 Layout 資料夾，因為該資料夾下包含 4 個後面會常用到的 txt 文件，其作用是用來劃分資料集，以便分別用於訓練和測試。圖 2-3 展示了這 4 個 txt 文件。

▲ 圖 2-2　VOC2007 資料夾中的主要檔案

▲ 圖 2-3　ImageSets/Layout 資料夾下的 4 個 txt 檔案

2.2　MS COCO 資料集

MS COCO[32]（Microsoft Common Objects in Context，簡稱 COCO）資料集是微軟公司於 2014 年公佈的大型圖像資料集，包含諸如物件辨識、影像分割、實例分割和影像標注等豐富的資料標籤，是電腦視覺領域最受關注、最為重要的大型態資料集之一。圖 2-4 展示了 COCO 資料集的實例。

▲ 圖 2-4 COCO 資料集的實例

　　相較於 VOC 資料集，COCO 資料集包含更多的影像，場景更加豐富和複雜，用於訓練的影像數量高達 11 萬餘張，包含 80 個類別，遠遠大於 VOC 資料集。COCO 資料集不僅所包含的影像更多，而且更重要的是，COCO 資料集的影像具有更加貼近自然生活、場景更加複雜、物件尺度多變、光線變化顯著等特點，這些特點不僅使得 COCO 資料集極具挑戰性，同時也賦予了檢測演算法良好的泛化性能，使得在該資料集上訓練好的檢測器可以被部署到實際場景中。

　　在 COCO 資料集中，物件物體分別被定義為小物體、中物體和大物體這 3 類，其中小物體是指像素面積小於 32×32 像素的物件；中物體是指像素面積介於 32×32 至 96×96 像素之間的物件；其餘的為大物體。

　　迄今為止，COCO 資料集的小物件辨識依舊是一大困難。圖 2-5 展示了一張 COCO 資料集的實例，讀者能否憑藉肉眼分辨出處於影像中間位置的那條犬和旁邊的小孩子呢？不難看出，檢測這種外觀不夠顯著的小物件是有很大的難度的，因為相較於大物件，小物件包含的像素往往很少，所能提供的資訊也就很少，同時，大多數檢測器的主幹網絡都會存在降採樣操作，如步進值為 2 的最大池化層或卷積，這些降採樣操作會遺失小物件的特徵，這些因素都會導致網路很難充分地學習到小物件的資訊。另外，也正是由於小物件的像素量遠小於大物件，因此在訓練網路的過程中大物件的資訊會佔據主導位置，也不利於網路學習小物件的資訊。因此，針對小物體的物件辨識一直以來都是該領域的研究熱點之一。

　　因為 COCO 資料集具有更大的資料規模，挑戰性更高，資料內容也更貼近於實際環境，所以在資料公佈後，物件辨識領域的發展迅速，經由 COCO 資料集訓練出來的模型也可以被更進一步地應用在實際環境中，促進了相關部署工作的開展。

▲ 圖 2-5　COCO 資料集的實例

　　不過，也正是由於 COCO 資料集包含大量的影像，使得訓練網路所花費的時間成本也會更高，因此，為了加快訓練的進度、縮減時間成本，需要研究者具備更多的算力硬體（如 GPU），以便使用分散式訓練來縮短訓練時間。倘若不具備足夠多的 GPU，就只能花費更多的時間。因此，讀者在本書第 3 章至第 7 章中學習 YOLOv1 至 YOLOv3 時，不要求讀者必須使用 COCO 資料集，僅使用較小的 VOC 資料集就足夠了，但在第 8 章後，希望讀者能夠準備 COCO 資料集，透過撰寫相關的程式，即使暫不具備訓練的條件，運行由作者提供的模型權重也會有不菲的收穫，且能夠加深對 COCO 資料集的認識，這也便於開展日後的相關研究工作。讀者可以前往 COCO 官方網站或使用本書書附原始程式碼中提供的下載檔案來下載 COCO 資料集。

2.3 小結

　　本章介紹了物件辨識領域中常見的 PASCAL VOC 資料集和 COCO 資料集，其中，COCO 資料集更具挑戰性，是物件辨識領域中最為重要的資料集之一。就本書的目標而言，了解 VOC 資料集即可。在後續章節的程式實現中，我們將頻繁使用 VOC 資料集。同時，也希望讀者在本書之外去了解一些有關 COCO 資料集的資料，在本書第 5 章之後的章節中，COCO 資料集也將被頻繁地使用。

第 **2** 部分

學習
YOLO 框架

第 3 章

YOLOv1

　　本章將詳細介紹 one-stage 流派的開山之作 YOLOv1。儘管 YOLOv1 已經是 2015 年的工作了，以現在的技術眼光來看，YOLOv1 有著太多不完整的地方，但正是這些不完善之處，為後續諸多先進的工作奠定了基礎。正所謂「溫故知新」，雖然 YOLOv1 已經過時了，但是它為 one-stage 架構奠定了重要的基礎，其中很多設計理念至今還能夠在先進的物件辨識框架中有所表現。並且，也正是因為 YOLOv1 略顯久遠，它的架構自然也是簡單、易於理解的，尚無複雜的模組，這對初學者來說是極為友善的，就好比在學習高等數學之前，我們也總是要先從簡單乘法知識學起，而非一上來就面對牛頓 - 萊布尼茲公式。充分掌握 YOLOv1 的基本原理對於我們後續學習 YOLOv2、YOLOv3 和 YOLOv4 都會有極大的幫助，所以，希望每一位讀者都能夠重視本章的內容。

3.1 YOLOv1 的網路結構

作為 one-stage 流派的開山之祖，YOLOv1 以其簡潔的網路結構和在 GPU 上的即時檢測速度兩方面的優勢一鳴驚人，開闢了完全不同於 R-CNN 的新技術路線，引發了物件辨識領域的巨大變革。

如果以現在的眼光來看待 YOLOv1，不難發現其中有諸多設計上的缺陷，但 YOLOv1 是這一派系發展之源頭，在它被提出的那一年，YOLOv1 的特色吸引了諸多研究者的注意，他們看出了其中所蘊含的研究潛力和研究價值，自此之後，大批 one-stage 框架被提出，一代又一代地、前赴後繼地最佳化這一全新的框架，使其成為了物件辨識領域發展的主流，對於這一切的發展，YOLOv1 功不可沒。

YOLOv1 的思想十分簡潔：**僅使用一個卷積神經網路來點對點地檢測物件。**這一思想是對應當時主流的以 R-CNN 系列為代表的 two-stage 流派。從網路結構上來看，YOLOv1 仿照 GoogLeNet 網路[33]來設計主幹網絡，但沒有採用 GoogLeNet 的 Inception 模組，而是使用串聯的 1×1 卷積和 3×3 卷積所組成的模組，所以它的主幹網絡的結構非常簡單。圖 3-1 展示了 YOLOv1 的網路結構。

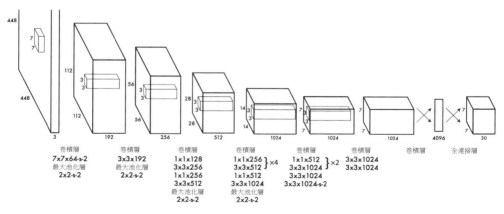

▲ 圖 3-1 YOLOv1 的網路結構（摘自論文〔1〕）

在 YOLO 所處的年代，影像分類網路都會將特徵圖展平（flatten），得到一個一維特徵向量，然後連接全連接層去做預測。YOLOv1 繼承了這個思想，將主幹網絡最後輸出的特征圖 $F \in \mathbb{R}^{H_o \times W_o \times C_o}$ 調整為一維向量 $F_v \in \mathbb{R}^N$，其中 $N = H_0 W_0 C_0$。然後，YOLOv1 部署若干全連接層（fully connected layer）來處理該特徵向量。根據圖 3-1 中的網路結構，這裡的 H_o、W_o 和 C_o 分別是 7、7 和 1024。再連接一層包含 4096 個神經元的全連接層做進一步處理，得到特徵維度為 4096 的特徵向量。最後，部署一個包含 1470 個神經元的全連接層，輸出最終的預測。不過，考慮到物件辨識是一個空間任務，YOLOv1 又將這個特徵維度為 1470 的輸出向量轉為一個三維矩陣 $Y \in \mathbb{R}^{7 \times 7 \times 30}$，其中，7×7 是這個三維矩陣的空間尺寸，30 是該三維矩陣的通道數。在深度學習中，通常三維及三維以上的矩陣都稱為張量（tensor）。

這裡需要做一個簡單的計算，從特徵圖被展平，再到連接 4096 的全連接層時，可以用以下算式很容易估算出其中的參數量：

$$7 \times 7 \times 1024 \times 4096 + 4096 \approx 2 \times 10^8 \tag{3-1}$$

顯然，僅這一層的參數量就已經達到了十的八次方級，雖然如此之多的參數並不表示模型推理速度一定會很慢，但必然會對記憶體產生巨大的壓力。從資源佔用的角度來看，YOLOv1 的這一缺陷是致命的。顯然，這一缺陷來自網路結構本身，因此，這一點也為 YOLO 的後續改進埋下了伏筆。當然，這個問題並不是 YOLOv1 本身的問題，而是那個時代做影像分類任務的通病。儘管後來這一操作被 **全域平均池化**（global average pooling）所取代，但全域平均池化並不太適合物件辨識這一類對空間局部資訊較為敏感的任務。即使如此，YOLOv1 還是以其快速的檢測速度與不凡的檢測精度而引人注目。

圖 3-2 展示了 YOLOv1 在 VOC 資料集上與其他模型的性能對比。我們主要關注其中的兩個指標，一個是衡量模型檢測性能的平均精度（mean average precision，mAP），另一個是衡量模型檢測速度的每秒幀數（frames per second，FPS）。迄今為止，mAP 是物件辨識領域常用的性能評價指標，其數值越高，表示模型的檢測性能越好。簡單地說，mAP 的計算想法是先計算每個類別的 AP，然後把所有類別的 AP 加和並求平均值。至於計算 AP 的具體操作，

讀者暫不必關注，本書會提供相關的計算程式供讀者使用，在入門階段，我們只需關注技術本身，不要陷入細節的漩渦之中。FPS 是指網路每秒可以處理多少張影像（從輸入一張影像到輸出影像中的物件的檢測結果）。FPS 的數值越大，表示模型的檢測速度越快。

Real-Time Detectors	Train	mAP	FPS
100Hz DPM [30]	2007	16.0	100
30Hz DPM [30]	2007	26.1	30
Fast YOLO	2007+2012	52.7	**155**
YOLO	2007+2012	**63.4**	45
Less Than Real-Time			
Fastest DPM [37]	2007	30.4	15
R-CNN Minus R [20]	2007	53.5	6
Fast R-CNN [14]	2007+2012	70.0	0.5
Faster R-CNN VGG-16[27]	2007+2012	73.2	7
Faster R-CNN ZF [27]	2007+2012	62.1	18
YOLO VGG-16	2007+2012	66.4	21

▲　圖 3-2　YOLOv1 在 VOC 資料集上與其他模型的性能對比（摘自論文〔1〕）

　　儘管 YOLOv1 在 mAP 上略遜於 Faster R-CNN，但 YOLOv1 的速度更快。從實用性的角度來說，速度有時是一個重要的指標，它往往會決定該演算法能否被部署到實際場景中去滿足實際的需求。畢竟，不是所有情況下都有高算力的 GPU 來支援超大模型的計算。在作者看來，一個良好的科學研究想法就是辯證地看待每一項技術的優劣點，而非固守著「唯 SOTA（state-of-the-art）論」的極端理念，那樣只會讓學術研究誤入歧途。在那個時候，正是因為有很多研究者看到了 YOLOv1 所蘊含的研究價值和研究潛力，才有了後來的 one- stage 框架的蓬勃發展。如今，one-stage 框架的相關工作已經在速度和精度之間獲得了良好的平衡，成為了物件辨識領域的主流技術路線。對此，YOLOv1 的作者團隊功不可沒。

3.2 YOLOv1 的檢測原理

　　現在，我們從網路結構的角度來研究一下 YOLOv1 到底是如何工作的。

　　從整體上來看，YOLOv1 網路接收一張空間尺寸為 $H \times W$ 的 RGB 影像，經由主幹網絡處理後輸出一個空間大小被降採樣 64 倍的特徵圖，記作 F。該特徵圖 $F \in \mathbb{R}^{H_o \times W_o \times C_o}$ 是一個三維張量，H_o 和 W_o 與輸入影像的一般數學關係如下。

$$H_o = \frac{H}{stride}, \quad W_o = \frac{W}{stride} \tag{3-2}$$

其中，*stride* 是網路的輸出步進值，其值通常等於網路的降採樣倍數。依據 YOLOv1 論文所舉出的設定，這裡的 H 和 W 均為 448，*stride* 為 64，那麼就可以很容易地算出來 H_o 和 W_o 均為 7，即主幹網絡輸出的特徵圖的高和寬均為 7。而是輸出特徵圖的通道數，依據 YOLOv1 的設置，C_o 為 1024。

隨後，特徵圖 F 再由若干全連接層處理以及一些必要的維度轉換的操作後，得到最終的輸出 $Y \in \mathbb{R}^{7 \times 7 \times 30}$。我們可以把 Y 想像成一個大小為 $7 \times 7 \times 30$ 的立方體，7×7 這個維度可以想像成一個**網格**（grid），每一個網格 $(grid_x, grid_y)$ 都是一個特徵維度為 30 的向量，YOLOv1 的輸入與輸出如圖 3-3 所示。

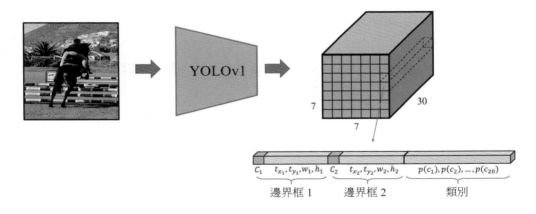

▲ 圖 3-3 YOLOv1 的輸入與輸出

在每一個網格 $(grid_x, grid_y)$ 處，這個長度為 30 的向量都包含了兩個邊界框的參數以及**總數為 20 的類別數量**（VOC 資料集上的類別數量），其中每一個邊界框都包括一個**置信度** C（confidence）、**邊界框位置參數** (t_x, t_y, w, h)，(t_x, t_y, w, h) 表示邊界框的中心點**相較於網格左上角點的偏移量** (t_x, t_y) 以及**邊界框的寬和高** (w, h)。將這些參數的數量加起來便可以得到前面所說的「30」這個數字。更一般地，我們可以用公式 $5B + N_C$ 來計算輸出張量的通道數量，其中，B 是每個網格 $(grid_x, grid_y)$ 處預測的邊界框的數量，N_C 是所要檢測的物件類別的總數，對 VOC 資料集來說，$N_C = 20$；對 COCO 資料集來說，$N_C = 80$。

整體來看，一張大小為 448 × 448 的 RGB 影像輸入網路，經過一系列的卷積和池化操作後，得到一個經過 64 倍降採樣的特徵圖 $F \in \mathbb{R}^{7 \times 7 \times 1024}$，隨後，該特徵圖被展平為一個一維的特徵向量，再由若干全連接層處理，最後做一些必要的維度轉換操作，得到最終的輸出 $Y \in \mathbb{R}^{7 \times 7 \times 30}$。之前，我們已經把 Y 想像成一個大小為 7 × 7 × 30 的立方體，而網格 7 × 7 包含了物體的資訊，即邊界框的位置參數和置信度。這裡就充分表現了 YOLOv1 的核心檢測思想：**逐網格找物體**。圖 3-4 展示了 YOLOv1 的「網格劃分」思想的實例。

具體來說，YOLOv1 輸出的 $Y \in \mathbb{R}^{7 \times 7 \times 30}$ 的空間維度 7 × 7 相當於將輸入的 448 × 448 的影像進行了 7 × 7 的網格劃分。更進一步地說，YOLOv1 的主幹網絡將原影像處理成 $F \in \mathbb{R}^{7 \times 7 \times 1024}$ 的特徵圖，其實就相當於是在劃分網格，每一網格處都包含了長度為 1024 的特徵向量，該特徵向量包含了該網格處的某種高級特徵資訊。YOLOv1 透過遍歷這些網格、處理其中的特徵資訊來預測每個網格處是否有物件的中心點座標，以及相應的物件類別。每個網格都會輸出 B 個邊界框和 N_C 個類別置信度，而每個邊界框包含 5 個參數（邊界框的置信度和邊界框的位置參數），因此，每個網格都會輸出 $5B + N_C$ 個預測參數。後來，隨著時代的發展，YOLOv1 的這種思想逐漸演變為後來常說的「anchor-based」理念，每個網格就是「anchor」。

▲ 圖 3-4　YOLOv1 的「網格劃分」思想的實例

當然，嚴格來講，其實 YOLOv1 的這一檢測理念也是從 Faster R-CNN 中的區域候選網路（region proposal network，RPN）繼承來的，只不過，Faster R-CNN

只用於確定每個網格裡是否有物件，不關心物件類別，而 YOLOv1 則進一步將物件分類也整合進來，使得定位和分類一步合格，從而進一步發展了「anchor-based」的思想。

　　由於 YOLOv1 所接受的影像是正方形的，即寬和高是相等的，因此輸出的網格也是正方形的。為了和論文對應，我們不妨用 $S \times S$ 表示輸出的 $H_o \times W_o$。綜上，YOLOv1 的最終輸出為 $Y \in \mathbb{R}^{S \times S \times (5B+C)}$。YOLOv1 的整體處理流程如圖 3-5 所示，以現在的技術角度來看，其網路結構十分簡潔。

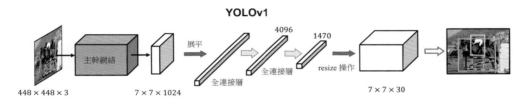

圖 3-5　YOLOv1 的處理流程

　　綜上所述，YOLOv1 的檢測理念就是將輸入影像劃分成 7 × 7 的網格，然後在網格上做預測。理想情況下，依據 YOLOv1 的設定，包含物件中心點的網格輸出的邊界框置信度很高，而不包含物件中心點的網格則輸出的邊界框置信度很低甚至為 0。從這裡我們也可以看出來，邊界框的置信度的本質就是用來判斷有無物件的。

　　至此，我們介紹了 YOLOv1 的網路結構。那麼，在 3.3 節，我們就要深入且詳細地了解 YOLOv1 是如何檢測物件的，以及為了使得 YOLOv1 學習到這一能力，應該如何為其制作訓練正樣本。

3.3　YOLOv1 的製作訓練正樣本的方法

　　在 3.1 節和 3.2 節，我們已經了解了 YOLOv1 的網路結構和檢測思想，但如何讓網路盡可能充分地領會其檢測思想是至關重要的，換言之，如何來訓練這樣的網路是重中之重。因此，本節將深入介紹 YOLOv1 的檢測方法和訓練正樣本的製作方法。

在 3.2 節我們已經了解到，對於 YOLOv1 最後輸出的 $Y \in \mathbb{R}^{7 \times 7 \times 30}$，可以將其理解為一個 7 × 7 的網格，且每個網格包含 30 個參數—兩個預測邊界框的置信度和位置參數（共 10 個）以及 20 個 VOC 資料集的類別的置信度。下面，我們詳細介紹 YOLOv1 的這 30 個參數的定義和學習策略，以及如何為每一個參數製作用於訓練的正樣本。

3.3.1　邊界框的位置參數 t_x、t_y、w、h

由於 YOLOv1 是透過檢測影像中的物件中心點來達到檢測物件的目的，因此，只有包含物件中心點的網格才會被認為是有物體的。為此，YOLOv1 定義了一個「objectness」概念，表示此處是否有物體，即 $\text{Pr}(objectness) = 1$ 表示此網格處有物體，反之，$\text{Pr}(objectness) = 0$ 表示此網格處沒有物體。

圖 3-6 展示了正樣本候選區域概念的範例，其中，黃顏色網格表示這個網格是有物體的，也就是圖中的犬的邊界框中心點（圖中的紅點）落在了這個網格內。在訓練過程中，該網格內所要預測的邊界框，其置信度會盡可能接近 1。而對於其他沒有物體的網格，其邊界框的置信度就會盡可能接近 0。有物體的網格會被標記為 **正樣本候選區域**，也就是說，在訓練過程中，訓練的正樣本（positive sample）只會從此網格處的預測中得到，而其他區域的預測都是該物件的負樣本。

▲ 圖 3-6　YOLOv1 的正樣本候選區域概念的範例

另外，在圖 3-6 中，我們會發現物件的中心點相對於它所在的網格的四邊是有一定偏移量的，這是網格劃分的必然結果。因此，雖然包含中心點的網格可以近似代表物件的中心點位置，但僅靠網格的位置資訊還不足以精準描述物件在影像中的位置。為了解決此問題，我們必須要讓 YOLOv1 去學習這個偏移量，從而獲得更加精準的物件中心點的位置。那麼，YOLOv1 是如何計算出這個中心點偏移量的呢？

首先，對於給定的邊界框，其左上角點座標記作 (x_1, y_1)，右下角點座標記作 (x_2, y_2)，顯然，邊界框的寬和高分別是 $x_2 - x_1$ 和 $y_2 - y_1$。隨後，我們計算邊界框的中心點座標 (c_x, c_y)：

$$c_x = \frac{x_1 + x_2}{2}$$
$$c_y = \frac{y_1 + y_2}{2}$$

（3-3）

一般來說中心點座標不會恰好是一個整數，而網格的座標又顯然是離散的整數值。假定用網格的左上角點的座標來表示該網格的位置，那麼，就需要對中心點座標做一個向下取整數的操作來得到該中心點所在的網格座標 $(grid_x, grid_y)$：

$$grid_x = \left\lfloor \frac{c_x}{stride} \right\rfloor$$
$$grid_y = \left\lfloor \frac{c_y}{stride} \right\rfloor$$

（3-4）

其中，$stride$ 為網路的輸出步進值或降採樣倍數，在 YOLOv1 中，該值為 64。於是，這個中心點偏移量就可以被計算出來：

$$t_x = \frac{c_x}{stride} - grid_x$$
$$t_y = \frac{c_y}{stride} - grid_y$$

（3-5）

在 YOLOv1 的論文中，這一偏移量是用符號 x、y 表示的，但 x、y 的含義不清晰，會被誤以為某個座標，無法讓人一目了然地理解其物理含義，因此，為了避免不必要的歧義，我們將其換成 t_x、t_y。顯然，兩個偏移量 t_x、t_y 的值域

都是 $[0,1)$。在訓練過程中，計算出的 t_x、t_y 就將作為此網格處的正樣本的學習標籤。圖 3-7 直觀地展示了 YOLOv1 中的中心點偏移量的概念。

在推理階段，YOLOv1 先用預測的邊界框置信度來找出包含物件中心點的網格，再透過這一網格所預測出的中心點偏移量得到最終的中心點座標，計算方法很簡單，只需將公式（3-5）做逆運算：

$$c_x = \left(grid_x + t_x \right) \times stride$$
$$c_y = \left(grid_y + t_y \right) \times stride$$

(3-6)

▲ 圖 3-7　YOLOv1 中的中心點偏移量的概念

除了邊界框的中心點，YOLOv1 還要輸出邊界框的寬和高，以確定邊界框大小。這裡，我們可以直接將物件的真實邊界框的寬和高作為學習物件。但是，這麼做的話就會帶來一個問題：邊界框的寬和高的值通常都比較大，數量級普遍為 1 或 2，甚至 3，這使得在訓練期間很容易出現不穩定甚至發散的問題，同時，也會因為這部分所計算出的損失較大，從而影響其他參數的學習。因此，YOLOv1 會先對真實的邊界框的寬和高做歸一化處理：

$$\overline{w} = \frac{w}{W}$$
$$\overline{h} = \frac{h}{H}$$

(3-7)

其中，w 和 h 分別是物件的邊界框的寬和高，W 和 H 分別是輸入影像的寬和高。如此一來，由於邊界框的尺寸不會超出影像的邊界（超出的部分通常會被剪裁掉），歸一化後的邊界框的尺寸就在 0 ～ 1 範圍內，與邊界框的中心點偏移量的值域相同，這樣既避免了損失過大所導致的訓練發散問題，又和其他部分的損失獲得了較好的平衡。

至此，我們確定了 YOLOv1 中有關邊界框的 4 個位置參數的學習策略。

3.3.2 邊界框的置信度

在 3.3.1 節中，我們已經了解了 YOLOv1 如何學習邊界框的位置參數。但有一個遺留問題：**如何讓網路確定中心點的位置**，即我們應如何讓網路在訓練過程中去學習邊界框的置信度，因為置信度直接決定一個網格是否包含物件的中心點，如圖 3-8 所示。

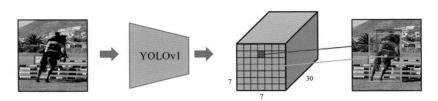

▲ 圖 3-8 YOLOv1 的邊界框置信度概念圖示

只有確定了中心點所在的網格座標 ($grid_x$, $grid_y$)，才能去計算邊界框的中心點座標 (c_x, c_y) 和大小 (w, h)。我們已經知道，YOLOv1 的 $S \times S$ 網格中，只有包含了物件中心點的網格才是正樣本候選區域，因此，一個訓練好的 YOLOv1 檢測器就應該在包含物件中心點的網格所預測的 B 個邊界框中，其中至少有一個邊界框的置信度會很高，接近於 1，以表明它檢測到了此處的物件。

那麼，問題就在於如何給置信度的標籤賦值呢？一個很簡單的想法是，將有物件中心點的網格處的邊界框置信度的學習標籤設置為 1，反之為 0，這是一

個典型的「二分類」思想，正如 Faster-RCNN 中的 RPN 所做的那樣。但是，YOLOv1 並沒有採取如此簡單自然的做法，而是將這種二分類做了進一步的發展。

YOLOv1 不僅希望邊界框的置信度表徵網格是否有物件中心點，同時也希**望邊界框的置信度能表徵所預測的邊界框的定位精度**。因為邊界框不僅要表徵有無物體，它自身也要去定位物體，所以定位得是否準確同樣是至關重要的。而對於邊界框的定位精度，通常使用**交並比**（intersection of union，IoU）來衡量。IoU 的計算原理十分簡單，分別計算出兩個矩形框的**交集**（intersection）和**並集**（union），它們的**比值**即為 IoU。顯然，IoU 是一個 $0 \sim 1$ 的數，且 IoU 越接近 1，表明兩個矩形框的重合度越高。圖 3-9 直觀地展示了 IoU 的計算原理。

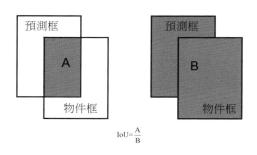

▲ 圖 3-9　IoU 的計算原理

巧的是，邊界框的置信度也是一個 $0 \sim 1$ 的數，並且我們希望預測框盡可能地接近真實框，即 IoU 盡可能地接近於 1。同時，我們希望置信度盡可能地接近於 1。不難想像，一個理想的情況就是有物體的網格的置信度為 1，預測框和真實框的 IoU 也為 1，反之均為 0。於是，YOLOv1 就把**預測的邊界框（預測框）和物件的邊界框（物件框）的 IoU 作為置信度的學習標籤**。由此，如何學習邊界框的置信度這一問題也就明確了一些。接下來，詳細地介紹一下 YOLOv1 到底是怎麼把 IoU 作為邊界框置信度的學習標籤的。

我們知道，YOLOv1 最終輸出包含檢測物件資訊的張量 $Y \in \mathbb{R}^{S \times S \times (5B+C)}$，其中共有 $S \times S \times B$ 個預測的邊界框，但我們不必考慮所有的邊界框，因為很多網格並沒有包含物件中心點，只需要關注那些有物件中心點的網格，即正樣本候選區域（ $\Pr(objectness) = 1$ ）。我們以某一個正樣本候選區域為例，如圖 3-10

所示，不妨假設 $B = 2$，其中一個是圖中的藍框 B_0，另一個是綠框 B_1，紅色的邊界框則是物件的真實邊界框。我們計算所有預測框與物件框的 IoU，一共得到 B 個 IoU 值，假設分別是 $\text{IoU}_{B_0}=0.7$ 和 $\text{IoU}_{B_1}=0.5$。

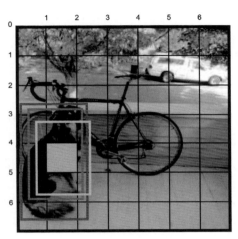

▲ 圖 3-10 正樣本候選區域的邊界框 B_0（藍框）和
B_1（綠框）與此處的物件邊界框（紅框）

由於預測框 B_0 和真實邊界框的 IoU 最大，即該預測框更加精確，因此我們就理所當然地希望這個預測框能作為正樣本去學習物件的資訊，即只保留 IoU 最大的藍框 B_0 作為訓練的正樣本，去參與計算**邊界框的置信度損失、邊界框的位置參數損失**以及**類別損失**，並做**反向傳播**，同時，它與物件框的 $\text{IoU}_{B_0}=0.7$ 將作為這個邊界框的置信度學習標籤。至於另一個預測框 B_1，則將其標記為負樣本，它不參與類別損失和邊界框的位置參數損失的計算，**只計算邊界框的置信度損失，且置信度的學習標籤為 0**。而對於正樣本候選區域之外的所有預測框，都被標記為該物件的負樣本，均不參與這個物件的位置參數損失和類別損失的計算，而只計算邊界框的置信度損失，且邊界框置信度的學習標籤也為 0。

在理想情況下，預測框與物件框的 IoU 十分接近 1，同時網路預測的置信度也接近 1。因此，YOLOv1 預測的置信度在表徵此網格處是否有物件中心點的同時，也衡量了預測框與物件框的接近程度，即邊界框定位的準確性。

可以看到，一個正樣本的標記是由預測本身決定的，即我們是直接建構預測框與物件框之間的連結，而沒有借助某種先驗。倘若我們以現在的技術角度來看待這一點，會發現 YOLOv1 一共蘊含了後來被著重發展的 3 個技術點：

(1) 不使用先驗框（anchor box）的 anchor-free 技術。

(2) 將 IoU 引入類別置信度中的 IoU-aware 技術[34, 35]。

(3) 動態標籤分配（dynamic label assignment）技術。

在以上 3 個技術點中，尤其是第 3 點的動態標籤分配研究最具有革新性，在 2022 年之後幾乎成為了先進的物件辨識框架的標準設定之一。由此可見，YOLOv1 這一早期工作的確蘊含了許多研究潛力和研究價值。正如古人所說：「溫故而知新」，這也說明我們學習 YOLOv1 的必要性。

3.3.3　類別置信度

對於類別置信度，YOLOv1 採用了較為簡單的處理手段：每一網格都只預測一個物件。同邊界框的學習一樣，類別的學習也只考慮正樣本網格，而不考慮其他不包含物件中心點的網格。類別的標籤是影像分類任務中常用的 one-hot 格式。對於 one-hot 格式的類別學習，通常會使用 Softmax 函數來處理網路的類別預測，得到每個類別的置信度，再配合交叉熵（cross entropy）函數去計算類別損失，這在影像分類任務中是再常見不過了。然而，YOLOv1 卻另闢蹊徑，使用線性函數輸出類別置信度預測，並用 L2 損失來計算每個類別的損失，所以，在訓練過程中，YOLOv1 預測的類別置信度可能會是一個負數，這也使得 YOLOv1 在訓練的早期可能會出現訓練不穩定的問題。同樣，對於邊界框的置信度和位置參數，YOLOv1 也是採用線性函數來輸出的，雖然我們知道邊界框的置信度的值域應該在 0 ～ 1 範圍內，中心點偏移量也在 0 ～ 1 範圍內，但 YOLOv1 自身沒有對輸出做這樣的約束，這一點也是 YOLOv1 在後續的工作中被改進的不合理之處之一。

最後，我們總結一下 YOLOv1 的製作正樣本的流程。對於一個給定的物件框，其左上角點座標為 (x_1, y_1)，右下角點座標為 (x_2, y_2)，我們按照以下 3 個步驟來製作正樣本和計算訓練損失：

(1) 計算物件框的中心點座標 (c_x, c_y) 以及寬和高 (w, h)，然後用公式（3-4）計算中心點所在的網格座標，從而確定正樣本候選區域的位置；

(2) 使用公式（3-5）計算中心點偏移量 (t_x, t_y)，並對物件框的寬和高做歸一化，得到歸一化後的座標 $(\bar{w}, \bar{h})$；

(3) 使用 one-hot 格式準備類別的學習標籤。

而置信度的學習標籤需要**在訓練過程中確定**，步驟如下：

(1) 計算中心點所在的網格的每一個預測框與物件框的 IoU；

(2) 保留 IoU 最大的預測框，標記為正樣本，將其設置為置信度的學習標籤，然後計算邊界框的置信度損失、位置參數損失以及類別置信度損失；

(3) 對於其他預測框只計算置信度損失，且置信度的學習標籤為 0。

在了解了製作正樣本的流程後，我們就可以著手計算訓練損失了，下面我們將介紹如何計算訓練過程中的損失。

3.4 YOLOv1 的損失函數

在深度學習領域中，損失函數設計的好壞對模型的性能有著至關重要的影響，倘若損失函數設計不當，那麼原本一個好的模型結構可能會表現得十分糟糕，而一個簡單樸素的模型結構在一個好的損失函數的訓練下，往往會表現出不俗的性能。在前面幾節，我們已經了解了 YOLOv1 的工作原理、輸出的參數組成以及製作訓練正樣本的方法，掌握了這些必要的知識後，學習 YOLOv1 的損失函數也就十分容易了。

YOLOv1 的損失函數整體如公式（3-8）所示。

$$
\begin{aligned}
L = & \lambda_{\text{coord}} \sum_{i=0}^{S^2} \sum_{j=0}^{B} \text{II}_{ij}^{\text{obj}} \left[\left(t_{x_i} - \hat{t}_{x_i} \right)^2 + \left(t_{y_i} - \hat{t}_{y_i} \right)^2 \right] \\
& + \lambda_{\text{coord}} \sum_{i=0}^{S^2} \sum_{j=0}^{B} \text{II}_{ij}^{\text{obj}} \left[\left(\sqrt{w_i} - \sqrt{\hat{w}_i} \right)^2 + \left(\sqrt{h_i} - \sqrt{\hat{h}_i} \right)^2 \right] \\
& + \sum_{i=0}^{S^2} \sum_{j=0}^{B} \text{II}_{ij}^{\text{obj}} \left(C_i - \hat{C}_i \right)^2 \qquad\qquad (3\text{-}8) \\
& + \lambda_{\text{noobj}} \sum_{i=0}^{S^2} \sum_{j=0}^{B} \text{II}_{ij}^{\text{noobj}} \left(C_i - \hat{C}_i \right)^2 \\
& + \sum_{i=0}^{S^2} \text{II}_{ij}^{\text{obj}} \sum_{c \in \text{classes}} \left[p_i(c) - \hat{p}_i(c) \right]^2
\end{aligned}
$$

公式（3-8）中第一行和第二行表示的是**邊界框的位置參數的損失**，其中帶的表示學習標籤，$\text{II}_{ij}^{\text{obj}}$ 和 $\text{II}_{ij}^{\text{noobj}}$ 則是指示函數，分別用於標記正樣本和負樣本。λ_{coord} 是位置參數損失的權重，論文中取 $\lambda_{\text{coord}} = 5$。

第三行和第四行表示的是**邊界框的置信度的損失**。第三行對應的是正樣本的置信度損失，其置信度學習標籤 $\hat{C}_i$ 為最大的 IoU 值，第四行對應的是負樣本的置信度損失，其置信度學習標籤就是 0。

最後一行就是**正樣本處的類別的損失**，每個類別的損失都是 L2 損失，而非交叉熵。

整體上看，YOLOv1 的損失函數較為簡潔，理解起來也較為容易。在掌握了製作正樣本的策略和計算損失的方法後，就可以去訓練 YOLOv1，並在訓練後去做推理，預測輸入影像中的物件。下面我們就來了解 YOLOv1 是如何在測試階段做前向推理的。

3.5　YOLOv1 的前向推理

當我們訓練完 YOLOv1 後，對於給定的一張大小為 448×448 的輸入影像，YOLOv1 輸出 $Y \in \mathbb{R}^{7 \times 7 \times 30}$，其中每個網格位置都包含兩個邊界框的置信度輸出 C_1 和 C_2、兩個邊界框的位置參數輸出 $(t_{x_1}, t_{y_1}, w_1, h_1)$ 和 $(t_{x_2}, t_{y_2}, w_2, h_2)$ 以及 20 個

類別置信度輸出 $p(c_1) \sim p(c_{20})$。顯然，這麼多的預測不全是我們想要的，我們只關心那些包含物件的網格所舉出的預測，因此，在得到最終的檢測結果之前，我們需要再按照以下 4 個步驟去做濾除和篩選。

(1) **計算所有預測的邊界框的得分**。在 YOLOv1 中，每個邊界框的得分 score 被定義為該邊界框的**置信度 C** 與類別的**最高置信度 $p_{c_{max}}$** 的乘積，其中，$p_{c_{max}} = \max [p(c_1), p(c_2),..., p(c_{20})]$。具體來說，對於 $(grid_x, grid_y)$ 處的網格，邊界框 B_j 的得分計算公式如下：

$$score_j = C_j \times p_{c_{max}} \qquad\qquad (3\text{-}9)$$

(2) **得分設定值篩選**。計算了所有邊界框的得分後，我們設定一個設定值去濾除那些得分低的邊界框。顯然，得分低的邊界框通常都是背景框，不包含物件的中心點。比如，我們設置得分設定值為 0.3，濾除那些得分低於該設定值的低品質的邊界框，如圖 3-11 所示。

設定值篩選

▲ 圖 3-11 濾除得分低的邊界框

(3) **計算邊界框的中心點座標以及寬和高**。篩選完後，我們即可計算剩餘的邊界框的中心點座標以及寬和高。

(4) **使用非極大值抑制進行第二次篩選**。由於 YOLOv1 可能對同一個物件舉出多個得分較高的邊界框，如圖 3-12 所示，因此，我們需要對這種容錯檢測進行抑制，以剔除那些不必要的重複檢測。為了達到這一目的，常用的手段之一便是**非極大值抑制**（non-maximal suppression，NMS）。

非極大值抑制的思想很簡單,對於某一類別物件的所有邊界框,先挑選出得分最高的邊界框,再依次計算其他邊界框與這個得分最高的邊界框的 IoU,超過設定的 IoU 設定值的邊界框則被認為是重複檢測,將其剔除。對所有類別的邊界框都進行上述操作,直到無邊界框可剔除為止,如圖 3-12 所示。

▲ 圖 3-12 濾除容錯的邊界框

透過上面 4 個步驟,我們就獲得了 YOLOv1 的最終檢測結果。

3.6 小結

至此,對於經典的 YOLOv1 工作,從模型結構到推理方法,再到損失函數,我們都進行了詳細的講解。關於 YOLOv1 是怎麼工作的,相信讀者已經有了較為清晰的認識,而其中的優勢和劣勢也都在講解的過程中一一表現。然而,老話說得好,紙上得來終覺淺,絕知此事要躬行,唯有親自動手去實踐才能更進一步地加深對 YOLOv1 的認識,進一步地了解如何去架設一個物件辨識的網路,從而建構一個較為完整的物件辨識專案。透過必要的程式實現環節,將理論與實踐結合起來,我們才能夠真正地掌握所學到的知識。因此,在第 4 章,我們將在 YOLOv1 工作的基礎上去架設本書的第一個物件辨識網路:YOLOv1。我們會在 YOLOv1 的基礎上做必要的改進和最佳化,在不脫離 YOLOv1 框架的範圍的前提下,將得到一個性能更好的 YOLOv1 檢測器。

第 **4** 章

YOLOv1 架設網路

　　在第 3 章中,我們講解了 YOLOv1 的工作原理,包括網路結構、前向推理和損失函數等。在本章中,我們將在 YOLOv1 的基礎上進行改進,設計一個結構更好、性能更優的 YOLOv1 檢測器。在正式開始學習本章之前,需要強調的是,我們不會以照搬官方程式的方式來架設 YOLOv1 網路,儘管這從創作的角度來說會帶來很大的便利,但從學習的角度來說,實為「投機取巧」。本著入門物件辨識的宗旨,我們會在前文的基礎上,最佳化其中的設計,並結合適當的當前的主流設計理念來重新設計一個新的 YOLOv1 網路,既便於入門,也潛移默化地加深我們對於一些當前主流技術理念的認識和理解。

4.1　改進 YOLOv1

　　在正式講解之前，先看一眼我們所要架設的新的 YOLOv1 網路是什麼樣的，如圖 4-1 所示，我們要建構的 YOLOv1 網路是一個全卷積結構，其中不包含任何全連接層，這一點可以避免 YOLOv1 中存在的因全連接層而導致的參數過多的問題。儘管 YOLO 網路是在 YOLOv2 工作才開始轉變為全卷積結構，但我們已經了解了全連接層的弊端，因此沒有必要再循規蹈矩地照搬 YOLOv1 的原始網路結構，這也符合我們設計 YOLOv1 的初衷。

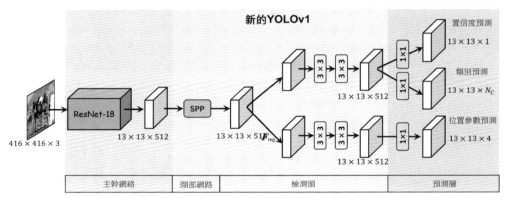

▲ 圖 4-1　新的 YOLOv1 的網路結構

4.1.1　改進主幹網絡

　　首先，我們使用當下流行的 ResNet 網路代替 YOLOv1 的 GoogLeNet 風格的主幹網絡。相較於原本的主幹網絡，ResNet 使用了諸如**批次歸一化**（batch normalization，BN）、**殘差連接**（residual connection）等操作，有助穩定訓練更大更深的網路。目前，這兩個操作幾乎成為了絕大多數卷積神經網路的標準結構之一。考慮到這是我們的第一次實踐工作，並不追求性能上的極致，因此，我們選擇很輕量的 ResNet-18 網路作為 YOLOv1 的主幹網絡。 ResNet-18 網路的結構如圖 4-2 所示。

ResNet-18

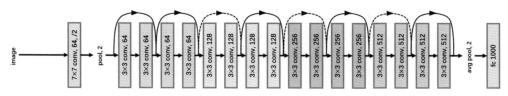

▲ 圖 4-2 ResNet-18 網路的結構

前面已經講過，將影像分類網路用作物件辨識網路的主幹網絡時，通常是不需要最後的平均池化層和分類層的，因此，這裡我們去除 ResNet-18 網路中的最後的平均池化層和分類層。

此外，不同於 YOLOv1 原本的 GoogLeNet 網路的 64 倍降採樣，ResNet-18 網路的最大降採樣倍數為 32，故而一張 448 × 448 的影像輸入後，主幹網絡會輸出一個空間大小為 14 ×14 的特徵圖。相對於 YOLOv1 原本輸出的 7 × 7 網格，YOLOv1 輸出的 14 ×14 網格要更加精細一些。不過，在我們的 YOLOv1 中，預設輸入影像的尺寸為 416 × 416，而不再是 448 × 448，因此，將該尺寸的影像輸入後，ResNet-18 網路會輸出張量 $F \in \mathbb{R}^{13 \times 13 \times 512}$。

關於 ResNet 網路的程式，讀者可以找到專案中的 models/yolov1/yolov1_backbone.py 檔案，在該檔案中可以看到由 PyTorch 官方實現的 ResNet 程式。這裡，受篇幅限制，程式 4-1 只展示了 ResNet 關鍵部分的程式。

➜ 程式 4-1 基於 PyTorch 框架的 ResNet-18

```
# YOLO_Tutorial/models/yolov1/yolov1_backbone.py
# ---------------------------------------------------------
...

class ResNet(nn.Module):
    def _init_(self, block, layers, zero_init_residual=False):
        super(ResNet, self). init()
        self.inplanes = 64
        self.conv1 = nn.Conv2d(3,64, kernel_size=7, stride=2, padding=3,
bias=False)
        self.bn1 = nn.BatchNorm2d(64)
```

```
        self.relu = nn.ReLU(inplace=True)
        self.maxpool = nn.MaxPool2d(kernel_size=3, stride=2, padding=1)
        self.layer1 = self._make_layer(block,64, layers[0])
        self.layer2 = self._make_layer(block,128, layers[1], stride=2)
        self.layer3 = self._make_layer(block,256, layers[2], stride=2)
        self.layer4 = self._make_layer(block,512, layers[3], stride=2)

    def forward(self, x):
        c1 = self.conv1(x)          # [B, C, H/2, W/2]
        c1 = self.bn1(c1)           # [B, C, H/2, W/2]
        c1 = self.relu(c1)          # [B, C, H/2, W/2]
        c2 = self.maxpool(c1)       # [B, C, H/4, W/4]

        c2 = self.layer1(c2)        # [B, C, H/4, W/4]
        c3 = self.layer2(c2)        # [B, C, H/8, W/8]
        c4 = self.layer3(c3)        # [B, C, H/16, W/16]
        c5 = self.layer4(c4)        # [B, C, H/32, W/32]

        return c5
```

4.1.2　增加一個頸部網路

　　為了提升網路的性能，我們不妨選擇一個好用的頸部網路，將其增加在主幹網絡後面。在 1.3.2 節中，我們已經介紹了幾種常用的頸部網路。這裡，出於對參數量與性能的考慮，我們選擇 C/P 值較高的空間金字塔池化（SPP）模組。在本次實現中，我們遵循主流的 YOLO 框架的做法，對 SPP 模組做適當的改進，如圖 4-3 所示。

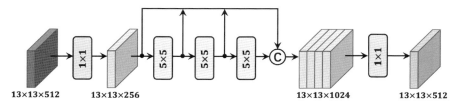

▲ 圖 4-3　改進的 SPP 模組的網路結構

改進的 SPP 模組的網路結構設計參考了 YOLOv5 開放原始碼專案中的實現方法，讓一層 5×5 的最大池化層等效於先前講過的 5×5、9×9 和 13×13 這三條並行的最大池化層分支，從而降低計算銷耗，如程式 4-2 所示。

➜ 程式 4-2 YOLOv5 風格的 SPP 模組

```
# YOLO_Tutorial/models/yolov1/yolov1_neck.py
# ------------------------------------------------------------
...

class SPPF(nn.Module):
    def _init_(self, in_dim, out_dim, expand_ratio=0.5, pooling_size=5,
        act_type='lrelu', norm_type='BN'):
        super(). init()
        inter_dim = int(in_dim* expand_ratio)
        self.out_dim = out_dim
        self.cv1 = Conv(in_dim, inter_dim, k=1, act_type=act_type, norm_type=
norm_type)
        self.cv2 = Conv(inter_dim* 4, out_dim, k=1, act_type=act_type, norm_
type= norm_type)
        self.m = nn.MaxPool2d(kernel_size=pooling_size, stride=1,
padding=pooling_ size//2)

    def forward(self, x):
        x = self.cv1(x)
        y1 = self.m(x)
        y2 = self.m(y1)

        return self.cv2(torch.cat((x, y1, y2, self.m(y2)),1))
```

在程式 4-2 中，輸入的特徵圖會先被一層 1×1 卷積處理，其通道數會被壓縮一半，隨後再由一層 5×5 最大池化層連續處理三次，依據感受野的原理，該處理方式等價於分別使用 5×5、9×9 和 13×13 最大池化層並行地處理特徵圖。最後，將所有處理後的特徵圖沿通道拼接，再由另一層 1×1 卷積做一次輸出的映射，將其通道映射至指定數目的輸出通道。

4.1.3 修改檢測頭

在 YOLOv1 中,檢測頭部分用的是全連接層,關於全連接層的缺點我們已經介紹過了,這裡,我們拋棄全連接層,改用卷積網路。由於當前主流的檢測頭是解耦檢測頭,因此,我們也採用解耦檢測頭作為 YOLOv1 的檢測頭,由類別分支和回歸分支組成,分別提取類別特徵和位置特徵,如圖 4-4 所示。

解耦檢測頭的結構十分簡單,共輸出兩種不同的特徵:**類別特徵 $F_{cls} \in \mathbb{R}^{13 \times 13 \times 512}$** 和**位置特徵 $F_{reg} \in \mathbb{R}^{13 \times 13 \times 512}$**。沒有過於複雜的結構,因此程式撰寫也較為容易。在本專案的 models/yolov1/yolov1_head.py 檔案中,我們實現了相關的程式,如程式 4-3 所示。

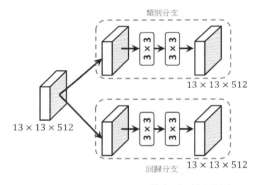

▲ 圖 4-4 YOLOv1 的解耦檢測頭

➡ 程式 4-3 YOLOv1 的解耦檢測頭

```
# YOLO_Tutorial/models/yolov1/yolov1_head.py
# --------------------------------------------------------
...


class DecoupledHead(nn.Module):
    def_init_(self, cfg, in_dim, out_dim, num_classes=80):
        super(). init()
        print('=============================')
        print('Head: Decoupled Head')
        self.in_dim = in_dim
        self.num_cls_head=cfg['num_cls_head']
```

```python
self.num_reg_head=cfg['num_reg_head']
self.act_type=cfg['head_act']
self.norm_type=cfg['head_norm']

# cls head
cls_feats = []
self.cls_out_dim = max(out_dim, num_classes)
for i in range(cfg['num_cls_head']):
    if i == 0:
        cls_feats.append(
            Conv(in_dim, self.cls_out_dim, k=3, p=1, s=1,
                act_type=self.act_type,
                norm_type=self.norm_type,
                depthwise=cfg['head_depthwise'])
                )
    else:
        cls_feats.append(
            Conv(self.cls_out_dim, self.cls_out_dim, k=3, p=1, s=1,
                act_type=self.act_type,
                norm_type=self.norm_type,
                depthwise=cfg['head_depthwise'])
                )

# reg head
reg_feats = []
self.reg_out_dim = max(out_dim,64)
for i in range(cfg['num_reg_head']):
    if i == 0:
        reg_feats.append(
                Conv(in_dim, self.reg_out_dim, k=3, p=1, s=1,
                act_type=self.
                act_type,
                norm_type=self.norm_type,
                depthwise=cfg['head_depthwise'])
                )
    else:
        reg_feats.append(
            Conv(self.reg_out_dim, self.reg_out_dim, k=3, p=1, s=1,
                act_type=self.act_type,
```

```
                            norm_type=self.norm_type,
                            depthwise=cfg['head_depthwise'])
                            )

        self.cls_feats = nn.Sequential(*cls_feats)
        self.reg_feats = nn.Sequential(*reg_feats)

    def forward(self, x):
        cls_feats = self.cls_feats(x)
        reg_feats = self.reg_feats(x)

        return cls_feats, reg_feats
```

4.1.4 修改預測層

　　一張 416 × 416 的輸入影像經過主幹網絡、頸部網路和檢測頭三部分處理後，得到特徵圖 $F_d \in \mathbb{R}^{13 \times 13 \times 512}$。由於本文要架設的 YOLOv1 是全卷積網路結構，因此在最後的預測層，採用當下主流的做法，即使用 11 的卷積層在特徵圖上做預測，如圖 4-5 所示。不難想到，使用卷積操作在特徵圖上做預測，恰好和 YOLOv1 的「逐網格找物體」這一檢測思想對應了起來。

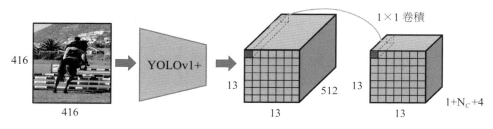

▲ 圖 4-5　YOLOv1 使用 1×1 卷積層做預測

　　在官方的 YOLOv1 中，每個網格預測兩個邊界框，而這兩個邊界框的學習完全依賴自身預測的邊界框位置的準確性，YOLOv1 本身並沒有對這兩個邊界框做任何約束。可以認為，這兩個邊界框是「平權」的，誰學得好誰學得差完全是隨機的，二者之間沒有顯式的互斥關係，且每個網格處最終只會輸出置信度最大的邊界框，那麼可以將這兩個「平權」的邊界框修改為一個邊界框，即

每個網格處只需要輸出一個邊界框。於是，我們的 YOLOv1 網路最終輸出的張量為 $Y \in \mathbb{R}^{13 \times 13 \times (1 + N_c + 4)}$，其中通道維度上的 1 表示邊界框的置信度，$N_c$ 表示類別的總數，4 表示邊界框的 4 個位置參數。這裡不再有表示每個網格的邊界框數量的 B。

　　然而，先前我們已經將檢測頭替換成了解耦檢測頭，因此，預測層也要做出相應的修改。具體來說，我們採用解耦檢測頭，分別輸出兩個不同的特徵：**類別特徵** $\boldsymbol{F}_{cls} \in \mathbb{R}^{13 \times 13 \times 512}$ 和**位置特徵** $\boldsymbol{F}_{reg} \in \mathbb{R}^{13 \times 13 \times 512}$，$\boldsymbol{F}_{cls}$ 用於預測邊界框置信度和類別置信度，$\boldsymbol{F}_{reg}$ 用於預測邊界框位置參數。圖 4-6 展示了我們設計的 YOLOv1 所採用的解耦檢測頭和預測層的結構。

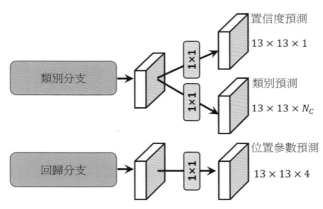

▲ 圖 4-6 YOLOv1 所採用的解耦檢測頭的結構

這裡，我們詳細介紹一下預測層的處理方式。

- **邊界框置信度的預測**。我們使用類別特徵 $\boldsymbol{F}_{cls} \in \mathbb{R}^{13 \times 13 \times 512}$ 來完成邊界框置信度的預測。另外，不同於 YOLOv1 中使用預測框與物件框的 IoU 作為最佳化物件，我們暫時採用簡單的二分類標籤 0/1 作為置信度的學習標籤。這樣改進並不表示二分類標籤比將 IoU 作為學習標籤的方法更好，而僅是圖方便，省去了在訓練過程中計算 IoU 的麻煩，且便於讀者上手。由於邊界框的置信度的值域在 0 ～ 1 範圍內，為了確保這一點，避免網路輸出超出這一值域的「不合理」數值，我們使用 Sigmoid 函數將網路的置信度輸出映射到 0 ～ 1 範圍內。

- **類別置信度的預測**。我們使用類別特徵 $F_{\text{cls}} \in \mathbb{R}^{13 \times 13 \times 512}$ 來完成類別置信度的預測。因此，類別特徵將分別被用於有無物件的檢測和類別分類兩個子任務中。類別置信度顯然也在 $0 \sim 1$ 範圍內，因此我們使用 Sigmoid 函數來輸出對每個類別置信度的預測。

- **邊界框位置參數的預測**。自然地，我們使用位置特徵 $F_{\text{reg}} \in \mathbb{R}^{13 \times 13 \times 512}$ 來完成邊界框位置參數的預測。我們已經知道，邊界框的中心點偏差 (t_x, t_y) 的值域是 $0 \sim 1$，因此，我們也對網路輸出的中心點偏差 t_x 和 t_y 使用 Sigmoid 函數。另外兩個參數 w 和 h 是非負數，這也就表示，我們必須保證網路輸出的這兩個量是非負數，否則沒有意義。一種辦法是用 ReLU 函數來保證這一點，然而 ReLU 的負半軸梯度為 0，無法回傳梯度，有「死元」的潛在風險。另一種辦法則是仍使用線性輸出，但增加一個不小於 0 的不等式約束。但不論是哪一種方法，都存在約束問題，這一點往往是不利於訓練最佳化的。為了解決這一問題，我們採用指數函數來處理，該方法既能保證輸出範圍是實數域，又是全域可微的，不需要額外的不等式約束。兩個參數 w 和 h 的計算如公式（4-1）所示，其中，指數函數外部乘了網路的輸出步進值 s，這就表示預測的 t_w 和 t_h 都是相對於網格尺度來表示的。

$$
\begin{aligned}
w &= s \times e^{t_w} \\
h &= s \times e^{t_h}
\end{aligned}
\tag{4-1}
$$

4.1.5　修改損失函數

　　經過 4.1.4 節的修改後，我們同樣需要修改 YOLO 的損失函數，包括置信度損失、類別損失和邊界框位置參數的損失，以便我們後續能夠正確地訓練模型。接下來，依次介紹每一個損失函數的修改。

　　置信度損失。首先，修改置信度損失。由於置信度的輸出經過 Sigmoid 函數的處理，因此我們採用**二元交叉熵**（binary cross entropy，BCE）函數來計算置信度損失，如公式（4-2）所示，其中，N_{pos} 是正樣本的數量。

$$
L_{\text{conf}} = -\frac{1}{N_{\text{pos}}} \sum_{i=1}^{S^2} \left[\left(1 - \hat{C}_i\right) \log\left(1 - C_i\right) + \hat{C}_i \log\left(C_i\right) \right]
\tag{4-2}
$$

類別損失。接著是修改類別置信度的損失函數。由於類別預測中的每個類別置信度都經過 Sigmoid 函數的處理，因此，我們同樣採用 BCE 函數來計算類別損失，如公式（4-3）所示。

$$L_{cls} = -\frac{1}{N_{pos}}\sum_{c=1}^{N_C}\sum_{i=1}^{S^2}\amalg_i^{obj}\left[\left(1-\hat{p}_{c_i}\right)\log\left(1-p_{c_i}\right)+\hat{p}_{c_i}\log\left(p_{c_i}\right)\right] \qquad (4\text{-}3)$$

邊界框位置參數的損失。對位置損失，我們採用更主流的辦法。具體來說，我們首先根據預測的中心點偏差以及寬和高來得到預測框 B_{pred}，然後計算預測框 B_{pred} 與物件框 B_{gt} 的 GIoU（generalized IoU）[43]，最後，使用線性 GIoU 損失函數去計算位置參數損失，如公式（4-4）所示。

$$L_{reg} = \frac{1}{N_{pos}}\sum_{i=0}^{S^2}\amalg_i^{obj}\left[1-\text{GIoU}\left(B_{pred},B_{gt}\right)\right] \qquad (4\text{-}4)$$

總的損失。最後，將公式（4-2）、（4-3）、（4-4）加起來便得到完整的損失函數，如公式（4-5）所示，其中，λ_{reg} 是位置參數損失的權重，預設為 5。

$$L_{loss} = L_{conf} + L_{cls} + \lambda_{reg}L_{reg} \qquad (4\text{-}5)$$

至此，我們設計的 YOLOv1 的原理部分和相對於官方的 YOLOv1 所作的改進和最佳化就講解完了。在 4.2 節中，我們將著手使用流行的 PyTorch 框架來架設完整的 YOLOv1 網路。

4.2 架設 YOLOv1 網路

在 4.1 節中，主要講解了我們設計的 YOLOv1 網路。從本節開始，為了後續的講解和程式實現，作者預設每一位讀者都已熟悉 PyTorch 框架的基本操作，並設定好了 Python3 等必要的運行環境。後續我們在訓練網路時，需要使用到獨立顯示卡，若讀者沒有獨立顯示卡，也不影響學習，可在日後有了合適的硬體條件時再去訓練模型。在整個講解的過程中，我們會詳細講解每一個實踐細節，盡可能地使每一位讀者在缺少 GPU 的情況下，仍能夠掌握本書的必要知識。並且，我們也在本書的專案程式中提供了已經訓練好的模型權重檔案，以供讀者使用（強烈建議讀者將本書的書附原始程式碼全部下載下來，以便後續的學習）。

關於 PyTorch 框架的安裝、CUDA 環境的設定等，網上已有大量的優秀教學，詳細介紹了各個軟體的安裝方式，請讀者自行上網查閱這些必要的安裝教學。

現在，我們開始動手實踐吧。

在正式開始架設模型之前，我們先建構 YOLOv1 的程式框架，這一過程相當於準備藍圖，以確定好我們後續要撰寫哪些程式、建構哪些模組，從而最終組成 YOLOv1 模型。我們設計的 YOLOv1 的整體框架如程式 4-4 所示。

➜ 程式 4-4 我們設計的 YOLOv1 的整體框架

```
# YOLO_Tutorial/models/yolov1/yolov1.py
#----------------------------------------------------------
...


class YOLOv1(nn.Module):
    def _init_(self, cfg, device, input_size, num_classes,
trainable, conf_thresh, nms_thresh):
        super(YOLOv1, self). init()
        self.cfg = cfg                      # 模型設定檔
        self.device = device                # 裝置、CUDA 或 CPU
        self.num_classes = num_classes      # 類別的數量
        self.trainable = trainable          # 訓練的標記
        self.conf_thresh = conf_thresh      # 得分設定值
        self.nms_thresh = nms_thresh        # NMS 設定值
        self.stride = 32                    # 網路的最大步進值

        # >>>>>>>>>>>>>>>>>>> 主幹網絡 <<<<<<<<<<<<<<<<<<<<<
        # TODO: 建構我們的 backbone 網路
        # self.backbone = ?

        # >>>>>>>>>>>>>>>>>>> 頸部網路 <<<<<<<<<<<<<<<<<<<<<
        # TODO: 建構我們的 neck 網路
        # self.neck = ?

        # >>>>>>>>>>>>>>>>>>> 檢測頭 <<<<<<<<<<<<<<<<<<<<<<
        # TODO: 建構我們的 detection head 網路
        # self.head = ?
```

```
        # >>>>>>>>>>>>>>>>> 預測層 <<<<<<<<<<<<<<<<<
        # TODO: 建構我們的預測層
        # self.pred = ?

    def create_grid(self, input_size):
        # TODO: 用於生成網格座標矩陣

    def decode_boxes(self, pred):
        # TODO: 解算邊界框座標

    def nms(self, bboxes, scores):
        # TODO: 非極大值抑制操作

    def postprocess(self, bboxes, scores):
        # TODO: 後處理，包括得分設定值篩選和 NMS 操作

    @torch.no_grad()
    def inference(self, x):
        # TODO: YOLOv1 前向推理

    def forward(self, x, targets=None):
        # TODO: YOLOv1 的主體運算函數
```

接下來，我們就可以將根據上面的程式框架來講解如何架設 YOLOv1 網路。

4.2.1 架設主幹網絡

前面已經說到，我們的 YOLOv1 使用較輕量的 ResNet-18 作為主幹網絡。由於 PyTorch 官方已提供了 ResNet 的原始程式和相應的預訓練模型，因此，這裡就不需要我們自己去架設 ResNet 的網路和訓練了。為了方便呼叫和查看，ResNet 的程式檔案放在專案中 models/ yolov1/yolov1_backbone.py 檔案下，感興趣的讀者可以打開該檔案來查看 ResNet 網路的程式。在確定了主幹網絡後，我們只需在 YOLOv1 框架中撰寫程式即可呼叫 ResNet-18 網路，如程式 4-5 所示。

➡ 程式 4-5　建構 YOLOv1 的主幹網絡

```
# >>>>>>>>>>>>>>>>>>>>> 主幹網絡 <<<<<<<<<<<<<<<<<<<<<<
# TODO: 建構我們的 backbone 網路
self.backbone,feat_dim=build_backbone(cfg['backbone'],trainable&cfg['pretrained'])
```

　　在程式 4-5 中，cfg 是模型的設定檔，feat_dim 變數是主幹網絡輸出的特徵圖的通道數，這在後續的程式會使用到。我們透過 trainable&cfg['pretrained'] 的組合來決定是否載入預訓練權重。程式 4-6 展示了模型的設定檔所包含的一些參數，包括網路結構的參數、損失函數所需的權重參數、最佳化器參數以及一些訓練設定參數等，每個參數的含義都已標注在註釋中。

➡ 程式 4-6　我們所架設的 YOLOv1 的設定參數

```
# YOLO_Tutorial/config/mode1_config/yolov1_config.py
#--------------------------------------------------------
...

yolov1_cfg = {
    # input
    'trans_type':'ssd',          # 使用 SSD 風格的資料增強
    'multi_scale':[0.5,1.5],     # 多尺度的範圍
    # model
    'backbone':'resnet18',       # 使用 ResNet-18 作為主幹網絡
    'pretrained': True,          # 載入預訓練權重
    'stride':32,# P5             # 網路的最大輸出步進值
    # neck
    'neck':'sppf',               # 使用 SPP 作為頸部網路
    'expand_ratio':0.5,          # SPP 的模型參數
    'pooling_size':5,            # SPP 的模型參數
    'neck_act':'lrelu',          # SPP 的模型參數
    'neck_norm':'BN',            # SPP 的模型參數
    'neck_depthwise': False,     # SPP 的模型參數
    # head
    'head':'decoupled_head',     # 使用解耦檢測頭
    'head_act':'lrelu',          # 檢測頭所需的參數
    'head_norm':'BN',            # 檢測頭所需的參數
    'num_cls_head':2,            # 解耦檢測頭的類別分支所包含的卷積層數
    'num_reg_head':2,            # 解耦檢測頭的回歸分支所包含的卷積層數
```

```
    'head_depthwise': False,      # 檢測頭所需的參數
    # loss weight
    'loss_obj_weight':1.0,        # obj 損失的權重
    'loss_cls_weight':1.0,        # cls 損失的權重
    'loss_box_weight':5.0,        # box 損失的權重
    # training configuration
    'no_aug_epoch':-1,            #關閉馬賽克增強和混合增強的節點
    # optimizer
    'optimizer':'sgd',            # 使用 SGD 最佳化器
    'momentum':0.937,             # SGD 最佳化器的 momentum 參數
    'weight_decay':5e-4,          # SGD 最佳化器的 weight_decay 參數
    'clip_grad':10,               # 梯度剪裁參數
    # model EMA
    'ema_decay':0.9999,           # 模型 EMA 參數
    'ema_tau':2000,               # 模型 EMA 參數
    # lr schedule
    'scheduler':'linear',         # 使用線性學習率衰減策略
    'lr0':0.01,                   # 初始學習率
    'lrf':0.01,                   #最終的學習率 = lr0* lrf
    'warmup_momentum':0.8,        # Warmup 階段，最佳化器的 momentum 參數的初始值
    'warmup_bias_lr':0.1,         # Warmup 階段，最佳化器為模型的 bias 參數設置的學習率初始值
}
```

4.2.2 架設頸部網路

前面已經說到，我們的 YOLOv1 選擇 SPP 模組作為頸部網路。SPP 網路的結構非常簡單，僅由若干不同尺寸的核心的最大池化層所組成，實現起來也非常地簡單，相關程式我們已經在前面展示了。而在 YOLOv1 中，我們直接呼叫相關的函數來使用 SPP 即可，如程式 4-7 所示。

➜ 程式 4-7 建構 YOLOv1 的頸部網路

```
# >>>>>>>>>>>>>>>>>>>> 頸部網路 <<<<<<<<<<<<<<<<<<<<
# TODO: 建構我們的頸部網路
self.neck = build_neck(cfg, feat_dim, out_dim=512)
head_dim = self.neck.out_dim
```

4.2.3 架設檢測頭

有關檢測頭的程式和預測層相關的程式已經在前面介紹過了，這裡，我們只需要呼叫相關的函數來使用解耦檢測頭，然後再使用 1×1 卷積建立預測層，如程式 4-8 所示。

➜ 程式 4-8 建構 YOLOv1 的檢測頭

```
# >>>>>>>>>>>>>>>>>>> 檢測頭 <<<<<<<<<<<<<<<<<<<<<<
# TODO: 建構我們的 detection head 網路
## 檢測頭
self.head = build_head(cfg, head_dim, head_dim, num_classes)


# >>>>>>>>>>>>>>>>>>> 預測層 <<<<<<<<<<<<<<<<<<<<<<
# TODO: 建構我們的預測層
self.obj_pred = nn.Conv2d(head_dim,1, kernel_size=1)
self.cls_pred = nn.Conv2d(head_dim, num_classes, kernel_size=1)
self.reg_pred = nn.Conv2d(head_dim,4, kernel_size=1)
```

4.2.4 YOLOv1 前向推理

確定好了網路結構的程式後，我們就可以按照本章最開始的圖 4.1 所展示的結構來撰寫前向推理的程式，也就是 YOLOv1 的主框架中的 forward 函數，如程式 4-9 所示。

➜ 程式 4-9 建構 YOLOv1 在訓練階段所使用的推理函數

```
def forward(self, x):
    if not self.trainable:
        return self.inference(x)
    else:
        #主幹網絡
        feat = self.backbone(x)

        #頸部網路
        feat = self.neck(feat)
```

```
# 檢測頭
cls_feat, reg_feat = self.head(feat)

# 預測層
obj_pred = self.obj_pred(cls_feat)
cls_pred = self.cls_pred(cls_feat)
reg_pred = self.reg_pred(reg_feat)
fmp_size = obj_pred.shape[-2:]

# 對 pred 的 size 做一些調整，便於後續的處理
#[B, C, H, W]-> [B, H, W, C]-> [B, H*W, C]
obj_pred = obj_pred.permute(0,2,3,1).contiguous().flatten(1,2)
cls_pred = cls_pred.permute(0,2,3,1).contiguous().flatten(1,2)
reg_pred = reg_pred.permute(0,2,3,1).contiguous().flatten(1,2)

# 解耦邊界框
box_pred = self.decode_boxes(reg_pred, fmp_size)

# 網路輸出
outputs = {
        "pred_obj": obj_pred,        # (Tensor)[B, M,1]
        "pred_cls": cls_pred,        # (Tensor)[B, M, C]
        "pred_box": box_pred,        # (Tensor)[B, M,4]
        "stride": self.stride,       # (Int)
        "fmp_size": fmp_size         # (List)[fmp_h, fmp_w]
            }
return outputs
```

　　注意，在上述所展示的推理程式中，我們對變數 pred 執行了 view 操作，將 H 和 W 兩個維度合併到一起，由於這之後不會再有任何卷積操作了，而僅是要計算損失，因此，將輸出張量的維度從 $[B, C, H, W]$ 調整為 $[B, H*W, C]$ 的目的僅是方便後續的損失計算和後處理，而不會造成其他不必要的負面影響。

　　另外，在測試階段，我們只需要推理當前輸入影像，無須計算損失，所以我們單獨實現了一個 inference 函數，如程式 4-10 所示。

➔ 程式 4-10 YOLOv1 在測試階段的前向推理

```
@torch.no_grad()
def inference(self, x):
    # 主幹網絡
    feat = self.backbone(x)

    # 頸部網路
    feat = self.neck(feat)

    # 檢測頭
    cls_feat, reg_feat = self.head(feat)

    # 預測層
    obj_pred = self.obj_pred(cls_feat)
    cls_pred = self.cls_pred(cls_feat)
    reg_pred = self.reg_pred(reg_feat)
    fmp_size = obj_pred.shape[-2:]

    # 對 pred 的 size 做一些調整，便於後續的處理
    #[B, C, H, W]-> [B, H, W, C]-> [B, H*W, C]
    obj_pred = obj_pred.permute(0,2,3,1).contiguous().flatten(1,2)
    cls_pred = cls_pred.permute(0,2,3,1).contiguous().flatten(1,2)
    reg_pred = reg_pred.permute(0,2,3,1).contiguous().flatten(1,2)

    # 測試時，預設 batch 是 1
    # 因此，我們不需要用 batch 這個維度，用 [0] 將其取走
    obj_pred = obj_pred[0]      #[H*W,1]
    cls_pred = cls_pred[0]      #[H*W, NC]
    reg_pred = reg_pred[0]      #[H*W,4]

    # 每個邊界框的得分
    scores = torch.sqrt(obj_pred.sigmoid()* cls_pred.sigmoid())

    # 解算邊界框，並歸一化邊界框:[H*W,4]
    bboxes = self.decode_boxes(reg_pred, fmp_size)

    # 將預測放在 CPU 處理上，以便進行後處理
    scores = scores.cpu().numpy()
    bboxes = bboxes.cpu().numpy()
```

```
# 後處理
bboxes, scores, labels = self.postprocess(bboxes, scores)

return bboxes, scores, labels
```

在程式 4-10 中，裝飾器 @torch.no_grad() 表示該 inference 函數不會存在任何梯度，因為推理階段不會涉及反向傳播，無須計算變數的梯度。在這段程式中，多了一個後處理 postprocess 函數的呼叫，我們將在 4.3.2 節介紹後處理的實現。

至此，我們架設完了 YOLOv1 的網路，只需將上面的單獨實現分別對號入座地加入 YOLOv1 的網路框架裡。最後，我們就可以獲得網路的 3 個預測分支的輸出。但是，這裡還遺留下了以下 3 個問題尚待處理。

(1) 如何有效地計算出邊界框的左上角點座標和右下角點座標。

(2) 如何計算 3 個分支的損失。

(3) 如何對預測結果進行後處理。

接下來，我們將在 4.3 節中一一解決上述的 3 個問題。

4.3 YOLOv1 的後處理

在 4.2 節中，我們已經完成了 YOLOv1 網路的程式撰寫，但除了網路本身，仍存在一些空白需要我們去填補。在本節中，我們依次解決 4.2 節的節尾所遺留的問題。

4.3.1 求解預測邊界框的座標

對於某一處的網格 $(grid_x, grid_y)$，YOLOv1 輸出的邊界框的中心點偏移量預測為 t_x 和 t_y，寬和高的對數映射預測為 t_w 和 t_h，我們使用公式（4-6）即可解算出邊界框的中心點座標 c_x 和 c_y 與長寬 w 和 h。

$$c_x = \left[grid_x + \sigma\left(t_x\right) \right] \times stride$$
$$c_y = \left[grid_y + \sigma\left(t_y\right) \right] \times stride$$
$$w = \exp\left(t_w\right) \times stride \qquad\qquad (4\text{-}6)$$
$$h = \exp\left(t_h\right) \times stride$$

其中，$\sigma(\cdot)$ 是 Sigmoid 函數。從公式中可以看出，為了計算預測的邊界框的中心點座標，我們需要獲得網格的座標 ($grid_x$, $grid_y$)，因為我們的 YOLOv1 也是在每個網格預測偏移量，從而獲得精確的邊界框中心點座標。直接的方法就是遍歷每一個網格，以獲取網格座標，然後加上此處預測的偏移量即可獲得此處預測出的邊界框中心點座標，但是這種 for 迴圈操作的效率不高。在一般情況下，能用矩陣運算來實現的操作就儘量避免使用 for 迴圈，因為不論是 GPU 還是 CPU，矩陣運算都是可以並行處理的，銷耗更小，因此，這裡我們採用一個討巧的等價方法。

在計算邊界框座標之前，先生成一個儲存網格所有座標的矩陣 $\boldsymbol{G} \in \mathbb{R}^{H_o \times W_o \times 2}$，其中 H_o 和 W_o 是輸出的特徵圖的空間尺寸，2 是網格的橫垂直座標。$\boldsymbol{G}(grid_x, grid_y)$ 就是輸出特徵圖上 $\boldsymbol{G}(grid_x, grid_y)$ 處的網格坐標 ($grid_x$, $grid_y$)，即 $\boldsymbol{G}(grid_x, grid_y, 0) = grid_x$，$\boldsymbol{G}(grid_x, grid_y, 1) = grid_y$，如圖 4-7 所示。

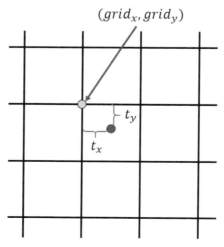

▲ 圖 4-7 YOLOv1 的 G 矩陣，其中儲存了所有的網格座標

所以，在清楚了 **G** 矩陣的含義後，我們便可以撰寫相應的程式來生成 **G** 矩陣，如程式 4-11 所示。

➡ **程式 4-11　儲存了網格座標的 G 矩陣的生成程式**

```
def create_grid(self, input_size):
    # 輸入影像的寬和高
    w, h = input_size, input_size
    # 特徵圖的寬和高
    ws, hs = w// self.stride, h// self.stride
    # 生成網格的 x 座標和 y 座標
    grid_y, grid_x = torch.meshgrid([torch.arange(hs), torch.arange(ws)])
    # 將 x 和 y 兩部分的座標拼起來：[H, W,2]
    grid_xy = torch.stack([grid_x, grid_y], dim=-1).float()
    # [H, W,2]-> [HW,2]
    grid_xy = grid_xy.view(-1,2).to(self.device)

    return grid_xy
```

注意，為了後續解算邊界框的方便，將 grid_xy 的維度調整成 *[HW,* 2] 的形式，因為在講解 YOLOv1 的前向推理的程式時，輸出的 txtytwth_pred 的維度被調整為 *[HW,* 2] 的形式，這裡我們為了保持維度一致，也做了同樣的處理。

在獲得了 **G** 矩陣之後，我們就可以很容易計算邊界框的位置參數了，包括邊界框的中心點座標、寬、高、左上角點座標和右下角點座標，程式 4-12 展示了這一計算過程。

➡ **程式 4-12　解算預測的邊界框座標**

```
def decode_boxes(self, pred, fmp_size):
    """
        將 txtytwth 轉為常用的 x1y1x2y2 形式
    """
    # 生成網格座標矩陣
    grid_cell = self.create_grid(fmp_size)

    # 計算預測邊界框的中心點座標、寬和高
    pred_ctr = (torch.sigmoid(pred[...,:2]) + grid_cell)* self.stride
    pred_wh = torch.exp(pred[...,2:])* self.stride
```

```
# 將所有邊界框的中心點座標、寬和高換算成 x1y1x2y2 形式
pred_x1y1 = pred_ctr- pred_wh* 0.5
pred_x2y2 = pred_ctr + pred_wh* 0.5
pred_box = torch.cat([pred_x1y1, pred_x2y2], dim=-1)


return pred_box
```

最終，我們會得到邊界框的左上角點座標和右下角點座標。

4.3.2　後處理

當我們獲得了邊界框的位置參數後，我們還需要對預測結果做進一步的後處理，濾除那些得分低的邊界框和檢測到同一物件的容錯框。因此，後處理的主要作用可以總結為兩點：

(1) 濾除得分低的低品質邊界框；

(2) 濾除對同一物件的容錯檢測結果，即非極大值抑制（NMS）處理。

在清楚了後處理的邏輯和目的後，我們就可以撰寫相應的程式了，如程式 4-13 所示。

➜ 程式 4-13 YOLOv1 的後處理

```
def postprocess(self, bboxes, scores):
    # 將得分最高的類別作為預測的類別標籤
    labels = np.argmax(scores, axis=1)
    # 預測標籤所對應的得分
    scores = scores[(np.arange(scores.shape[0]), labels)]

    # 設定值篩選
    keep = np.where(scores >= self.conf_thresh)
    bboxes = bboxes[keep]
    scores = scores[keep]
    labels = labels[keep]

    # 非極大值抑制
```

```
keep = np.zeros(len(bboxes), dtype=np.int)
for i in range(self.num_classes):
    inds = np.where(labels == i)[0]
    if len(inds) == 0:
        continue
    c_bboxes = bboxes[inds]
    c_scores = scores[inds]
    c_keep = self.nms(c_bboxes, c_scores)
    keep[inds[c_keep]] = 1

keep = np.where(keep > 0)
bboxes = bboxes[keep]
scores = scores[keep]
labels = labels[keep]

return bboxes, scores, labels
```

我們採用十分經典的基於 Python 語言實現的程式作為本文的**非極大值抑制**。在入門階段，希望讀者能夠將這段程式爛熟於心，這畢竟是此領域的必備演算法之一。相關程式如程式 4-14 所示。

➡ 程式 4-14 NMS 的經典實現

```
def nms(self, bboxes, scores):
    """Pure Python NMS baseline."""
    x1 = bboxes[:,0]#xmin
    y1 = bboxes[:,1]#ymin
    x2 = bboxes[:,2]#xmax
    y2 = bboxes[:,3]#ymax
    areas = (x2- x1)* (y2- y1) o
    rder = scores.argsort()[::-1]
    keep = []
    while order.size > 0:
        i = order[0]
        keep.append(i)
        #計算交集的左上角點和右下角點的座標
        xx1 = np.maximum(x1[i], x1[order[1:]])
        yy1 = np.maximum(y1[i], y1[order[1:]])
        xx2 = np.minimum(x2[i], x2[order[1:]])
```

```
yy2 = np.minimum(y2[i], y2[order[1:]])
#計算交集的寬和高
w = np.maximum(1e-10, xx2- xx1)
h = np.maximum(1e-10, yy2- yy1)
# 計算交集的面積
inter = w* h
#計算交並比
iou = inter/ (areas[i] + areas[order[1:]]- inter)
# 濾除超過 NMS 設定值的邊界框
inds = np.where(iou <= self.nms_thresh)[0]
order = order[inds + 1]


return keep
```

經過後處理後，我們獲得了最終的 3 個輸出變數：

(1) 變數 bboxes，包含每一個邊界框的左上角座標和右下角座標；

(2) 變數 scores，包含每一個邊界框的得分；

(3) 變數 labels，包含每一個邊界框的類別預測。

　　至此，我們填補了之前留下來的空白，只需要將上面實現的每一個函數放置到 YOLOv1 的程式框架中，即可組成最終的模型程式。讀者可以打開專案中的 models/yolov1/ yolov1.py 檔案來查看完整的 YOLOv1 的模型程式。

4.4　小結

　　至此，在 4.2 節末尾所提出的 3 個問題就都獲得了解決。現在，我們透過相關的程式實現，已經架設起了完整的 YOLOv1 的模型，並在這一過程中，逐一地清除了原版 YOLOv1 的一些弊端。透過這樣的程式實現，相信讀者已經了解到了如何使用 PyTorch 深度學習框架來架設一個物件辨識網路。儘管本文所採用的程式風格簡潔淺顯，沒有過多的封裝和巢狀結構，但如此簡潔的風格主要是為了便於讀者閱讀和理解，至於今後閱讀一些流行的開源程式碼，還需讀者慢慢摸索和累積。既然有了模型，接下來，我們就準備講解如何訓練 YOLOv1 網路，並著重講解製作正樣本和計算損失這兩個關鍵的技術要點。

第5章

訓練
YOLOv1 網路

　　本章，將著手訓練 YOLOv1 網路。為了實現這一目標，我們需要掌握製作訓練正樣本和計算損失兩個技術要點。倘若我們無法實現這兩點，就如同上了戰場的戰士手裡沒有槍。沒有正樣本、不能計算損失，那麼訓練網路也就無從談起。因此，讀者務必掌握本章的內容。在後續我們自己的 YOLOv2 網路和 YOLOv3 網路時，都是在本章的基礎之上做些必要和適當的調整，不必再大動干戈。

5.1 讀取 VOC 資料

資料是深度學習領域中的唯一「糧食」，沒有資料，再怎麼精心設計的深度學習演算法也將力不從心。因此，在開始講解訓練網路之前，了解如何處理資料是十分必要的。

我們先從較小的 VOC 資料集入手。讀者在本書的專案中的 README 檔案中都可以找到下載 VOC 資料集的連結，讀者務必下載 VOC 資料集，儘管相較於更大規模的 COCO 資料集來說，VOC 資料集顯得十分「迷你」，且資料所包含的場景較為簡單，難度較低，資料量更小，在近幾年中幾乎不會再用來作為重要的資料集去測試新工作。但對入門檢測來說，VOC 資料集足以支撐讀者學習本書的理論知識和專案程式。在接下來的內容中，將預設讀者已經下載好了 VOC 資料集。

打開專案的 dataset/voc.py 檔案來查看讀取 VOC 資料集所需的程式。首先，我們會看到一個單獨的變數 VOC_CLASSES，它是 VOC 資料集的所有類別名稱，如程式 5-1 所示。

➜ 程式 5-1 VOC 資料集的 20 個類別的名稱

```
VOC_CLASSES = ('aeroplane','bicycle','bird','boat','bottle','bus','car','cat',
 'chair','cow','diningtable','dog','horse','motorbike','person','pottedplant',
 'sheep','sofa','train','tvmonitor')
```

接著，我們會看到一個名為 VOCAnnotationTransform 的類別，如程式 5-2 所示。這個類別的主要作用就是讀取資料類別（如「person」和「bird」），並依據該資料類別在預先定義的變數 VOC_CLASSES 中所存放的位置來計算出類別序號，以便後續計算 one-hot 格式的類別標籤，舉例來說，讀取到的資料類別是「bird」，那麼它的類別序號就是 2。注意，這裡的序號是從 0 開始的。

➜ 程式 5-2 處理 VOC 資料集的標籤格式

```
# YOLO_Tutorial/dataset/voc.py
# -------------------------------------------------------------
...
```

```python
class VOCAnnotationTransform(object):
    def _init_(self, class_to_ind=None, keep_difficult=False):
        self.class_to_ind = class_to_ind or dict(
            zip(VOC_CLASSES, range(len(VOC_CLASSES))))
        self.keep_difficult = keep_difficult


    def _call_(self, target):
        res = []
        for obj in target.iter('object'):
            difficult = int(obj.find('difficult').text) == 1
            if not self.keep_difficult and difficult:
                continue
            name = obj.find('name').text.lower().strip()
            bbox = obj.find('bndbox')

            pts = ['xmin','ymin','xmax','ymax']
            bndbox = []
            for i, pt in enumerate(pts):
                cur_pt = int(bbox.find(pt).text)- 1
                bndbox.append(cur_pt)
            label_idx = self.class_to_ind[name]
            bndbox.append(label_idx)
            res += [bndbox]# [xmin, ymin, xmax, ymax, label_ind]

        return res# [[xmin, ymin, xmax, ymax, label_ind],...]
```

然後，就是這個程式檔案中最主要的部分：VOCDetection 類別。在訓練和測試兩個階段中，我們都將使用該類別來讀取用於訓練和測試的影像與標籤。同時，資料前置處理操作也是在該類別中完成的。我們先看一下它的初始化程式，如程式 5-3 所示。

➜ 程式 5-3 VOCDetection 類別的初始化

```python
# YOLO_Tutorial/dataset/voc.py
# ------------------------------------------------------------
...

class VOCDetection(data.Dataset):
```

```
    def __init__ (self, root, img_size, image_sets, transform,dataset_
name='VOC0712'):
        self.root = root
        self.img_size = img_size
        self.image_set = image_sets
        self.transform = transform
        self.target_transform = VOCAnnotationTransform()
        self.name = dataset_name
        self._annopath = osp.join('%s','Annotations','%s.xml')
        self._imgpath = osp.join('%s','JPEGImages','%s.jpg')
        self.ids = list()
        for(year, name) in image_sets:
            rootpath = osp.join(self.root,'VOC' + year)
            for line in open(osp.join(rootpath,'ImageSets','Main', name + '.txt')):
                self.ids.append((rootpath, line.strip()))
```

在程式 5-3 中，self.root 屬性是資料集的路徑。self.image_set 屬性是資料集的劃分，比如，當 self.image_set 被設置為 trainval 時，該類別將讀取 VOC 的 trainval 集的影像和標籤；當 self.image_set 被設置為 test 時，該類別將讀取 VOC 的測試集的影像和標籤。self.transform 屬性是資料前置處理函數，當我們要對所讀取的影像和標籤做處理時，將使用該屬性來完成。對於 VOCDetection 類別，首先是一個用於讀取資料集的影像和標籤的類別方法，如程式 5-4 所示。

➡ 程式 5-4 讀取影像和標籤

```
def load_image_target(self, index):
    # 讀取一張影像
    img_id = self.ids[index]
    image = cv2.imread(self._imgpath% img_id)
    height, width, channels = image.shape

    # 讀取影像的標籤
    anno = ET.parse(self._annopath% img_id).getroot()
    if self.target_transform is not None:
        anno = self.target_transform(anno)

    anno = np.array(anno).reshape(-1,5)
    target = {
```

```
        "boxes": anno[:,:4],
        "labels": anno[:,4],
        "orig_size":[height, width]
    }

    return image, target
```

在程式 5-4 中，變數 image 是使用 OpenCV 函數庫讀取進來的 RGB 影像，變數 anno 是從 VOC 資料集中的與影像名稱相同的 XML 檔案中讀取進來的標註資料，屬於 Python 的 list 類型，包含了影像 image 中的所有物件的邊界框座標和類別標籤。然後，我們做一些適當的處理，將變數 target 轉換成 Python 的 dict 類型的變數，包含邊界框座標、標籤以及影像的原始尺寸。

隨後，我們再實現一個名為 pull_item 的類別方法，其作用是將讀取進來的影像做進一步處理，比如資料增強，如程式 5-5 所示。

➡ **程式 5-5 對影像做進一步處理**

```
def pull_item(self, index):
    if random.random() < self.mosaic_prob:
        # 讀取一張馬賽克影像
        mosaic = True
        image, target = self.load_mosaic(index)
    else:
        mosaic = False
        # 讀取一張影像和標籤
        image, target = self.load_image_target(index)

    # 混合增強
    if random.random() < self.mixup_prob:
        image, target = self.load_mixup(image, target)

    # 資料增強
    image, target, deltas = self.transform(image, target, mosaic)

    return image, target, deltas
```

在程式 5-5 中,我們會看到 mosaic 和 mixup 等字眼,相關的變數分別和是否使用**馬賽克增強**與**混合增強**有關。在我們實現的 YOLOv1 和後續將實現的 YOLOv2 中,都不會採用這兩種過於強大的資料增強,所以這裡暫時忽視它們,即預設變數 mosaic_prob 和 mixup_prob 均為 0,也就是不使用這兩種增強。在讀取了影像和標籤後,類別屬性 self. transform 會做資料前置處理。

對我們實現的 YOLOv1 和後續會實現的 YOLOv2,資料前置處理均採用 SSD 風格的資料增強。具體來說,在訓練階段,我們採用包括「隨機水平翻轉」「隨機剪裁」「隨機縮放」以及「隨機顏色擾動」等在內的資料增強手段;在測試階段,我們僅採用將影像調整至指定尺寸的 resize 操作。

為了能夠加深對資料前置處理的理解,該程式檔案在其下方提供了一段可運行的範例程式,如程式 5-6 所示。

➜ 程式 5-6 偵錯 VOCDetection 類別

```
# YOLO_Tutorial/dataset/voc.py
# -----------------------------------------------------------
...

if _name_ == "_main_":
    import argparse
    from data_augment import build_transform

    parser = argparse.ArgumentParser(description='VOC-Dataset')

    # opt
    parser.add_argument('--root', default='D:\\python_work\\object-detection\\
                        dataset\\VOCdevkit',help='data root')

    args = parser.parse_args()

    is_train = False
    img_size = 640
    yolov5_trans_config = {
        'aug_type':'yolov5',
        # Basic Augment
        'degrees':0.0,
```

```python
        'translate':0.2,
        'scale':0.9,
        'shear':0.0,
        'perspective':0.0,
        'hsv_h':0.015,
        'hsv_s':0.7,
        'hsv_v':0.4,
        # Mosaic& Mixup
        'mosaic_prob':1.0,
        'mixup_prob':0.15,
        'mosaic_type':'yolov5_mosaic',
        'mixup_type':'yolov5_mixup',
        'mixup_scale':[0.5,1.5]
}
ssd_trans_config = {
        'aug_type':'ssd',
        'mosaic_prob':0.0,
        'mixup_prob':0.0
}
transform = build_transform(img_size, ssd_trans_config, is_train)

dataset = VOCDetection(
        img_size=img_size,
        data_dir=args.root,
        trans_config=ssd_trans_config,
        transform=transform,
        is_train=is_train
        )

np.random.seed(0)
class_colors = [(np.random.randint(255),
                    np.random.randint(255),
                    np.random.randint(255)) for_ in range(20)]
print('Data length:', len(dataset))
for i in range(1000):
        image, target, deltas = dataset.pull_item(i)
        # to numpy
        image = image.permute(1,2,0).numpy()
        # to uint8
        image = image.astype(np.uint8)
```

```
image = image.copy()
img_h, img_w = image.shape[:2]

boxes = target["boxes"]
labels = target["labels"]

for box, label in zip(boxes, labels):
    x1, y1, x2, y2 = box
    cls_id = int(label)
    color = class_colors[cls_id]
    # class name
    label = VOC_CLASSES[cls_id]
    image = cv2.rectangle(image,(int(x1), int(y1)),(int(x2), int(y2)),
        (0,0,255),2)
    # put the test on the bbox
    cv2.putText(image, label,(int(x1), int(y1- 5)),0,0.5, color,1,
        lineType=cv2.LINE_AA)
cv2.imshow('gt', image)
# cv2.imwrite(str(i)+'.jpg', img)
cv2.waitKey(0)
```

　　在程式 5-6 中，root 是 VOC 資料集的存放路徑，請讀者根據 VOC 資料集在自己裝置上的存放路徑來做相應的更改；is_train 是一個 bool 變數，當其為 True 時， transform 包含了一些資料增強的操作；當其為 False 時，transform 只包含調整影像尺寸的操作。另外，注意，這段程式提供了和資料前置處理有關的兩個變數：ssd_ trans_config 和 yolov5_trans_config。前者所包含的設定參數和呼叫 SSD 風格的資料增強有關，而後者是和使用 YOLOv5 風格的資料增強有關。在本次程式實現中，我們暫且不考慮 YOLOv5 風格的資料增強。圖 5-1 展示了一些經資料前置處理操作處理後的結果，其中，圖 5-1a 展示的是經過 SSD 風格的資料增強處理後的實例，圖 5-1b 展示的是無資料增強的資料前置處理後的實例。

　　倘若讀者感興趣，可以將 build_transform 函數和 VOCDetection 類別中所接受的 ssd_trans_config 更換為 yolov5_trans_config，然後運行程式，即可看到相關的視覺化結果。圖 5-2 展示了部分結果，其中包含了當下 YOLO 框架常用的

馬賽克增強和混合增強的效果，對於這兩個強大的資料增強手段，我們會在後文進行講解，讀者只需要有一個基礎層面的理解。

（a）經過 SSD 風格的資料增強處理後的實例

（b）無資料增強的資料前置處理後的實例

▲ 圖 5-1 VOC 資料集的影像和標籤

▲ 圖 5-2　YOLOv5 風格的資料增強處理結果

　　另外，pull_item 函數一次只會返回一張影像的資料。在訓練中，我們通常使用多張影像組成一批資料來訓練，即 mini-batch 概念。在 PyTorch 框架下，需要為讀取資料的程式定義一個 __getitem__ 內建函數，用於呼叫 pull_item 函數，再為外部的 dataloader 類別撰寫一個 collate 函數，以便將多個資料組成一個批次。在本專案中，我們實現了一個針對物件辨識任務的簡單的 CollateFunc 類別，如程式 5-7 所示。

➔ 程式 5-7　函數的程式實現

```
# YOLO_Tutorial/utils/misc.py
# -----------------------------------------------------------
...


class CollateFunc(object):
    def _call_(self, batch):
        targets = []
        images = []

        for sample in batch:
            image = sample[0]
            target = sample[1]
```

```
        images.append(image)
        targets.append(target)

    images = torch.stack(images,0)# [B, C, H, W]

    return images, targets
```

　　在訓練階段，該類別會將讀取進來的 *B* 張影像拼接成一個維度為 $[B,3,H,W]$ 的張量，其中 *B* 就是訓練中所使用的 mini-batch 大小，3 是顏色通道，*H* 和 *W* 分別是影像的高和寬，這一維度順序是符合 PyTorch 框架要求的，讀者不要將其調整為其他順序。同時，每張影像的標籤資料都會被存放在一個 list 變數中。我們將在訓練時使用到這些資料。

5.2 資料前置處理

　　在 5.1 節中，我們主要介紹了讀取資料的方法和相關的程式實現，其中，我們提到過資料前置處理的概念。不論是在訓練階段還是測試階段，資料前置處理都是不可或缺的，尤其是在訓練階段，除了一些基礎的、必要的資料前置處理，往往還會使用資料增強的操作。一般來說好的前置處理手段可以有效提升模型的性能和泛化性，反之則會嚴重損害模型的性能。在本節中，我們將展開介紹這一概念。

5.2.1 基礎變換

　　在 ImageNet 時代，常用的影像前置處理手段就是先對影像（記作 *I*）做歸一化，即所有的像素值都除以 255，因為 RGB 格式的影像所包含的最大像素值為 255，最小像素值為 0。因此，透過除以 255 即可將所有的像素值映射到 0 ～ 1 範圍內，然後使用平均值 μ_I 和標準差 v_I 做進一步的歸一化處理，如公式（5-1）所示：

$$\overline{I} = \frac{\dfrac{I}{255} - \mu_I}{v_I} \tag{5-1}$$

其中，μ_l 和 ν_l 是從 ImageNet 資料集中統計出來的，按照 RGB 通道的順序，分別為（0.485，0.456，0.406）和（0.229，0.224，0.225）。這兩組數值是目前自然影像中很常用的平均值和方差。注意，這裡的平均值和方差也都除以了 255。當然，從 ImageNet 資料集統計出來的影像平均值和方差通常難以適用於其他領域，如醫學影像領域，畢竟該領域的影像不是自然影像。所以，必要時可以根據自己的任務場景來重新統計歸一化影像所需的平均值和方差。不過，有時候我們不需要去統計平均值和方差。這就要視具體情況而定了。

另外，這裡需要提醒讀者，從流行的電腦視覺函數庫 OpenCV 讀取的影像，其顏色通道是按照 BGR 的順序排列的，而非 RGB，因此，讀者會在專案程式中發現上面平均值和方差的顏色通道排列順序是顛倒的，我們會在 OpenCV 讀取進來的影像上進行歸一化操作，最終將其轉換成 RGB 順序的顏色通道。

完成上面的歸一化操作後，還要再進行一次調整影像尺寸的操作，即 resize 操作。在通常情況下，讀取進來的影像大小不會都是一樣的，為了便於在訓練階段能夠將多組資料組成一個批次（即 mini-batch 概念）去訓練模型，我們就需要使這批資料擁有同樣的尺寸，其中一種常用的方法是將所有的影像都使用 resize 操作調整為具有同一尺寸的方形影像，如圖 5-3 所示。

resize 操作

▲ 圖 5-3　調整影像尺寸的 resize 操作

圖 5-3 所展示的方法雖然在操作層面上是很便利的，但其本身的缺點也是很明顯的，其中之一便是改變了影像的長寬比，易導致影像中的物體發生扭曲，圖 5-4 展示了這樣的一個例子。我們可以從圖 5-4 中看到，影像中的物體外觀發生了嚴重的扭曲，這可能會對最終的辨識精度產生潛在的負面影響。

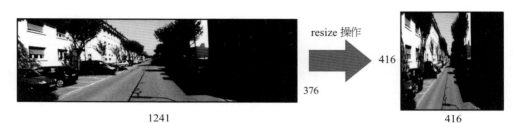

▲ 圖 5-4 resize 操作導致的物體扭曲失真的問題

為了緩解這一問題，我們可以採取另一種辦法，即先將影像等比例縮小，使得原本的最長邊等於我們所設定的長度，然後沿著最短邊來填充像素。這一做法既能保證當前讀取的一批影像最終都能具有相同的尺寸，同時還避免了失真問題。圖 5-5 展示了該操作的具體實例。

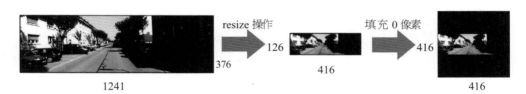

▲ 圖 5-5 保留長寬比的 resize 操作

儘管如此，由於圖 5-3 的方法更為簡單，便於讀者上手，因此，本章我們暫時選擇此方法。在後面的章節，我們則會使用圖 5-5 所展示的這一類能夠保留影像原始長寬比的 resize 操作。所以，這裡也希望讀者將第二種做法記在心裡，以便日後的學習。

綜上，我們將**影像歸一化操作**和 **resize 操作**合在一起，就組成了視覺任務中最常用的資料前置處理操作。有的時候，我們將這種組合後的前置處理操作稱為基礎變換，因為它在很多視覺專案中都會被用到。

　　不過，在當前的 YOLO 系列的工作中，幾乎很少再會使用平均值和方差去做影像歸一化操作，往往只是除以 255，將所有的像素值映射到 0 ～ 1 範圍內。遵循當前主流的做法，我們也不使用 ImageNet 資料集的平均值和方差。因此，我們所使用的基礎變換僅包含調整影像尺寸的 resize 操作。

　　在本專案的 dataset/data_augment/ssd_augment.py 檔案中，我們實現了基礎變換的程式，如程式 5-8 所示。

➜ 程式 5-8　基礎變換的程式實現

```python
# YOLO_Tutorial/dataset/data_augment/ssd_augment.py
# ------------------------------------------------------------
...

## SSD-style valTransform
class SSDBaseTransform(object):
    def _init_(self, img_size):
        self.img_size = img_size

    def _call_(self, image, target=None, mosaic=False):
        deltas = None
        # 調整影像尺寸
        orig_h, orig_w = image.shape[:2]
        image = cv2.resize(image,(self.img_size, self.img_size)).astype(np.float32)

        # 調整邊界框尺寸
        if target is not None:
            boxes = target['boxes'].copy()
            labels = target['labels'].copy() img_h,
            img_w = image.shape[:2]
            boxes[...,[0,2]] = boxes[...,[0,2]]/ orig_w* img_w
            boxes[...,[1,3]] = boxes[...,[1,3]]/ orig_h* img_h
            target['boxes'] = boxes

    # 轉為 PyTorch 的 Tensor 類型
    img_tensor = torch.from_numpy(image).permute(2,0,1).contiguous().float()
    if target is not None:
        target['boxes'] = torch.from_numpy(boxes).float()
```

```
    target['labels'] = torch.from_numpy(labels).float()

return img_tensor, target, deltas
```

　　注意，在本章的前半部分有關 YOLOv1 和 YOLOv2 的程式實現環節中，我們僅使用 SSD 風格的資料增強和基礎變換，對於包含馬賽克增強的 YOLOv5 風格的資料增強等前置處理手段暫不介紹。當我們學習到 YOLOv3 時，再做相關講解。

5.2.2 資料增強

　　然而，一旦資料集固定，其所承載的各種資訊也就固定下來了，這在一定程度上也會影響到模型的學習能力以及泛化性。不難想像，資料越豐富，模型就可以從中學習到越多的資訊，有助提升泛化性。因此，為了擴充資料集、提升資料的豐富性，以及提高模型的堅固性和泛化能力，我們往往會在原有的資料基礎上透過一些人為手段來「創造」原資料集所沒有的資料，比如圖 5-6 所展示的由隨機剪裁操作而得到的新樣本。用於實現這一目的的一系列操作被稱為**資料增強**（data augmentation）。

 隨機剪裁

▲ 圖 5-6　由隨機剪裁操作而得到的新樣本

　　常見的資料增強有隨機裁剪、隨機水平翻轉、顏色擾動等。圖 5-7a 和圖 5-7b 分別展示了被**基礎變換**和**資料增強**處理後的 VOC 資料集的圖片。這裡為了方便展示，我們將歸一化後的圖片又進行了反歸一化操作，以便我們能夠看到圖片中的內容。

（a）基礎變換

（b）資料增強

▲ 圖 5-7　經資料前置處理操作的 VOC 資料集圖片

在專案中的 dataset/data_augment/ssd_augment.py 檔案中，我們實現了 SSD 風格的資料增強的程式，程式 5-9 展示了在訓練過程中使用到的 SSDAugmentation 類別。

➡ 程式 5-9　SSDAugmentation 類別的程式實現

```
# YOLO_Tutorial/dataset/data_augment/ssd_augment.py
# ------------------------------------------------------------
...

## SSD-style Augmentation
class SSDAugmentation(object):
    def _init_(self, img_size=640):
        self.img_size = img_size
        self.augment = Compose([
```

```
            ConvertFromInts(),              # 將 int 類型轉為 float32 類型
            PhotometricDistort(),           # 影像顏色增強
            Expand(),                       # 擴充增強
            RandomSampleCrop(),             # 隨機剪裁
            RandomHorizontalFlip(),         # 隨機水平翻轉
            Resize(self.img_size)           # resize 操作
        ])

    def _call_(self, image, target, mosaic=False):
        boxes = target['boxes'].copy()
        labels = target['labels'].copy()
        deltas = None
        # 資料增強
        image, boxes, labels = self.augment(image, boxes, labels)

        # 轉換成 PyTorch 的 Tensor 類型
        img_tensor = torch.from_numpy(image).permute(2,0,1).contiguous().float()
        target['boxes'] = torch.from_numpy(boxes).float()
        target['labels'] = torch.from_numpy(labels).float()


        return img_tensor, target, deltas
```

在程式 5-9 中，SSD Augm entati on 類別的 sel f.au gment 屬性包含了若干資料增強操作，如影像顏色擾動 PhotometricDistort 類別和隨機水平翻轉 RandomHorizontalFlip 類別。關於每個具體增強操作的程式，請讀者自行閱讀。

5.3 製作訓練正樣本

透過前兩節的介紹，我們已經了解了如何撰寫程式來讀取 VOC 資料集的影像和標籤，並做相關的前置處理。本節將在此基礎上，講解如何為每一個資料製作訓練正樣本。

為了實現這一目的，在本專案的 models/yolov1/matcher.py 檔案中，我們撰寫了一個名為 YoloMatcher 的類別，其功能就是用來處理讀取的標籤從而為每一張圖片製作訓練所需的正樣本。該類別的程式框架如程式 5-10 所示。

➡ 程式 5-10　YoloMatcher 類別

```
# YOLO_Tutorial/models/yolov1/matcher.py
# ---------------------------------------------------------------
...

class YoloMatcher(object):
    def _init_(self, num_classes):
        self.num_classes = num_classes

    @torch.no_grad()
    def _call_(self, fmp_size, stride, targets):
        """ 處理標籤資料，完成標籤匹配 """
        ...
```

接下來，我們介紹一下該類別的運行邏輯。

　　假設在某一次訓練迭代中，讀取進來由 B 張影像組成的一批資料，依據 PyTorch 框架的約定，這批資料所組成的張量的維度是 $[B,3,H,W]$ ，同時讀取進來的標籤資料是一個包含這 B 張影像的標籤的 list 類型的變數。對於這一批資料，首先撰寫第一層 for 迴圈去遍歷這一批資料中的每個影像的標籤資料，再撰寫第二層 for 迴圈去遍歷該影像的每一個物件，並計算中心點所在的網格座標，如程式 5-11 所示。

➡ 程式 5-11　計算物件的中心點所在的網格座標

```
# YOLO_Tutorial/models/yolov1/matcher.py
# ---------------------------------------------------------------
...

class YoloMatcher(object):
    def _init_(self, num_classes):
        self.num_classes = num_classes

    @torch.no_grad()
    def _call_(self, fmp_size, stride, targets):
        bs = len(targets)
        fmp_h, fmp_w = fmp_size
```

```
gt_objectness = np.zeros([bs, fmp_h, fmp_w,1])
gt_classes = np.zeros([bs, fmp_h, fmp_w, self.num_classes])
gt_bboxes = np.zeros([bs, fmp_h, fmp_w,4])

# 第一層 for 迴圈遍歷輸入的這一批資料中的每一張影像
for batch_index in range(bs):
    targets_per_image = targets[batch_index]
    # [N,]
    tgt_cls = targets_per_image["labels"].numpy()
    # [N,4]
    tgt_box = targets_per_image['boxes'].numpy()

    # 第二層 for 迴圈遍歷這一張影像的每一個物件的標籤資料
    for gt_box, gt_label in zip(tgt_box, tgt_cls):
        x1, y1, x2, y2 = gt_box
        # 計算物件框的中心點座標
        xc, yc = (x2 + x1)* 0.5,(y2 + y1)* 0.5
        bw, bh = x2- x1, y2- y1

        # 檢查資料的有效性
        if bw < 1. or bh < 1.:
            return False

        # 計算中心點所在的網格座標
        xs_c = xc/ stride
        ys_c = yc/ stride
        grid_x = int(xs_c)
        grid_y = int(ys_c)
        ...
```

　　隨後，我們即可根據計算出來的網格座標去賦予訓練標籤，被賦予標籤的就是正樣本，如程式 5-12 所示。

➜ 程式 5-12 標籤匹配

```
# YOLO_Tutorial/models/yolov1/matcher.py
# -----------------------------------------------------------
...
```

```python
class YoloMatcher(object):
    def _init_(self, num_classes):
        self.num_classes = num_classes

    @torch.no_grad()
    def _call_(self, fmp_size, stride, targets):
        bs = len(targets)
        fmp_h, fmp_w = fmp_size
        gt_objectness = np.zeros([bs, fmp_h, fmp_w,1])
        gt_classes = np.zeros([bs, fmp_h, fmp_w, self.num_classes])
        gt_bboxes = np.zeros([bs, fmp_h, fmp_w,4])

        for batch_index in range(bs):
            ...
            for gt_box, gt_label in zip(tgt_box, tgt_cls):
                ...

                # 計算中心點所在的網格座標
                xs_c = xc/ stride
                ys_c = yc/ stride
                grid_x = int(xs_c)
                grid_y = int(ys_c)

                if grid_x < fmp_w and grid_y < fmp_h:
                    # obj
                    gt_objectness[batch_index, grid_y, grid_x] = 1.0
                    # cls
                    cls_ont_hot = np.zeros(self.num_classes)
                    cls_ont_hot[int(gt_label)] = 1.0
                    gt_classes[batch_index, grid_y, grid_x] = cls_ont_hot
                    # box
                    gt_bboxes[batch_index, grid_y, grid_x] = np.array([x1, y1, x2,
y2])

    #[B, M, C], M=HW
    gt_objectness = gt_objectness.reshape(bs,-1,1)
    gt_classes = gt_classes.reshape(bs,-1, self.num_classes)
    gt_bboxes = gt_bboxes.reshape(bs,-1,4)
```

```
# 轉為 PyTorch 的 Tensor 類型
gt_objectness = torch.from_numpy(gt_objectness).float()
gt_classes = torch.from_numpy(gt_classes).float()
gt_bboxes = torch.from_numpy(gt_bboxes).float()

return gt_objectness, gt_classes, gt_bboxes
```

在程式的最後，由於模型的預測都進行了維度調整，即預測的維度都從 $[B, C, H, W]$ 被調整為 $[B, HW, C]$ 的形式，因此，我們把 gt_objectness 等標籤變數的維度也調整成與之一致的形式，便於後續的計算。

我們簡單介紹一下程式最後返回的標籤變數的含義：

- **gt_objectness 標籤變數**，其維度為 $[B, HW, C]$ ，包含了若干的 1 和 0 兩個數值，假設 gt_objectness[i,j,0]=1，那麼就表明這一批資料中的**第 i（從 0 開始計數）張影像**的**第 j（從 0 開始計數）個置信度預測**（一共 HW 個預測）為正樣本，反之為負樣本。

- **gt_classes 標籤變數**，其維度為 $[B, HW, N_C]$ ，gt_classes[i,j] 表示**第 i 張影像的第 j 個類別預測**的 one-hot 格式的類別標籤。

- **gt_bboxes 標籤變數**，其維度為 $[B, HW, 4]$，gt_bboxes[i,j] 表示**第 i 張影像的第 j 個邊界框預測**的座標標籤。

5.4 計算訓練損失

有了訓練標籤，我們就可以計算損失了。有關 YOLOv1 所使用的損失函數已在 4.1.5 節中舉出，因此，我們可以直接根據公式來撰寫相關的程式。在本專案的 models/yolov1/ loss.py 檔案中，我們實現了用於計算損失的 Criterion 類別，如程式 5-13 所示。

➡ 程式 5-13 Criterion 類別

```
# YOLO_Tutorial/models/yolov1/loss.py
# -----------------------------------------------------------
...
```

```python
class Criterion(object):
    def _init_(self, cfg, device, num_classes=80):
        self.cfg = cfg
        self.device = device
        self.num_classes = num_classes
        self.loss_obj_weight = cfg['loss_obj_weight']
        self.loss_cls_weight = cfg['loss_cls_weight']
        self.loss_box_weight = cfg['loss_box_weight']

        # 標籤匹配
        self.matcher = YoloMatcher(num_classes=num_classes)

    def loss_objectness(self, pred_obj, gt_obj):
        # 計算置信度損失
        loss_obj = F.binary_cross_entropy_with_logits(pred_obj, gt_obj,
            reduction='none')

        return loss_obj

    def loss_classes(self, pred_cls, gt_label):
        # 計算類別損失
        loss_cls = F.binary_cross_entropy_with_logits(pred_cls, gt_label,
            reduction='none')

        return loss_cls

    def loss_bboxes(self, pred_box, gt_box):
        # 計算邊界框損失
        ious = get_ious(pred_box, gt_box, box_mode="xyxy", iou_type='giou')
        loss_box = 1.0- ious

        return loss_box

    def _call_(self, outputs, targets):
        ...
```

我們來介紹一下該類別計算損失的程式邏輯。

對於給定的一批資料的預測和讀取的標籤，我們首先進行標籤匹配，確定哪些預測是正樣本以及相應的學習標籤，如程式 5-14 所示。

➜ 程式 5-14 標籤匹配

```python
# YOLO_Tutorial/models/yolov1/loss.py
# ----------------------------------------------------------
...


class Criterion(object):
    def _init_(self, cfg, device, num_classes=80):
        ...

    def _call_(self, outputs, targets):
        device = outputs['pred_cls'][0].device
        stride = outputs['stride']
        fmp_size = outputs['fmp_size']
        # 進行標籤匹配，獲得訓練標籤
        (
            gt_objectness,
            gt_classes,
            gt_bboxes,
        ) = self.matcher(fmp_size=fmp_size,
                         stride=stride,
                         targets=targets)
        # List[B, M, C]-> [B, M, C]-> [BM, C]
        pred_obj = outputs['pred_obj'].view(-1)                      #[BM,]
        pred_cls = outputs['pred_cls'].view(-1, self.num_classes)    #[BM, C]
        pred_box = outputs['pred_box'].view(-1,4)                    #[BM,4]

        gt_objectness = gt_objectness.view(-1).to(device).float()            #[BM,]
        gt_classes = gt_classes.view(-1, self.num_classes).to(device).float()#[BM, C]
        gt_bboxes = gt_bboxes.view(-1,4).to(device).float()                  #[BM,4]

        pos_masks = (gt_objectness > 0)
        num_fgs = pos_masks.sum()
        ...
```

在程式 5-14 中，pos_masks 變數標記了哪些是正樣本（對應的值為 1），哪些是負樣本（對應的值為 0）。在完成了標籤匹配後，就可以計算損失了，如程式 5-15 所示。

➜ 程式 5-15　計算損失

```python
# YOLO_Tutorial/models/yolov1/loss.py
# ------------------------------------------------------------
...

class Criterion(object):
    def _init_(self, cfg, device, num_classes=80):
        ...

    def _call_(self, outputs, targets):
        ...

        # 置信度損失
        loss_obj = self.loss_objectness(pred_obj, gt_objectness)
        loss_obj = loss_obj.sum()/ num_fgs

        # 類別損失，只考慮正樣本
        pred_cls_pos = pred_cls[pos_masks]
        gt_classes_pos = gt_classes[pos_masks]
        loss_cls = self.loss_classes(pred_cls_pos, gt_classes_pos)
        loss_cls = loss_cls.sum()/ num_fgs

        # 邊界框損失，只考慮正樣本
        pred_box_pos = pred_box[pos_masks]
        gt_bboxes_pos = gt_bboxes[pos_masks]
        loss_box = self.loss_bboxes(pred_box_pos, gt_bboxes_pos)
        loss_box = loss_box.sum()/ num_fgs

        # 總的損失
        losses = self.loss_obj_weight* loss_obj + \
                 self.loss_cls_weight* loss_cls + \
                 self.loss_box_weight* loss_box

        loss_dict = dict(
```

```
            loss_obj = loss_obj,
            loss_cls = loss_cls,
            loss_box = loss_box,
            losses = losses
    )

    return loss_dict
```

最終，我們將所有的損失都儲存在 loss_dict 變數中，將其輸出，用於後續的反向傳播和記錄訓練資訊等環節。

至此，訓練的三大要素—模型、訓練標籤以及損失函數已齊備。接下來我們就可以著手訓練網路了。

5.5 開始訓練 YOLOv1

對於訓練，就沒有多少理論可講了，直接展示程式。讀者可以打開專案中的 train.py 檔案來查看完整的訓練程式，這是一個相對較長的程式檔案，包含了諸如建構資料集、設計最佳化器、設計學習率策略等重要的環節。由於訓練程式相對較長，這裡為了節省篇幅，不予展示。為了方便讀者更進一步地理解 train.py 檔案所展示的訓練流程，我們將對其中的一些重要細節做必要的介紹。對於往後其他專案的訓練程式也將遵循同樣的邏輯來設計，不再講解。

首先，需要建構訓練所需的資料集，我們透過呼叫 build_dataset 函數來實現這一目的。同時，除了建構資料集類別，PyTorch 還要求建立一個 dataloader 類別，以便更加高效率地訓練。對此，我們透過呼叫 build_dataloader 函數來實現這一點。在訓練階段，我們也會使用到當下流行的自動混合精度（automatic mixed precision，AMP）訓練策略，因此，我們要呼叫 PyTorch 提供的 GradScaler 類別建構一個梯度縮放器。另外，我們也使用到當前 YOLO 專案常用的模型指數滑動平均（exponential moving average，EMA）技巧，可以穩定模型在訓練早期的性能。這部分的程式如程式 5-16 所示。

→ 程式 5-16　建構訓練所需的 dataloader 類別

```python
# YOLO_Tutorial/train.py
# -------------------------------------------------------------
...
# 建構 dataset 類別
dataset, dataset_info, evaluator = build_dataset(args, trans_cfg, device, is_
                                                 train=True)
num_classes = dataset_info[0]
...
# 建構 dataloader 類別
dataloader = build_dataloader(args, dataset, per_gpu_batch, CollateFunc())
...
# 建構 GradScaler 類別
scaler = torch.cuda.amp.GradScaler(enabled=args.fp16)
...
# 使用模型 EMA 技巧
if args.ema and distributed_utils.get_rank() in[-1,0]:
    print('Build ModelEMA...')
    ema = ModelEMA(model, decay=model_cfg['ema_decay'], tau=model_cfg['ema_tau'],
                   updates=start_epoch* len(dataloader))
    else:
        ema = None
```

在程式 5-16 中，build_dataset 函數返回 3 個變數，分別是用於讀取資料集的 dataset、資料集的基本資訊 dataset_info 以及用於測試模型的 evaluator。dataloader 變數將被用於載入每次迭代所需的資料去訓練模型。

然後，我們呼叫 build_model 函數來建構 YOLOv1 模型，並將其放置在指定的 GPU 或 CPU 裝置上，再調整為訓練所需的 train 模式，如程式 5-17 所示。

→ 程式 5-17　建構模型

```python
# YOLO_Tutorial/train.py
# -------------------------------------------------------------
...

model, criterion = build_model(args, model_cfg, device, num_classes, trainable=True,)

model = model.to(device).train()
```

接著，我們建構訓練所需的最佳化器。我們使用 YOLO 框架最常用的 SGD 最佳化器，其中， weight_decay 參數設置為 0.0005，momentum 參數設置為 0.937，一些細節上的設置參考了 YOLOv5 開放原始碼專案。在本專案的 utils/solver/optimizer.py 檔案中，我們提供了建構最佳化器的更詳細的實現細節，相關原理參考了極受歡迎的 YOLOv5 專案。程式 5-18 展示了建構最佳化器的程式。

➔ 程式 5-18 建構訓練所需的最佳化器

```
# YOLO_Tutorial/train.py
# ------------------------------------------------------------
...

# 建構訓練最佳化器
model_cfg['weight_decay']*= total_bs* accumulate/ 64
optimizer, start_epoch = build_optimizer(
            model_cfg, model_without_ddp, model_cfg[ 'lr0'], args.resume)
```

隨後，我們就可以從 dataloader 中讀取資料去訓練了，這之後也就進入了訓練程式的核心流程：讀取一批資料、製作正樣本（亦稱「標籤匹配」）、計算損失和反向傳播。程式 5-19 展示了核心流程的程式實現。

➔ 程式 5-19 訓練程式的核心流程

```
# YOLO_Tutorial/train.py
# ------------------------------------------------------------
...

# 開始訓練
for epoch in range(start_epoch, total_epochs):
    if args.distributed:
        dataloader.batch_sampler.sampler.set_epoch(epoch)

    # 檢查使用啟動訓練的第二階段
    if epoch >= (total_epochs- model_cfg['no_aug_epoch']- 1):
        # 關閉馬賽克增強
        if dataloader.dataset.mosaic_prob > 0.:
            print('close Mosaic Augmentation...')
            dataloader.dataset.mosaic_prob = 0.
```

```
            heavy_eval = True
        # 關閉混合增強
        if dataloader.dataset.mixup_prob > 0.:
            print('close Mixup Augmentation...')
            dataloader.dataset.mixup_prob = 0.
            heavy_eval = True

    # 訓練一個 epoch
    last_opt_step = train_one_epoch(...)

    # 測試模型的性能
    if heavy_eval:
        best_map = val_one_epoch(...)
    else:
        if(epoch% args.eval_epoch) == 0 or(epoch == total_epochs- 1):
            best_map = val_one_epoch(...)
    ...
```

在程式 5-19 中，訓練的核心環節在於 train_one_epoch 函數，其中包括模型的前向推理、計算損失和反向傳播等關鍵操作。具體來說，該函數主要包含以下幾個重點。

- **資料歸一化**。在資料前置處理階段，我們沒有採用 ImageNet 資料集的平均值和方差去歸一化處理輸入影像，但從訓練的角度來講，歸一化往往是有益處的，因此，在將資料送入網路之前，我們將這一批影像的所有像素值都除以 255，使其值域在 0 ～ 1 內。

- **多尺度訓練**。在當前流行的 YOLO 框架中，多尺度訓練已經是一個基本設定了。為了便於讀者能夠盡可能了解一些常用的操作，在本次的 YOLOv1 程式實現環節中，基於 YOLOv5 的多尺度原理，我們採用了多尺度訓練。假設輸入影像的尺寸是 640（預設影像是正方形），在每次將影像輸入網路之前，我們隨機從 320 ～ 960 的尺寸範圍內，以 32 的步進值隨機選擇一個新的尺寸，然後使用 resize 操作將輸入影像的尺寸調整至這一個新的尺寸。

- **梯度累加策略**。受限於作者的硬體資源，我們無法使用多張顯示卡去做分散式訓練，僅能依賴單張顯示卡來訓練模型，那麼，batch size 就顯得

尤為重要。為了能夠在單張顯示卡上盡可能利用大的 batch size 的優勢，我們使用梯度累加策略。假設 batch size 為 16，我們累加 4 次，就可以近似 batch size 為 64 的訓練效果。不過，考慮到網路中的批次歸一化（BN）層，這種累加出的 64 不完全等價於將 batch size 設置為 64，但仍舊是有效的策略。

- **自動混合精度訓練**。該訓練策略是當前 YOLO 框架常用的技巧之一。使用自動混合精度訓練有助減少訓練所需的顯示記憶體並提高訓練速度。由於 PyTorch 框架已經提供了相關的程式庫，因此我們按照 PyTorch 的要求來實現相關操作即可。

- **反向傳播**：在完成了指定次數的梯度累加後，我們遵循 PyTorch 函數庫的要求來呼叫相關函數去回傳梯度和更新參數即可。同時，我們也會再更新 EMA 中的模型參數。

程式 5-20 展示了 train_one_epoch 函數的部分程式，以上幾個重點也都獲得了充分的表現。

➡ 程式 5-20 train_one_epoch 函數

```
# YOLO_Tutorial/engine.py
# -------------------------------------------------------------
...

def train_one_epoch(...):
    ...
    accumulate = accumulate = max(1, round(64/ args.batch_size))

    for iter_i,(images, targets) in enumerate(dataloader):
        ni = iter_i + epoch* epoch_size
        # Warmup 階段，調整學習率
        ...

        # 將影像放置到指定裝置上，如 GPU，並作歸一化
        images = images.to(device, non_blocking=True).float()/ 255.

        # 多尺度訓練
```

```python
    if args.multi_scale:
        images, targets, img_size = rescale_image_targets(
            images, targets, model.stride, args.min_box_size, cfg['multi_scale'])

    # 前向推理，args.fp16 為 True 時，就會開始自動混合精度
    with torch.cuda.amp.autocast(enabled=args.fp16):
        outputs = model(images)
        # 計算損失
        loss_dict = criterion(outputs=outputs, targets=targets)
        losses = loss_dict['losses']
        losses*= images.shape[0]# loss* bs
        ...

    # 反向傳播
    scaler.scale(losses).backward()

    # 最佳化模型，使用梯度累加策略
    if ni- last_opt_step >= accumulate:
        ...
        scaler.step(optimizer)
        scaler.update()
        optimizer.zero_grad()

        last_opt_step = ni

    # 訓練階段的輸出資訊
    ...

    scheduler.step()

return last_opt_step
```

　　對於多尺度訓練，我們單獨實現了一個名為 rescale_image_targets 的函數，利用 PyTorch 函數庫提供的插值函數來做上採樣或下採樣，從而動態地調整這一批資料的影像尺寸，標籤資料也做好相應的比例變化，如程式 5-21 所示。

➡ 程式 5-21　多尺度尺寸變換

```python
# YOLO_Tutorial/engine.py
```

```python
# -----------------------------------------------------------
...

def rescale_image_targets(images, targets, stride, min_box_size, multi_scale_
                          range=[0.5,1.5]):
    """
        Deployed for Multi scale trick.
    """
    if isinstance(stride, int):
        max_stride = stride
    elif isinstance(stride, list):
        max_stride = max(stride)

    # 在訓練期間，確保影像的形狀都是正方形的
    old_img_size = images.shape[-1]
    new_img_size = random.randrange(old_img_size* multi_scale_range[0],
                            old_img_size* multi_scale_range[1] + max_stride)
    new_img_size = new_img_size// max_stride* max_stride# size
    if new_img_size/ old_img_size!= 1:
        # 利用插值操作來調整這一批影像的尺寸
        images = torch.nn.functional.interpolate(
                        input=images,
                        size=new_img_size,
                        mode='bilinear',
                        align_corners=False)
        # 調整標籤中的邊界框尺寸
        for tgt in targets:
            boxes = tgt["boxes"].clone()
            labels = tgt["labels"].clone()
            boxes = torch.clamp(boxes,0, old_img_size)
            # rescale box
            boxes[:,[0,2]] = boxes[:,[0,2]]/ old_img_size* new_img_size
            boxes[:,[1,3]] = boxes[:,[1,3]]/ old_img_size* new_img_size# refine tgt
            tgt_boxes_wh = boxes[...,2:]- boxes[...,:2]
            min_tgt_size = torch.min(tgt_boxes_wh, dim=-1)[0]
            keep = (min_tgt_size >= min_box_size)

            tgt["boxes"] = boxes[keep]
            tgt["labels"] = labels[keep]

    return images, targets, new_img_size
```

在程式 5-21 中，multi_scale_range 參數包含多尺度的最小和最大值所確定的範圍，對於 YOLOv1，我們設置為 0.5 ～ 1.5，輸入影像的 resize 操作後的預設尺寸是 640，那麼多尺度範圍就是 320 ～ 960。由於網路的最大輸出步進值是 32，新的尺寸也必須是 32 的整數倍，換言之，我們會按照步進值 32 從 320 ～ 960 這個範圍內去隨機選擇新的尺寸。當然，影像尺寸越大，就表示會消耗越大的顯示記憶體。作者所使用的顯示卡型號為 RTX3090，擁有 24 GB 的顯示記憶體。對於顯示記憶體容量較小的顯示卡，可以適當減小多尺度的最大值，但不要低於 1.0。

為了完成整個訓練過程，需要讀者有一張至少 8 GB 容量的顯示卡，如 GTX1080ti 和 RTX2080ti。我們預設讀者所使用的作業系統環境為 Ubuntu16.04。當準備好訓練所需的一切條件後，就可以進入本專案所在的資料夾下，輸入下面一行命令即可運行訓練檔案：

```
python train.py--cuda-d voc
```

切記，一定要輸入 —cuda 才能呼叫 GPU 來訓練模型，否則程式只呼叫 CPU 來訓練，那將是個極其漫長的訓練過程。在上方的運行命令中，命令列參數 -d voc 用於指定使用 VOC 資料集來進行訓練，我們可以傳入更多的命令列參數來啟用更多的技巧，如多尺度訓練參數 -ms 和自動混合精度訓練參數 -fp16：

```
python train.py--cuda-d voc-ms-fp16
```

要了解更多的命令列參數，請讀者詳細閱讀 train.py 檔案中有關命令列參數的程式。為了方便讀者訓練，這裡還提供了 train_single_gpu.sh 檔案，其中已經寫好了用於訓練我們實現的 YOLOv1 所需的參數，不過有關資料集的存放路徑參數，還需讀者依據自己的裝置情況來做必要的調整，以便能順利地讀取訓練所需的資料。讀者在終端輸入 sh train_single_gpu.sh 命令，即可一鍵訓練 YOLOv1 模型。

一般來說訓練會花費至少兩小時的時間（取決於讀者所使用的顯示卡裝置），其間，一旦終端被關閉，訓練就被迫中止了，這不是我們想看到的結果，對此，可以在輸入訓練命令時使用 nohup 命令，從而將程式放到背景去訓練，這樣即使終端被關閉，也不會影響訓練，例如：

```
nohup sh train.sh1>YOLOv1-VOC.txt 2>error.txt &
```

在 Ubuntu 下，nohup 命令可以將程式放到背景去運行，即使終端被關閉，也不會造成運行的程式被終止的問題。在上面的一行命令中，1>YOLOv1-VOC.txt 表示程式會將有效輸出資訊（程式正常執行時期所輸出的資訊）存放在 YOLOv1-VOC.txt 檔案中，讀者也可以將其換個名字，用 YOLOv1-VOC.txt 這個檔案名稱只是作者的個人習慣。而 2>error.txt 表示將程式執行過程中的警告資訊和顯示出錯資訊存放到 error.txt 檔案中。一旦幕後程式顯示出錯導致終止，讀者可以打開 error.txt 檔案查看程式顯示的錯誤資訊，以便偵錯。圖 5-8 展示了 YOLOv1 模型在 VOC 資料集上訓練的輸出資訊。

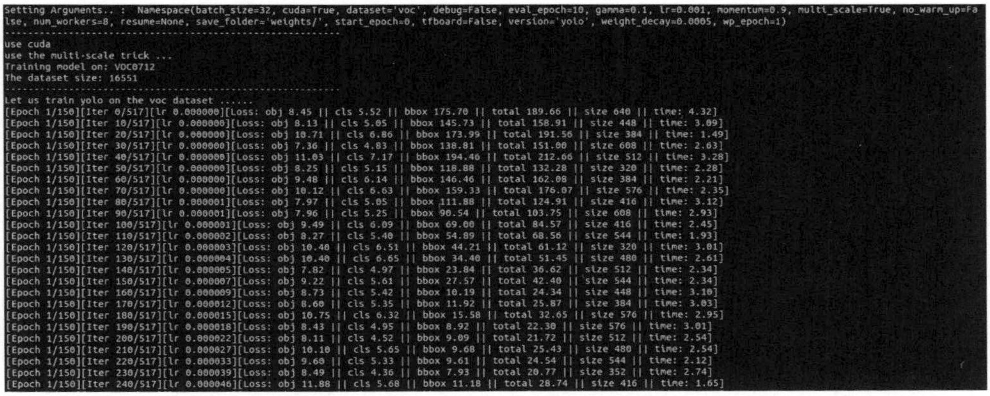

```
Setting Arguments.. :  Namespace(batch_size=32, cuda=True, dataset='voc', debug=False, eval_epoch=10, gamma=0.1, lr=0.001, momentum=0.9, multi_scale=True, no_warm_up=Fa
lse, num_workers=8, resume=None, save_folder='weights/', start_epoch=0, tfboard=False, version='yolo', weight_decay=0.0005, wp_epoch=1)
----------------------------------------------------------
use cuda
use the multi-scale trick ...
Training model on: VOC0712
The dataset size: 16551
----------------------------------------------------------
Let us train yolo on the voc dataset ......
[Epoch 1/150][Iter 0/517][lr 0.000000][Loss: obj 8.45 || cls 5.52 || bbox 175.70 || total 189.66 || size 640 || time: 4.32]
[Epoch 1/150][Iter 10/517][lr 0.000000][Loss: obj 8.13 || cls 5.05 || bbox 145.73 || total 158.91 || size 448 || time: 3.09]
[Epoch 1/150][Iter 20/517][lr 0.000000][Loss: obj 10.71 || cls 6.86 || bbox 173.99 || total 191.56 || size 384 || time: 1.49]
[Epoch 1/150][Iter 30/517][lr 0.000000][Loss: obj 7.36 || cls 4.83 || bbox 138.81 || total 151.00 || size 608 || time: 2.63]
[Epoch 1/150][Iter 40/517][lr 0.000000][Loss: obj 11.03 || cls 7.17 || bbox 194.46 || total 212.66 || size 512 || time: 3.28]
[Epoch 1/150][Iter 50/517][lr 0.000000][Loss: obj 8.25 || cls 5.15 || bbox 118.88 || total 132.28 || size 320 || time: 2.28]
[Epoch 1/150][Iter 60/517][lr 0.000000][Loss: obj 9.48 || cls 6.14 || bbox 146.46 || total 162.08 || size 384 || time: 2.21]
[Epoch 1/150][Iter 70/517][lr 0.000000][Loss: obj 10.12 || cls 6.63 || bbox 159.33 || total 176.07 || size 576 || time: 2.35]
[Epoch 1/150][Iter 80/517][lr 0.000001][Loss: obj 7.97 || cls 5.05 || bbox 111.88 || total 124.91 || size 416 || time: 3.12]
[Epoch 1/150][Iter 90/517][lr 0.000001][Loss: obj 7.96 || cls 5.25 || bbox 90.54 || total 103.75 || size 608 || time: 2.93]
[Epoch 1/150][Iter 100/517][lr 0.000001][Loss: obj 9.49 || cls 6.09 || bbox 69.00 || total 84.57 || size 416 || time: 2.45]
[Epoch 1/150][Iter 110/517][lr 0.000002][Loss: obj 8.27 || cls 5.40 || bbox 54.89 || total 68.56 || size 544 || time: 1.93]
[Epoch 1/150][Iter 120/517][lr 0.000003][Loss: obj 10.40 || cls 6.51 || bbox 44.21 || total 61.12 || size 320 || time: 3.01]
[Epoch 1/150][Iter 130/517][lr 0.000004][Loss: obj 10.40 || cls 6.65 || bbox 34.40 || total 51.45 || size 480 || time: 2.61]
[Epoch 1/150][Iter 140/517][lr 0.000005][Loss: obj 7.82 || cls 4.97 || bbox 23.84 || total 36.62 || size 512 || time: 2.34]
[Epoch 1/150][Iter 150/517][lr 0.000007][Loss: obj 9.22 || cls 5.61 || bbox 27.57 || total 42.40 || size 544 || time: 2.34]
[Epoch 1/150][Iter 160/517][lr 0.000009][Loss: obj 8.73 || cls 5.42 || bbox 10.19 || total 24.34 || size 448 || time: 3.10]
[Epoch 1/150][Iter 170/517][lr 0.000012][Loss: obj 8.60 || cls 5.35 || bbox 11.92 || total 25.87 || size 384 || time: 3.03]
[Epoch 1/150][Iter 180/517][lr 0.000015][Loss: obj 10.75 || cls 6.32 || bbox 15.58 || total 32.65 || size 576 || time: 2.95]
[Epoch 1/150][Iter 190/517][lr 0.000018][Loss: obj 8.43 || cls 4.95 || bbox 8.92 || total 22.30 || size 576 || time: 3.01]
[Epoch 1/150][Iter 200/517][lr 0.000022][Loss: obj 8.11 || cls 4.52 || bbox 9.09 || total 21.72 || size 512 || time: 2.54]
[Epoch 1/150][Iter 210/517][lr 0.000027][Loss: obj 10.10 || cls 5.65 || bbox 9.68 || total 25.43 || size 480 || time: 2.54]
[Epoch 1/150][Iter 220/517][lr 0.000033][Loss: obj 9.60 || cls 5.33 || bbox 9.61 || total 24.54 || size 544 || time: 2.12]
[Epoch 1/150][Iter 230/517][lr 0.000039][Loss: obj 8.49 || cls 4.36 || bbox 7.93 || total 20.77 || size 352 || time: 2.74]
[Epoch 1/150][Iter 240/517][lr 0.000046][Loss: obj 11.88 || cls 5.68 || bbox 11.18 || total 28.74 || size 416 || time: 1.65]
```

▲ 圖 5-8 YOLOv1 在 VOC 資料集上的訓練輸出

在訓練過程中，預設每訓練 10 個輪次（epoch），模型便會在 VOC2007 測試集上進行一次測試。圖 5-9 展示了測試時的輸出資訊，主要包括測試階段的耗時以及 mAP 指標。

▲　圖 5-9　訓練過程中 YOLOv1 在 VOC 資料集上的測試輸出

5.6　視覺化檢測結果

當完成全部訓練後，預設模型都儲存在了 weights/voc/yolov1/ 資料夾下。假設，最好的模型權重檔案是 yolov1_voc.pth。然後，讀者可以運行專案中的 test.py 檔案的程式，輸入以下命令：

```
python test.py--cuda-d voc--weight weight/voc/yolo/yolov1_voc.pth
```

其中，--weight 是模型檔案的路徑。本專案提供了由作者訓練得到的權重檔案，讀者可以根據專案中的 README 檔案舉出的相關說明來下載訓練好的 YOLOv1 模型。

下載完畢後，我們只需將運行命令中的 --weight 後面所傳入的參數做相應的調整。如果讀者只是用模型做前向推理的話，那麼使用 CPU 也可以，即不需要傳入 --cuda 參數。以作者的 i5-12500H CPU 為例，在輸入影像的尺寸為 416×416 的情況下，YOLOv1 的運行速度大約為 5 FPS。儘管慢了些，但還在可接受的範圍內。

測試時，預設的輸入尺寸是 640×640，由於我們的模型在訓練時使用了多尺度訓練技巧，因此讀者可以透過調整 -size 參數來改變測試時的影像尺寸，比如設置其為 416。

```
python test.py--cuda-d voc-m yolov1--weight weight/voc/yolov1/yolov1_voc.pth
--show-size416-vt0.3
```

圖 5-10 展示了 YOLOv1 在 VOC2007 測試集上的檢測結果的視覺化影像。從圖中可以看出，我們設計的檢測器是可以正常執行的，性能還算不錯。

▲ 圖 5-10 YOLOv1 在 VOC2007 測試集上的檢測結果的視覺化影像

倘若讀者想單獨在 VOC2007 測試集上測試模型的 mAP，那麼可以運行本專案中所提供的 eval.py 檔案，具體命令如下。讀者可以給定不同的影像尺寸來測試 YOLOv1 在不同輸入尺寸下的性能。

```
python eval.py--cuda-d voc-m yolov1--weight weight/voc/yolov1/yolov1_voc.pth
-size 輸入影像尺寸
```

表 5-1 整理了 YOLOv1 在 VOC2007 測試集上的 mAP 指標，並與官方的 YOLOv1（表中用 YOLOv1* 加以區別）進行了對比。從表中可以看到，在同樣的輸入尺寸 448× 448 下，我們所實現的 YOLOv1 實現了更高的性能：73.2% 的 mAP，超過了官方 YOLOv1 的 63.4%。由此可見，我們所作的改進和最佳化是有效的。

▼ 表 5-1 YOLOv1 在 VOC2007 測試集上的 mAP 測試結果

模型	輸入尺寸	mAP/%
YOLOv1*	448×448	63.4
YOLOv1	416×416	71.9
YOLOv1	448×448	73.2
YOLOv1	512×512	74.9
YOLOv1	640×640	76.7

5.7 使用 COCO 資料集 (選讀)

本節是選讀章節。因為 COCO 資料集很大,完整訓練所花費的時間比 VOC 資料集多,對讀者所使用的硬體要求較高,所以在入門階段,我們不要求讀者在 COCO 資料集上進行訓練和測試。

倘若讀者十分感興趣,那麼不妨運行本專案中的 data/scripts/COCO2017.sh 檔案來下載 COCO2017 資料集,其共包括 11 萬餘張的訓練集圖片、5000 張驗證集圖片、2 萬餘張的測試集圖片以及 JSON 格式的各種標注檔案。讀者只需關注訓練集 train2017 檔案和驗證集 val2017 檔案,而測試集 test2017 沒有標注檔案,其 mAP 測試需登入 COCO 官網去完成,這一點我們不做要求。

下載完畢後,讀者可以運行 dataset/coco.py 檔案來查看 COCO 資料集的一些影像和標籤的視覺化結果,以便了解該資料集的具體情況。在準備好了一切訓練所需的條件後,我們將 train.sh 檔案中的參數 -d voc 改成 -d coco,並修改資料集路徑,即可使用 COCO 資料集來訓練我們的 YOLOv1 模型,讀者將看到如圖 5-11 所示的輸出。

由於 COCO 資料集的規模很大,因此訓練也將是個較為漫長的過程。在初期,我們要先學會架設網路、掌握標籤匹配和損失函數等重要操作,所以暫不需要重視 COCO 資料集,儘管它是當前物件辨識領域最重要的資料集之一。

```
Setting Arguments.. :  Namespace(batch_size=32, cuda=True, dataset='coco', eval_epoch=10, gamma=0.1, lr=.001, lr_epoch=[90, 120], max_epoch=150, momentum=0.9, multi_sc
ale=True, no_warm_up=False, num_workers=0, resume=None, root='/mnt/share/ssd2/dataset', save_folder='weights/', start_epoch=0, tfboard=False, version='yolo', weight_dec
ay=0.0005, wp_epoch=1)
-------------------------------------------------
use cuda
use the multi-scale trick ...
loading annotations into memory...
Done (t=23.76s)
creating index...
index created!
loading annotations into memory...
Done (t=0.78s)
creating index...
index created!
Training model on: coco
The dataset size: 118287
-------------------------------------------------
[Epoch 1/150][Iter 0/3696][lr 0.000000][Loss: obj 28.75 || cls 26.59 || bbox 437.31 || total 492.65 || size 640 || time: 7.65]
[Epoch 1/150][Iter 10/3696][lr 0.000000][Loss: obj 18.74 || cls 17.27 || bbox 299.53 || total 335.54 || size 576 || time: 4.71]
[Epoch 1/150][Iter 20/3696][lr 0.000000][Loss: obj 25.07 || cls 23.07 || bbox 376.60 || total 424.75 || size 480 || time: 4.13]
[Epoch 1/150][Iter 30/3696][lr 0.000000][Loss: obj 21.22 || cls 19.83 || bbox 302.03 || total 343.07 || size 416 || time: 3.79]
[Epoch 1/150][Iter 40/3696][lr 0.000000][Loss: obj 21.56 || cls 20.27 || bbox 320.14 || total 361.97 || size 544 || time: 3.31]
[Epoch 1/150][Iter 50/3696][lr 0.000000][Loss: obj 20.47 || cls 18.92 || bbox 259.60 || total 298.99 || size 416 || time: 4.55]
[Epoch 1/150][Iter 60/3696][lr 0.000000][Loss: obj 21.24 || cls 19.56 || bbox 313.62 || total 354.41 || size 576 || time: 2.52]
[Epoch 1/150][Iter 70/3696][lr 0.000000][Loss: obj 14.78 || cls 13.44 || bbox 234.70 || total 262.92 || size 448 || time: 4.96]
[Epoch 1/150][Iter 80/3696][lr 0.000000][Loss: obj 22.61 || cls 20.80 || bbox 285.64 || total 329.06 || size 448 || time: 2.75]
[Epoch 1/150][Iter 90/3696][lr 0.000000][Loss: obj 18.63 || cls 17.38 || bbox 310.17 || total 346.19 || size 544 || time: 2.92]
[Epoch 1/150][Iter 100/3696][lr 0.000000][Loss: obj 21.99 || cls 20.53 || bbox 308.39 || total 350.91 || size 512 || time: 3.98]
[Epoch 1/150][Iter 110/3696][lr 0.000000][Loss: obj 29.66 || cls 27.93 || bbox 409.84 || total 467.44 || size 480 || time: 3.43]
[Epoch 1/150][Iter 120/3696][lr 0.000000][Loss: obj 16.92 || cls 15.73 || bbox 199.95 || total 232.59 || size 320 || time: 4.40]
[Epoch 1/150][Iter 130/3696][lr 0.000000][Loss: obj 19.50 || cls 18.07 || bbox 252.62 || total 290.20 || size 384 || time: 2.62]
[Epoch 1/150][Iter 140/3696][lr 0.000000][Loss: obj 17.67 || cls 16.12 || bbox 252.89 || total 286.68 || size 448 || time: 4.54]
[Epoch 1/150][Iter 150/3696][lr 0.000000][Loss: obj 14.00 || cls 12.97 || bbox 156.41 || total 183.38 || size 320 || time: 3.36]
```

▲ 圖 5-11　YOLOv1 在 COCO 資料集上訓練的輸出

在完成訓練後，我們再在 COCO 驗證集上驗證我們的 YOLOv1 的性能。我們使用以下命令查看模型在 COCO 驗證集上的檢測結果的視覺化影像，圖 5-12 展示了一些視覺化結果。

```
python test.py--cuda-d voc-m yolov1--weight path/to/yolov1_coco.pth--show
-size416-vt0.3
```

▲ 圖 5-12　YOLOv1 在 COCO 驗證集上的視覺化結果

隨後，我們再使用以下命令去計算在 COCO 驗證集上的性能指標。

```
python eval.py--cuda-d coco-val-m yolov1--weight path/to/yolov1_coco.pth-size
416
```

表 5-2 整理了相關的測試結果，其中，AP_S、AP_M 和 AP_L 分別是 COCO 定義下的小物體、中物體和大物體的 AP 指標。由於官方的 YOLOv1 並沒有使用到 COCO 資料集，因此這裡我們就不做對比了，相關實驗資料僅供參考。

▼ 表 5-2　YOLOv1 在 COCO 驗證集上的測試結果

模型	輸入尺寸	AP/%	AP_{50}/%	AP_{75}/%	AP_S/%	AP_M/%	AP_L/%
YOLOv1	320×320	20.9	37.1	20.4	3.7	20.0	39.6
YOLOv1	416×416	24.4	41.9	24.3	7.5	24.4	42.2
YOLOv1	448×448	24.7	42.8	24.5	8.0	25.3	41.5
YOLOv1	512×512	26.5	45.4	26.3	9.8	27.7	42.9
YOLOv1	640×640	27.9	47.5	28.1	11.8	30.3	41.6

關於 YOLOv1 在 COCO 資料集上的訓練，我們暫且講到這裡，對於 COCO 資料集的更多內容留待後續的章節中介紹，我們將在 YOLOv2 和 YOLOv3 中使用 COCO 資料集，包括訓練集和測試集等。當然，我們在前半部分的實踐環節中仍主要使用 VOC 資料集。

5.8　小結

至此，我們講解完了 YOLOv1，相信讀者已經掌握了入門物件辨識所需的一些基本概念，對於如何讀取資料集的資料、架設物件辨識網路、訓練和測試等步驟，相信讀者都已經有了基本的認識。在學習了 YOLOv1 和 YOLOv1、掌握了必要的基礎知識和技術之後，後續學習 YOLOv2 和 YOLOv3 將如魚得水，因為這兩項工作都是在 YOLOv1 基礎上的增量式改進工作，不會引入複雜的模組，這也是作者如此喜愛 YOLO 系列工作的原因之一。

第 6 章

YOLOv2

　　在前面的章節中，我們先後了解和學習了物件辨識技術的發展概況、常用的資料集，以及 one-stage 框架的開山之作 YOLOv1，並在 YOLOv1 的學習基礎上實現了第一個由我們自己動手架設的單尺度物件辨識網路：YOLOv1。從檢測的原理上來看，我們的 YOLOv1 和 YOLOv1 一樣，區別僅在於實現上改用和加入了更貼近當下主流的做法，例如使用 ResNet 作為主幹網絡、在卷積層後加入批次歸一化，以及採用全卷積網路結構設計 YOLOv1 等。相較於官方的 YOLOv1，我們的 YOLOv1 具有更加簡潔的網路結構和出色的檢測性能，同時，點對點的全卷積網路架構也更加便於讀者學習、理解和實踐。

　　當然，這裡並不是吹捧我們的 YOLOv1，畢竟我們的 YOLOv1 也是在參考了許多研究成果的基礎上得以實現的。YOLOv1 的影響是深遠的，是開啟 one-stage 通用物件辨識模型時代的先鋒之作，其里程碑地位不可撼動。不過，既然稱為 YOLOv1，就表明 YOLO 這個工作並未就此止步。

　　在 2016 年 IEEE 主辦的電腦視覺與模式辨識（CVPR）會議上，繼在 YOLOv1 工作獲得了矚目的成功之後，YOLO 的作者團隊立即推出了第二代 YOLO 檢測器：YOLOv2[2]。新提出的 YOLOv2 在 YOLOv1 基礎之上做了大量的改進和最佳化，如使用新的網路結構、引入由 Faster R-CNN[14] 工作提出的先驗框機制、提出基於 k 平均值聚類演算法的先驗框聚類演算法，以及採用新的邊界框回歸方法等。在 VOC2007 資料集上，憑藉著這一系列的改進， YOLOv2 不僅大幅度超越了上一代的 YOLOv1，同時也超越了同年發表在歐洲電腦視覺國際會議（ECCV）上的新型 one-stage 檢測器：SSD[16]，成為了那個年代當之無愧的最強物件辨識器之一。接下來我們來看看 YOLOv2 究竟做了哪些改進。

6.1　YOLOv2 詳解

　　由於 YOLOv2 的工作是建立在 YOLOv1 基礎上的，因此讀者理解 YOLOv2 也會更容易，只要理解它相對於 YOLOv1 所做出的各種改進和最佳化，就可以在這一過程中掌握 YOLOv2 的原理和精髓。接下來，就讓我們來一一認識和了解 YOLOv2 的諸多改進方面。

6.1.1　引入批次歸一化層

　　在上一代的 YOLOv1 中，每一層卷積結構都是由普通的線性卷積和非線性啟動函數組成，其中並沒有使用到後來十分流行的歸一化層，如**批次歸一化**（batch normalization， BN）、**層歸一化**（layer normalization，LN）和**實例歸一化**（instance normalization，IN）等。後來，隨著 BN 層逐漸得到越來越多工作的認可，它幾乎成為了許多卷積神經網路的標準配備之一，因此，YOLO 的作者團隊便在這一次的改進中也引入了被廣泛驗證的 BN 層。具體來說，卷積層

的結構從原先的線性卷積與非線性啟動函數的組合變為後來 YOLO 系列常用的「卷積三要素」：**線性卷積**、**BN 層**和**非線性啟動函數**，如圖 6-1 所示。

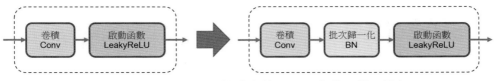

▲ 圖 6-1　YOLOv2 中的「卷積 +BN+ 啟動函數」模組

在加入了 BN 層之後，YOLOv1 的性能獲得了第一次提升。在 VOC2007 測試集上，其 mAP 性能從原本的 63.4% 提升到 65.8%。

6.1.2 高解析度主幹網絡

在上一代的 YOLOv1 中，作者團隊先基於 GoogLeNet 的網路結構設計了合適的主幹網絡，並將其放到 ImageNet 資料集上進行一次預訓練，隨後，再將這一預訓練的權重作為 YOLOv1 的主幹網絡的初始參數，這就是我們前文提到過的「ImageNet pretrained」技術。但是，作者團隊認為這當中存在一個細節上的缺陷。在預訓練階段，主幹網絡接受的影像的空間尺寸是 224×224，而在執行物件辨識任務時，YOLOv1 接受的影像的空間尺寸則是 448×448，不難想像，不同尺寸的影像所包含的資訊量是完全不同的，那麼在訓練 YOLOv1 時，由預訓練權重初始化的主幹網絡就必須先解決由影像解析度的變化所帶來的某些問題。

為了解決這一問題，作者團隊採用了「二次微調」的策略，即當主幹網絡在完成常規的預訓練之後，再使用 448 × 448 的影像繼續訓練主幹網絡，對其參數進行一次微調（fine- tune），使之適應高解析度的影像。由於第二次訓練建立在第一次訓練的基礎上，因此不需要太多的訓練。依據論文的設定，第二次訓練僅設置 10 個 epoch。當微調完畢後，用這一次訓練的權重去初始化 YOLOv1 的主幹網絡。在這樣的策略之下，YOLOv1 的性能又一次獲得了提升：mAP 從 65.8% 提升到 69.5%。由此可見，這一技巧確實有明顯的作用。不過，似乎這一技巧只有 YOLO 工作在用，並未成為主流訓練技巧，鮮在其他工作中

用到，而隨著 YOLO 系列的發展，「從頭訓練」的策略逐漸取代了「ImageNet pretrained」技術，這一技巧不再在 YOLO 中被使用。

6.1.3　先驗框機制

在講解這一改進之前，我們先來了解一下什麼是先驗框。

先驗框的意思其實就是在每個網格處都固定放置一些大小不同的邊界框，通常情況下，所有網格處所放置的先驗框都是相同的，以便後續的處理。圖 6-2 展示了先驗框的實例，注意，為了便於觀察，圖中的先驗框是每兩個網格才繪製一次，避免繪製出的先驗框過於密集，導致不夠直觀。

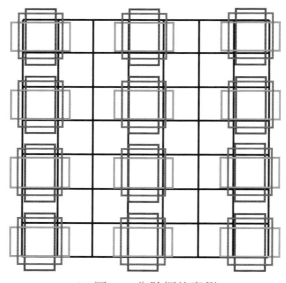

▲ 圖 6-2　先驗框的實例

這一機制最早是在 Faster R-CNN 工作[14]中提出的，用在 RPN 中，其目的是希望透過預設不同尺寸的先驗框來幫助 RPN 更進一步地定位有物體的區域，從而生成更高品質的感興趣區域（region of interest，RoI），以提升 RPN 的召回率。事實上，RPN 的檢測思想其實和 YOLOv1 是相似的，都是「逐網格找物體」，區別在於，RPN 只是找哪些網格有物體（只定位物體），不關注物體的類別，因為分類的任務屬於第二階段；而 YOLOv1 則是「既找也分類」，即

找到物體的時候，也把它的類別確定下來。從時間線上來看，YOLOv1 繼承了 RPN 的這種思想，從發展的角度來看，YOLOv1 則是將這一思想進一步發展了。

在 Faster R-CNN 中，每個網格都預先被放置了 k 個具有不同尺寸和不同長寬比的先驗框（這些尺寸和大小依賴人工設計）。在推理階段，Faster R-CNN 的 RPN 會為每一個先驗框預測若干偏移量，包括**中心點的偏移量、寬和高的偏移量**，並用這些偏移量去調整每一個先驗框，得到最終的邊界框。由此可見，先驗框的本質是提供邊界框的尺寸先驗，使用網路預測出來的偏移量在這些先驗值上進行調整，從而得到最終的邊界框尺寸。後來，使用先驗框的物件辨識網路被統一稱為「anchor box based」方法，簡稱「anchor-based」方法。

既然有 anchor-based，那麼自然也會有 anchor-free，也就是不使用先驗框的物件辨識器。事實上，YOLOv1 就是一種 anchor-free 檢測器，只不過這一特性在當時並沒有被廣泛關注，直到後來的 FCOS 工作[18] 被提出後，才引起了廣泛的關注，使其成為了主流的設計理念。

設計先驗框的困難在於設計多少個先驗框，且每個先驗框的尺寸（長寬比和面積）又該是多少。對於長寬比，研究者們通常採用的設定是 1：1、1：3 和 3：1；對於面積，常用的設定是 32^2、64^2、128^2、256^2 和 512^2。依據這個設定，每個面積都可以計算出 3 個具有相同面積但不同寬和高的先驗框，於是 , 遵循這套設定，就可以得到 15 個先驗框，即 $k = 15$。但若不採用這一設定，我們能不能更改先驗框的尺寸和長寬比呢？如果更改，又應該遵循什麼樣的原則呢？對於這一點，Faster R-CNN 並沒有舉出一個較好的設計準則，而這一點也是 YOLO 作者團隊在引入先驗框時所面對的重要問題。

有關先驗框的插曲就介紹至此，我們了解了其基本概念、基本作用和相關的問題。接下來，我們來介紹 YOLO 作者團隊如何引入先驗框並解決其中的問題。

6.1.4 全卷積網路與先驗框機制

　　在上一代的 YOLOv1 中，有一個明顯問題是網路在最後階段使用了全連接層，這不僅破壞了先前的特徵圖所包含的空間資訊結構，同時也引入了過多的參數。為了解決這一問題，YOLO 作者團隊在這一次改進中將其改成了全卷積結構，如圖 6-3 所示。

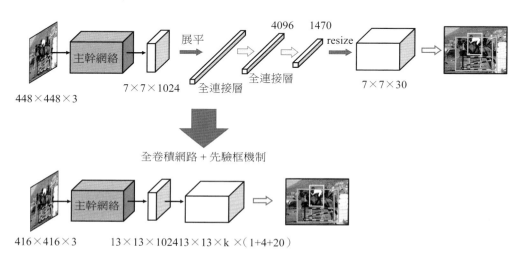

▲ 圖 6-3 YOLOv1 的全卷積結構

　　具體來說，首先移除了 YOLOv1 最後一個池化層和所有的全連接層，使得網路的最後輸出步進值從原先的 64 變為 32。以一張 416 × 416 的輸入影像為例，經主幹網絡處理後，網路輸出一個空間維度 13×13 的特徵圖，即相當於 13×13 的網格。隨後，在這個網格上，作者團隊又放置了 k 個先驗框，正如 Faster R-CNN 所操作的那樣。在推理階段，網路只需要學習能夠將先驗框映射到物件框的尺寸的偏移量，無須再學習整個物件框的尺寸資訊，這使得訓練變得更加容易。

　　注意，在 YOLOv1 中，每個網格處會預測 B 個邊界框，每個邊界框都附帶一個置信度預測，但是類別置信度則是共用的，即每個網格只會預測 1 個類別的物體，而非 B 個。這顯然有一個弊病，倘若一個網格包含了兩個類別以上的物體，必然會出現漏檢問題。而在加入先驗框後，YOLOv1 則讓每一個預測的

邊界框都附帶表示有無物體的置信度和類別的置信度，即網路的最終輸出是 $Y \in \mathbb{R}^{S \times S \times k(1+4+N_c)}$，每個邊界框的預測都包含 1 個置信度、邊界框的 4 個位置參數和 N_C 個類別置信度。經過這種改進後，每個網格就最多可以檢測 k 個類別的物體。

儘管預測的方式略有變化，即每個網格的預測邊界框都有各自的表示有無物體的置信度和類別置信度，但訓練策略沒有改變，依舊是從 k 個預測的邊界框中選擇出與物件框的 IoU 最大的邊界框作為正樣本，其表示有無物體的置信度標籤還是最大的 IoU，其餘的邊界框則是負樣本。

令人意外的是，在完成了以上改進後，YOLOv1 的性能卻並未得到提升，反而略有下降：mAP 從 69.5% 降為 69.2%。不過，作者團隊注意到此時 YOLOv1 的召回率卻從 81% 提升到了 88%，召回率的提升表示 YOLOv1 可以檢測出更多的物件，儘管精度略有下降，但是作者團隊並沒有因精度的微小損失而放棄這一改進。

6.1.5 使用新的主幹網絡

隨後，作者團隊又設計了新的主幹網絡來取代原先的 GoogLeNet 風格的主幹網絡。新的主幹網絡被命名為「DarkNet-19」，其中共包含 19 層由前文所提到的「卷積三元件」所組成的卷積層。具體來說，每一個卷積層都包含一個線性卷積、BN 層以及 LeakyReLU 啟動函數。按照慣例，作者團隊首先用 ImageNet 資料集去訓練 DarkNet-19 網路，獲得了 72.9% 的 top1 準確率和 91.2% 的 top5 準確率。在精度上，DarkNet-19 網路達到了 VGG 網路的水平，但模型更小。在預訓練完畢後，去掉 DarkNet-19 中的用於分類任務的最後一層卷積、平均池化層和 Softmax 層等，將其用作 YOLOv1 的新主幹網絡。表 6-1 展示了 DarkNet-19 的網路結構。

▼ 表 6-1 DarkNet-19 網路結構

層級	層類型	卷積核心數量	卷積核心大小 / 步進值	輸出尺寸
1	卷積層	32	3 × 3	224 × 224
2	最大池化層	—	2 × 2/ 2	112 × 112

（續表）

層級	層類型	卷積核心數量	卷積核心大小 / 步進值	輸出尺寸
3	卷積層	64	3 × 3	112 × 112
4	最大池化層	—	2 × 22	56 × 56
5	卷積層	128	3 × 3	56 × 56
6	卷積層	64	1 × 1	56 × 56
7	卷積層	128	3 × 3	56 × 56
8	最大池化層	—	2 × 2/ 2	28 × 28
9	卷積層	256	3 × 3	28 × 28
10	卷積層	128	1 × 1	28 × 28
11	卷積層	256	3 × 3	28 × 28
12	最大池化層	—	2 × 2/ 2	14 × 14
13	卷積層	512	3 × 3	14 × 14
14	卷積層	256	1 × 1	14 × 14
15	卷積層	512	3 × 3	14 × 14
16	卷積層	256	1 × 1	14 × 14
17	卷積層	512	3 × 3	14 × 14
18	最大池化層	—	2 × 2/ 2	7 × 7
19	卷積層	1024	3 × 3	7 × 7
20	卷積層	512	1 × 1	7 × 7
21	卷積層	1024	3 × 3	7 × 7
22	卷積層	512	1 × 1	7 × 7
23	卷積層	1024	3 × 3	7 × 7
24	卷積層	1000	1 × 1	7 × 7
25	平均池化層	—	全域	1000
26	Softmax 層	—	—	—

在換上了新的主幹網絡後，YOLOv1 的性能指標 mAP 從上一次的 69.2% 小幅提升到了 69.6%。由此可見，這一次網路結構的改進是比較成功的。

6.1.6 基於 k 平均值聚類演算法的先驗框聚類

在 6.1.3 節中，我們介紹先驗框機制時，提到了它的一些參數是依賴人工設計的，舉例來說，我們需要人為確定放置先驗框的數量、每個先驗框的尺寸大小。在 Faster R-CNN 中，這些參數都是人工設定的，然而 YOLO 作者團隊認為人工設定的參數不一定好。為了去人工化，他們採用了基於 k 平均值聚類演算法，從 VOC 資料集中的所有邊界框中聚類出 k 個先驗框，透過實驗，作者團隊最終設定 $k = 5$。聚類的目標是資料集中所有邊界框的寬和高，與類別無關。為了能夠實現這樣的聚類，作者團隊使用 IoU 作為聚類的衡量指標，如公式（6-1）所示：

$$d\left(box,\ centroid\right) = 1 - \text{IoU}\left(box,\ centroid\right) \tag{6-1}$$

基於 k 平均值聚類演算法的先驗框聚類演算法可以自動地從資料中獲得合適的邊界框尺寸，顯然，這樣的操作所得到的邊界框也自然會適用於該資料集。不過，這當中也存在一個隱憂：從 A 資料集聚類出的先驗框可能不適用於 B 資料集，尤其 A 和 B 兩個資料集中所包含的資料相差甚遠時，這一問題會更加嚴重。因此，如果我們換一個其他的資料集，如 COCO 資料集，往往需要在新的資料集上重新聚類先驗框的尺寸。這是 YOLOv2 的潛在問題之一。另外，由聚類所獲得的先驗框嚴重依賴資料集本身，倘若資料集規模過小、樣本不夠豐富，那麼由聚類得到的先驗框未必會提供足夠好的先驗尺寸資訊。

事實上，歸根結底，這一系列的問題都在先驗框上，這一曾經的「肯定因素」也隨著技術的發展和研究者們的深入思考而漸漸轉化成了「否定因素」，而更加簡潔、優雅的 anchor-free 架構也隨著研究者們的思考而逐漸從歷史的塵埃中脫穎而出，再度煥發新的光彩。回到 YOLOv2 工作中，在換上了新的先驗框後，作者團隊又對邊界框的預測方法做了相應的調整。

首先，對於每一個邊界框，YOLO 仍舊去學習中心點偏移量 t_x 和 t_y。我們知道，這個中心點偏移量是 0 ～ 1 範圍內的數，在設計 YOLOv1 時，作者團隊沒有在意這一點，直接使用線性函數輸出，這顯然是有問題的，因為在訓練初期，模型很有可能會輸出數值極大的中心點偏移量，導致訓練不穩定甚至發散。於是，作者團隊使用 Sigmoid 函數將網路輸出的中心點偏移量映射到 0 ～ 1 範圍內，從而避免了這一問題。

其次，由於有了邊界框的先驗尺寸資訊，因此網路不必再去學習整個物件框的長寬了。假設某個先驗框的寬和高分別為 p_w 和 p_h，網路輸出寬和高的偏移量分別為 t_w 和 t_h，YOLOv2 使用公式（6-2）來算出邊界框的中心點座標 (c_x, c_y) 和長寬 b_w、b_h：

$$
\begin{aligned}
c_x &= grid_x + \sigma(t_x) \\
c_y &= grid_y + \sigma(t_y) \\
b_w &= p_w \exp(t_w) \\
b_h &= p_h \exp(t_h)
\end{aligned}
$$

（6-2）

在 YOLOv2 的論文中，這一改進後的邊界框解算策略被命名為 location prediction。這裡需要注意的一點是，YOLOv2 的先驗框尺寸都是相對於網格尺度的，而非相對於輸入影像，所以求解出來的數值也是相對於網格的。若要得到相對於輸入影像尺寸的座標，我們還需要使座標值乘以網路的輸出步進值 *stride*。圖 6-4 展示了這一預測方法的範例。

使用 k 平均值聚類演算法獲得先驗框，再配合 location prediction 的邊界框預測方法，YOLOv1 的性能獲得了顯著的提升：mAP 從 69.6% 提升到 74.4%。不難想像，性能提升的主要來源是 k 平均值聚類演算法，更好的先驗資訊自然會有效提升網路的檢測性能。由此可知，先前加入先驗框並沒有提升 YOLOv1 性能的原因可能僅是因為使用的邊界框預測方法不當。

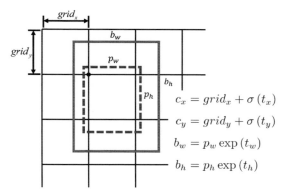

▲ 圖 6-4　基於先驗框的邊界框預測

6.1.7　融合高解析度特徵圖

　　隨後，YOLO 作者團隊又參考了同年的 SSD[16] 工作：**使用更高解析度的特徵圖**。在 SSD 工作中，檢測是在多張特徵圖上進行的，如圖 6-5 所示，為後續主流的多級檢測架構奠定了技術基礎。一般來說不同的特徵圖的解析度不同，越是淺層的特徵圖，越被較少地做降採樣處理，因而解析度就越高，所劃分的網格就越精細，這顯然有助去提取更多的細節資訊。

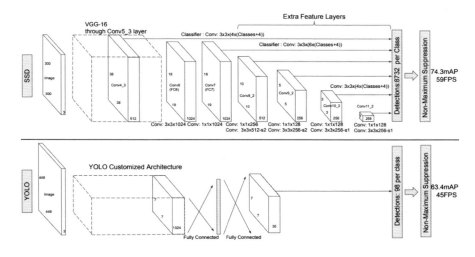

▲ 圖 6-5　SSD 網路與 YOLOv1 的對比（摘自 SSD 論文〔16〕）

　　於是，YOLO 作者團隊參考了這一思想。具體來說，在之前的改進中，YOLOv1 是在最後輸出的特徵圖 $C_5 \in \mathbb{R}^{13 \times 13 \times 1024}$（輸入影像尺寸為 416×416）上進行檢測，由於在此之前做了許多降採樣操作，一些資訊都遺失了。為了彌補這些遺失的資訊，作者團隊將 DarkNet-19 網路的第 17 層卷積輸出的特徵圖 $C_4 \in \mathbb{R}^{26 \times 26 \times 512}$ 單獨取出出來，做一次**特殊的降採樣操作**，得到特徵圖 $P_4 \in \mathbb{R}^{13 \times 13 \times 2048}$。儘管 P_4 的空間維度相較於 C_4 發生了變化，但資訊的總量仍然是相等的：$26 \times 26 \times 512 = 13 \times 13 \times 2048$。然後，將 P_4 特徵圖和 C_5 特徵圖在通道的維度上進行拼接，得到最終的特徵圖 $P_5 \in \mathbb{R}^{13 \times 13 \times 3072}$。最終的檢測便是在這張融合了更多資訊的特徵圖上完成的。

　　不過，實際的操作和上述說法略有不同，在做了上述調整後，YOLOv2 在其中加入了一些細節上的操作。具體來說，對於取出出來的特徵圖 C_4，先使用一層 1×1 卷積將其通道數從 512 壓縮至 64，再進行特殊的降採樣操作使其變為特徵圖 $P_4 \in \mathbb{R}^{13 \times 13 \times 256}$，然後將其與特徵圖 C_5 拼接在一起得到特徵圖 $P_5 \in \mathbb{R}^{13 \times 13 \times 1280}$，並再用一層 3×3 卷積做一次處理，使其通道數變為 1024。

　　需要說明的是，這裡的**特殊的降採樣操作**並不是常用的步進值為 2 的池化或步進值為 2 的卷積操作，而是採用了如圖 6-6 所示的操作。依據 YOLO 官方設定檔中的命名方式，我們將這一操作稱為 reorg。

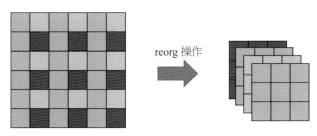

reorg 操作

▲　圖 6-6　不遺失資訊的降採樣操作：reorg

　　不難發現，特徵圖 C_4 在經過 reorg 操作的處理後，其空間尺寸會減半，而通道數則擴充至原來的 4 倍，因此，這種特殊降採樣操作的好處就在於，降低解析度的同時未遺失任何細節資訊，即資訊總量保持不變。但是，空間尺寸終究還是減少了，最終的檢測仍舊是在一個 13 ×13 的網格上進行的，這一點並沒

有發生變化。所以，從這一點上來看，YOLOv1 似乎看起來並沒有從 SSD 框架裡參考到其精髓：**多級檢測**。

總之，加上該操作後，YOLOv1 在 VOC2007 測試集上的 mAP 從 74.4% 再次提升到 75.4%。由此可見，引入更多的細節資訊，確實有助提升模型的檢測性能。這一改進在論文中被命名為「passthrough」。

6.1.8 多尺度訓練策略

在電腦視覺中，一種十分常見的影像處理操作是影像金字塔，即將一張影像縮放到不同的尺寸，不同尺寸的影像所包含的資訊尺度也不同，從而有助提升演算法的檢測性能。一個最直觀的理解就是同一物體在不同尺寸的圖例中所表現出來的外觀是不一樣的，如圖 6-7 所示。

▲ 圖 6-7 影像金字塔

同樣是人和馬，在越大的影像中，其外觀越清晰，所包含的資訊也就越豐富，符合對於「大物體」的認知理解，而其他小尺寸的影像中，同樣的人和馬就不那麼清晰，細節紋理也相對變少了，更貼合對於「中物體」甚至「小物體」的認知。由此可見，影像金字塔可以豐富各種尺度的物體數量。

多尺度訓練便參考了這一思想。由於資料集中的資料是固定的，因此各種大小的物體的數量也就固定了，但多尺度訓練技巧可以透過將每張影像縮放到不

同大小,使得其中的物體大小也隨之變化,從而豐富了資料集各類尺度的物體,很多時候,資料層面的「豐富」都能夠直接有效地提升演算法的性能。YOLO作者團隊便將這一技巧用到了模型訓練中。

　　具體來說,在訓練網路時,每迭代 10 次(常用 iteration 表示訓練迭代一次,即一次前向傳播和一次反向傳播,而用 epoch 表示訓練一輪,即資料集的所有資料都被使用了一輪),就從 320、352、384、416、448、480、512、544、576、608 中選擇一個新的影像尺寸用作後續 10 次訓練的影像尺寸。注意,這些尺寸都是 32 的整數倍,因為網路的最大降採樣倍數就是 32,倘若輸入一個無法被 32 整除的影像尺寸,則會遇到不必要的麻煩。

　　一般來說多尺度訓練是常用的提升模型性能的技巧之一。不過,技巧終歸是技巧,並不總是有效的,若物件幾乎不會有明顯的尺寸變化,就沒必要進行多尺度訓練了。

　　配合多尺度訓練,YOLOv1 再一次獲得了性能提升:mAP 從 75.4% 提升到76.8%。既然已經使用了多尺度訓練,且全卷積網路的結構可以處理任意大小的影像,那麼 YOLOv1 就可以使用不同尺度的影像去測試性能。除了先前常用的416 × 416 這個尺寸,作者團隊又使用 544 × 544 的較大尺寸影像去測試 mAP,不出意料,獲得了性能更高的測試結果: mAP 提升到 78.6%。

　　至於損失函數,YOLOv2 大體上仍沿用 YOLOv1 的損失函數,僅增加了一些小細節,由於對整體損失函數不會有較大的影響,這裡我們不再展示全部的損失函數。

　　至此,針對 YOLOv1 所作的諸多改進和最佳化就介紹完畢了,這一更強的 YOLO 網路也實至名歸地被命名為 YOLOv2。在本節的最後,作者參照YOLOv2 官方的設定檔,提供了 YOLOv2 網路的結構,如圖 6-8 所示。

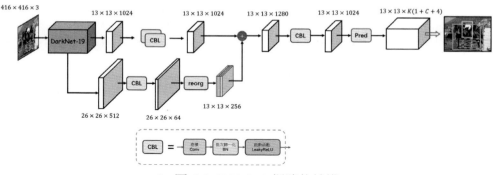

▲ 圖 6-8 YOLOv2 網路的結構

那麼，接下來我們將在 YOLOv1 工作的基礎上，結合 YOLOv2 的一些改進想法，去建構我們自己的 YOLOv2 模型。我們仍以 VOC 資料集為主，來完成實現環節，另外，我們會使用更大的 COCO 資料集。對於資料前置處理和資料增強，我們沿用先前的程式，無須做改動，因此，在實現環節中，我們只需要著眼於模型程式、製作正樣本的程式以及損失函數的程式這三部分。

6.2 架設 YOLOv2 網路

本節將在先前由我們自己架設的新的 YOLOv1 工作的基礎上去架設一個新的 YOLOv2 網路。我們採取和先前的 YOLOv1 的工作一樣的實現方式，不循規蹈矩，並在不改變 YOLOv2 的核心思想的前提下做一些適當的修改。這些修改依舊參考了一些當下主流的做法，以便我們獲取一個更好的檢測器。儘管讀者不會得到一個原汁原味的 YOLOv2，但由我們手動建構的 YOLOv2 檢測器仍在很大程度上繼承了其思想核心，同時讀者能夠掌握基於先驗框機制的物件辨識方法的原理，以得到一個性能更好的 anchor-based 單尺度物件辨識器。從整體架構的角度來看，我們將要架設的 YOLOv2 與先前架設的 YOLOv1 是基本一致的，區別僅是引入了先驗框，使得標籤匹配的細節發生細微的變化。總而言之，在先前的 YOLOv1 的基礎上，YOLOv2 的實現環節將容易一些。

6.2.1　架設 DarkNet-19 網路

　　首先，我們來架設 YOLOv2 的主幹網絡：DarkNet-19 網路。官方的 YOLOv2 所使用的主幹網絡為 DarkNet-19，而這一網路是由 DarkNet 深度學習框架實現的。為了配合本書的學習，同時便於後續的使用，我們改用 PyTorch 深度學習框架來重新架設 DarkNet-19 網路。在有了先前的 YOLOv1 實踐的基礎，架設 DarkNet-19 網路的難度就較低了，程式 6-1 展示了 DarkNet-19 的主要部分的程式結構。讀者可以在作者提供的 YOLOv2 專案的 models/ yolov2/yolov2_backbone.py 檔案中查看完整的 DarkNet-19 網路的程式。

→　程式 6-1　基於 PyTorch 框架架設的 DarkNet-19 網路

```
# YOLO_Tutorial/yolov2/yolov2_backbone.py
# ------------------------------------------------------------
...

class DarkNet_19(nn.Module):
    def _init_(self):
        super(DarkNet_19, self). init()
        # backbone network: DarkNet-19
        # output: stride = 2, c = 32
        self.conv_1 = ...

        # output: stride = 4, c = 64
        self.conv_2 = ...

        # output: stride = 8, c = 128
        self.conv_3 = ...

        # output: stride = 8, c = 256
        self.conv_4 = ...

        # output: stride = 16, c = 512
        self.maxpool_4 = ...

        # output: stride = 32, c = 1024
```

```
        self.maxpool_5 = ...
        self.conv_6 = ...

    def forward(self, x):
        c1 = self.conv_1(x)                       #[B, C1, H/2, W/2]
        c2 = self.conv_2(c1)                      #[B, C2, H/4, W/4]
        c3 = self.conv_3(c2)                      #[B, C3, H/8, W/8]
        c3 = self.conv_4(c3)                      #[B, C3, H/8, W/8]
        c4 = self.conv_5(self.maxpool_4(c3))      #[B, C4, H/16, W/16]
        c5 = self.conv_6(self.maxpool_5(c4))      #[B, C5, H/32, W/32]

        output = {'c3': c3,'c4': c4,'c5': c5}
        return output
```

我們所架設的 DarkNet-19 網路會輸出一個 Python 的 list 類型變數 output，其中包含了網路的三個尺度的輸出：c3、c4 以及 c5，其輸出步進值分別為 8、16 和 32。不過，我們只使用 c4 和 c5 兩個輸出。

在架設完網路後，依據官方的做法，我們在 ImageNet 資料集上進行預訓練。由於 ImageNet 是一個十分龐大的資料集，對此我們不做任何要求，不需要讀者單獨去下載和使用該資料集。在程式中，我們已經提供了 DarkNet-19 的預訓練權重的下載連結，當建構 YOLOv2 時，它會根據「使用預訓練權重」的設置來自動下載 DarkNet-19 在 ImageNet 資料集上的預訓練權重。程式 6-2 展示了呼叫 DarkNet-19 網路以及載入預訓練權重。

➡ 程式 6-2 呼叫 DarkNet-19 網路

```
# YOLO_Tutorial/yolov2/yolov2_backbone.py
# ------------------------------------------------------------
...

def build_backbone(model_name='darknet19', pretrained=False):
    if model_name == 'darknet19':
        # 建構 DarkNet19 網路
        model = DarkNet19()
        feat_dim = 1024
```

```
# 載入 ImageNet 預訓練權重
if pretrained:
    print('Loading pretrained weight...')
    url = model_urls['darknet19']
    # checkpoint state dict
    checkpoint_state_dict = torch.hub.load_state_dict_from_url(
        url=url, map_location="cpu", check_hash=True)
    # model state dict
    model_state_dict = model.state_dict()
    # check
    for k in list(checkpoint_state_dict.keys()):
        if k in model_state_dict:
            shape_model = tuple(model_state_dict[k].shape)
            shape_checkpoint = tuple(checkpoint_state_dict[k].shape)
            if shape_model!= shape_checkpoint:
                checkpoint_state_dict.pop(k)
        else:
            checkpoint_state_dict.pop(k)
            print(k)

    model.load_state_dict(checkpoint_state_dict)

return model, feat_dim
```

　　隨後，我們就可以建構 YOLOv2 的主幹網絡。我們透過呼叫 build_backbone 函數來建構主幹網絡，如程式 6-3 所示。

➜ 程式 6-3 架設 YOLOv2 的主幹網絡

```
# YOLO_Tutorial/models/yolov2/yolov2.py
# -----------------------------------------------------------
...

class YOLOv2(nn.Module):
    def _init_(self, cfg, device, input_size, num_classes, trainable, conf_thresh,
               nms_thresh, topk, anchor_size):
        super(YOLOv2, self). init()
        # ----------------------- 基礎參數 -----------------------
```

```python
        self.cfg = cfg                          # 模型設定檔
        self.img_size = img_size                # 輸入影像大小
        self.device = device                    # CUDA 或 CPU
        self.num_classes = num_classes          # 類別的數量
        self.trainable = trainable              # 訓練的標記
        self.conf_thresh = conf_thresh          # 得分設定值
        self.nms_thresh = nms_thresh            # NMS 設定值
        self.topk = topk                        # topk
        self.stride = 32                        # 網路的最大步進值
        # -----------------------anchor box 參數-----------------------
        self.anchor_size = torch.as_tensor(cfg['anchor_size']).view(-1,2)# [A,2]
        self.num_anchors = self.anchor_size.shape[0]

        # ----------------------- 網路結構 -----------------------
        ## 主幹網絡
        self.backbone, feat_dim = build_backbone(
            cfg['backbone'], trainable&cfg['pretrained'])
        ...
```

在程式 6-3 中，cfg 是設定檔，讀者可以在專案的 config/model_config/ yolov2_ config.py 檔案中查看建構 YOLOv2 網路所需的一些設定參數，部分設定參數如程式 6-4 所示。

➡ 程式 6-4 YOLOv2 的設定檔

```python
# YOLO_Tutorial/config/model_config/yolov2_config.py
# ---------------------------------------------------------------

yolov2_cfg = {
    # input
    'trans_type':'ssd',
    # backbone
    'backbone':'darknet19',
    'pretrained': True,
    'stride':32,# P5
    # neck
    'neck':'sppf',
    'expand_ratio':0.5,
    'pooling_size':5,
```

```
            'neck_act':'lrelu',
            'neck_norm':'BN',
            'neck_depthwise': False,
            # head
            'head':'decoupled_head',
            'head_act':'lrelu',
            'head_norm':'BN',
            'num_cls_head':2,
            'num_reg_head':2,
            'head_depthwise': False,
            'anchor_size':[[17,25],
                           [55,75],
                           [92,206],
                           [202,21],
                           [289,311]],     # 416
        # matcher
        ...
}
```

6.2.2 先驗框

在程式 6-4 所展示的設定檔中，能夠看到名為 anchor_size 的變數，這是作者基於 YOLOv2 的 k 平均值聚類程式在 COCO 資料集上聚類出的先驗框尺寸，它是相對於 416 × 416 的影像尺寸的。由於 COCO 資料集更大、資料量更加豐富，我們不妨就將這一先驗框尺寸用在 VOC 資料集上。

相較於 YOLOv1，YOLOv2 所生成的 G 矩陣除包含網格自身的座標之外，還要包含先驗框的尺寸資訊，因此，我們在先前實現的 YOLOv1 的 G 矩陣生成程式的基礎上，來改寫適用於 YOLOv2 的 G 矩陣程式，如程式 6-5 所示。

➜ 程式 6-5 YOLOv2 生成 G 矩陣

```
# YOLO_Tutorial/models/yolov2/yolov2.py
# ------------------------------------------------------------
...

def generate_anchors(self, fmp_size):
```

```
"""
    fmp_size:(List)[H, W]
"""
fmp_h, fmp_w = fmp_size

# 生成網路座標
anchor_y, anchor_x = torch.meshgrid([torch.arange(fmp_h), torch.arange(fmp_w)])
anchor_xy = torch.stack([anchor_x, anchor_y], dim=-1).float().view(-1,2)
#[HW,2]-> [HW, A,2]-> [M,2]
anchor_xy = anchor_xy.unsqueeze(1).repeat(1, self.num_anchors,1) anchor_xy =
anchor_xy.view(-1,2).to(self.device)

#[A,2]-> [1, A,2]-> [HW, A,2]-> [M,2]
anchor_wh = self.anchor_size.unsqueeze(0).repeat(fmp_h*fmp_w,1,1) anchor_wh =
anchor_wh.view(-1,2).to(self.device)

anchors = torch.cat([anchor_xy, anchor_wh], dim=-1)

return anchors
```

在程式 6-5 中，我們使用「anchor」來代替先前的「grid」，每一個 anchor 都包含自身的空間座標（即網格座標）和先驗框的尺寸。最終生成的變數 anchors 的維度是 $[M,4]$，其中，$M = HWA$，A 就是先驗框的數量。依據程式的設定，我們可以這樣理解變數 anchors：它包含了所有網格的所有先驗框，且每個先驗框均包含**自身所在的網格座標**和它的**先驗框的尺寸**。

6.2.3 架設預測層

對於主幹網絡之後的頸部網路和檢測頭，我們採用和先前的 YOLOv1 相同的結構，即頸部網路使用 SPP 模組，檢測頭使用解耦頭，因此，這裡不增加額外的內容來重複介紹。不過，由於預測多了先驗框，因此預測層的輸出通道數量略有變化，如程式 6-6 所示，其中也展示了頸部網路和檢測頭的程式，與先前實現的 YOLOv1 是完全一樣的。

➜ 程式 6-6 YOLOv2 的預測層

```
# YOLO_Tutorial/models/yolov2/yolov2.py
# ------------------------------------------------------------
...

class YOLOv2(nn.Module):
    def _init_(self, cfg, device, input_size, num_classes, trainable, conf_thresh,
                nms_thresh, topk, anchor_size):
        super(YOLOv2, self). init()

        # ---------------------- 基礎參數 ----------------------
        ...

        # ---------------------- 網路結構數 ----------------------
        ...
        ## 頸部網路
        self.neck = build_neck(cfg, feat_dim, out_dim=512)
        head_dim = self.neck.out_dim

        ## 檢測頭
        self.head = build_head(cfg, head_dim, head_dim, num_classes)

        ## 預測層
        self.obj_pred = nn.Conv2d(head_dim,1*self.num_anchors, kernel_size=1)
        self.cls_pred = nn.Conv2d(head_dim, num_classes*self.num_anchors, kernel_
                                   size=1)
        self.reg_pred = nn.Conv2d(head_dim,4*self.num_anchors, kernel_size=1)
        ...
```

　　至此，我們的 YOLOv2 的網路結構就架設完畢了。儘管網路結構上與官方的 YOLOv2 有所不同，但其思想核心是一樣的，均是在 YOLOv1 的單級檢測架構上引入了先驗框。從我們所實現的 YOLOv2 的程式上來看，僅是在先前的 YOLOv1 的基礎上引入了先驗框機制。注意，我們沒有使用 YOLOv2 的 passthrough 技術，這一點並不會削弱我們的性能。我們將在實踐章節中證明，我們所架設的 YOLOv2 性能更佳。

6.2.4 YOLOv2 的前向推理

設計好了網路的程式結構，接下來就可以撰寫前向推理的程式了。大部分函數功能與之前的 YOLOv1 是一樣的，但由於引入了先驗框機制，因此要做適當的調整，如程式 6-7 所示。

➡ 程式 6-7 YOLOv2 的前向推理

```python
# YOLO_Tutorial/models/yolov2/yolov2.py
# ------------------------------------------------------------
...

@torch.no_grad()
def inference(self, x):
    bs = x.shape[0]
    # 主幹網絡
    feat = self.backbone(x)

    # 頸部網路
    feat = self.neck(feat)

    # 檢測頭
    cls_feat, reg_feat = self.head(feat)

    # 預測層
    obj_pred = self.obj_pred(reg_feat)
    cls_pred = self.cls_pred(cls_feat)
    reg_pred = self.reg_pred(reg_feat)
    fmp_size = obj_pred.shape[-2:]

    # anchors:[M,4]
    anchors = self.generate_anchors(fmp_size)

    # 對 pred 的 size 做一些 view 調整，便於後續的處理
    #[B, A*C, H, W]-> [B, H, W, A*C]-> [B, H*W*A, C]
    obj_pred = obj_pred.permute(0,2,3,1).contiguous().view(bs,-1,1)
    cls_pred = cls_pred.permute(0,2,3,1).contiguous().view(bs,-1, self.num_classes)
    reg_pred = reg_pred.permute(0,2,3,1).contiguous().view(bs,-1,4)
```

```
# 測試時，作者預設 batch 是 1
# 因此，我們不需要用 batch 這個維度，用 [0] 將其取走
obj_pred = obj_pred[0] #[H*W*A,1]
cls_pred = cls_pred[0] #[H*W*A, NC]
reg_pred = reg_pred[0] #[H*W*A,4]

# post process
bboxes, scores, labels = self.postprocess(
    obj_pred, cls_pred, reg_pred, anchors)

return bboxes, scores, labels
```

由於 YOLOv2 使用了先驗框機制，因此，解算邊界框座標的程式與先前的 YOLOv1 略有不同，如程式 6-8 所示。

➔ 程式 6-8 YOLOv2 的計算邊界框座標

```
# YOLO_Tutorial/models/yolov2/yolov2.py
# -----------------------------------------------------------
...


def decode_boxes(self, anchors, reg_pred):
    """
        將 txtytwth 轉為常用的 x1y1x2y2 形式
    """
    # 計算預測邊界框的中心點座標和長寬
    pred_ctr = (torch.sigmoid(reg_pred[...,:2]) + anchors[...,:2])* self.stride
    pred_wh = torch.exp(reg_pred[...,2:])* anchors[...,2:]

    # 將所有 bbox 的中心點座標和長寬換算成 x1y1、x2y2 形式
    pred_x1y1 = pred_ctr- pred_wh* 0.5
    pred_x2y2 = pred_ctr + pred_wh* 0.5
    pred_box = torch.cat([pred_x1y1, pred_x2y2], dim=-1)

    return pred_box
```

在程式 6-8 中，計算邊界框的中心點座標與先前的 YOLOv1 是相同的，不同點僅在於解算邊界框的長寬上，由於 YOLOv2 引入了先驗框，且我們的先

驗框的尺寸的設定是相對於輸入影像的，因此無須乘以網路的最大輸出步進值 *stride*。

　　最後，我們再講一下後處理。當我們計算出了所有的預測邊界框座標後，就可以去執行後處理，包括設定值篩選和 NMS 兩個關鍵步驟。需要注意的一點是，YOLOv2 最終將輸出 845（13 ×13 × 5）個邊界框，但這些邊界框不都是高品質的，這也是要做一次設定值篩選和 NMS 的原因。不過，在做這兩個操作之前，先做一次前 *k* 項（topk）操作，即依據得分從高到低的順序選取前 *k* 個邊界框。一般來說對 COCO 資料集來說，單張影像中的物件數量不會超過 100 個，所以，一般情況下，我們就選得分最高的前 100 個邊界框，剩餘的就不要了。然後，再對這 100 個邊界框做設定值篩選和 NMS。不過，就作者的經驗而言，當我們測試 mAP 的時候，可以保留更多的邊界框，比如前 300 個或前 1000 個邊界框，這或多或少能提升 mAP。而在實際場景測試中，就沒必要保留這麼多邊界框了。這是一個小細節，在後續的程式實現環節中，我們也會用到這些細節。程式 6-9 展示了後處理環節的部分程式。

➜ 程式 6-9　YOLOv2 的後處理

```python
# YOLO_Tutorial/models/yolov2/yolov2.py
# ------------------------------------------------------------
...

def postprocess(self, obj_pred, cls_pred, reg_pred, anchors):
    """
    Input:
        obj_pred:(Tensor)[HWA,1]
        cls_pred:(Tensor)[HWA, C]
        reg_pred:(Tensor)[HWA,4]
    """
    #[HWA, C]-> [HWAC]
    scores = torch.sqrt(obj_pred.sigmoid()* cls_pred.sigmoid()).flatten()

    # 保留 topk 個預測結果
    num_topk = min(self.topk, reg_pred.size(0))
    predicted_prob, topk_idxs = scores.sort(descending=True)
    topk_scores = predicted_prob[:num_topk]
```

```
topk_idxs = topk_idxs[:num_topk]

# 設定值篩選
keep_idxs = topk_scores > self.conf_thresh
scores = topk_scores[keep_idxs]
topk_idxs = topk_idxs[keep_idxs]

anchor_idxs = torch.div(topk_idxs, self.num_classes, rounding_mode='floor')
labels = topk_idxs% self.num_classes

reg_pred = reg_pred[anchor_idxs]
anchors = anchors[anchor_idxs]

# 解算邊界框，並歸一化邊界框:[H*W*A,4]
bboxes = self.decode_boxes(anchors, reg_pred)

# to cpu& numpy
scores = scores.cpu().numpy()
labels = labels.cpu().numpy()
bboxes = bboxes.cpu().numpy()

# 非極大值抑制
scores, labels, bboxes = multiclass_nms(
    scores, labels, bboxes, self.nms_thresh, self.num_classes, False)

return bboxes, scores, labels
```

6.3 基於 k 平均值聚類演算法的先驗框聚類

在講解 YOLOv2 時，我們介紹過 YOLOv2 的先驗框是由 k 平均值聚類演算法來獲得的，相關的數學原理也做了講解。因此，在本次的程式實現環節中，我們也需要為自己的 YOLOv2 聚類 5 個先驗框，以便開展後續的工作。

從發展的眼光來看，如今的先驗框已經屬於「落後」的技術產物了，而擁有更少超參數的 anchor-free 架構則成為了當下的主流技術路線，因此，對於先驗框的聚類演算法，本節不做過多的要求，在往後的程式實現中，我們會採用

YOLO 官方已經提供好的先驗框尺寸，並隨著學習的深入而漸漸地脫離先驗框機制。

這裡，我們建議在 COCO 資料集上聚類先驗框，COCO 資料集包含更多的資料，且物件形式更加豐富、場景更具有挑戰性，因此，從 COCO 資料集中聚類出的先驗框具備更好的泛化性和通用性。在本專案的 utils/kmeans_anchor.py 檔案中，我們實現了基於 k 平均值聚類的演算法來獲取指定資料集上的先驗框。透過運行下面的命令即可開始在 COCO 資料集上聚類先驗框：

```
python kmeans_anchor.py-d coco--root path/to/dataset-na5 -size416
```

其中，—root 是資料集存放的路徑，-na 是聚類的邊界框數量，-size 是輸入影像的尺寸。倘若讀者只想使用 VOC 資料集，那麼只需將上述命令中的 -d coco 改為 -d voc，然後再次運行。

在完成了聚類後，我們即可獲得 5 個先驗框尺寸：（17，25）、（55，75）、（92，206）、（202，21）和（289，311）。注意，這裡的尺寸都是取整數後的結果，且都是相對於輸入影像的尺度，而非網格的尺度。而對於 VOC 資料集，我們聚類出的先驗框尺寸為：（38，64）、（89，147）、（145，285）、（258，169）和（330，340）。

6.4 基於先驗框機制的正樣本製作方法

事實上，官方的 YOLOv2 的檢測機制和 YOLOv1 是一樣的，仍要輸出所有邊界框的座標，然後計算與物件框的 IoU，只有 IoU 最大的邊界框會被標記為正樣本，以計算置信度損失、類別損失以及邊界框位置的回歸損失，而其他預測的邊界框則被標記為負樣本，只計算置信度損失，不計算類別損失和位置損失。換言之，具有邊界框先驗尺寸資訊的先驗框並沒有為正樣本匹配帶來直接的影響，而僅被用於解算邊界框的座標。既然先驗框有先驗尺度資訊，那麼它應該也可以直接參與正樣本匹配。這裡，我們不沿用官方 YOLOv2 的做法，而是採用當下更加常用的策略來發揮先驗框在標籤匹配中的作用。接下來，具體來介紹一下我們所採用的基於先驗框的標籤匹配策略。

6.4.1 基於先驗框的正樣本匹配策略

在 YOLOv1 中，由於每個網格只輸出一個邊界框，因此無須做選擇，但在 YOLOv2 中，每個網格處有 5 個先驗框，也就表示會輸出 5 個預測框，那麼就需要確定哪幾個預測框是正樣本，哪幾個是負樣本。官方的 YOLOv2 是在預測框的層面去做這件事，而作者認為，既然我們已經有了具有邊界框先驗尺寸資訊的先驗框，不妨從先驗框的層面來做這件事。

具體來說，首先計算 5 個先驗框與物件框的 IoU，分別記作 IoU_{P_1}、IoU_{P_2}、IoU_{P_3}、IoU_{P_4} 和 IoU_{P_5}，然後設定一個 IoU 的設定值 θ。接下來，我們會遇到三種情況。

- **情況 1**：所有的 IoU_P 都低於設定值 θ。此時，為了不遺失這個訓練樣本，我們選擇其中 IoU 值最大的先驗框，不失一般性的，我們假設其為 P_1，則這個先驗框 P_1 對應的預測框 B_1 標記為正樣本，去參與到置信度、類別以及邊界框三個損失的計算中。也就是說，哪些預測框會參與何種損失的計算完全由它所對應的先驗框來決定。這種做法也常見於其他的一些 anchor-based 工作，如 SSD[16] 和 RetinaNet[17]。

- **情況 2**：僅有一個 IoU_P 高於設定值 θ。毫無疑問，此時，這個先驗框所對應的預測框就是正樣本，會參與所有的損失計算。

- **情況 3**：有多個 IoU_P 高於設定值 θ。不失一般性的，我們假設 IoU_{P_1}、IoU_{P_2} 和 IoU_{P_3} 都高於設定值 θ，那麼先驗框 P_1、P_2 和 P_3 所對應的預測框被標記為正樣本。由此可見，在這種情況下，一個物件將被匹配上多個正樣本。

處理完上述三種情況後，我們會發現，每個物件都會被至少匹配上一個正樣本，保證不會有標籤被落下。但是，稍加思考，又不難發現這當中存在一個潛在的隱憂：**倘若有兩個物件的中心點都落在同一個網格，原本分配給物件 A 的先驗框可能後來又被分配給了物件 B，不再屬於物件 A 的正樣本**。這種問題有時被稱為「**語義歧義**」（semantic ambiguity）。事實上，這一問題在 YOLOv1 中也是存在的，當兩個物件都落在同一個網格中，網路就只能學習其中一個，而不得不忽略另一個，如圖 6-9 所示。

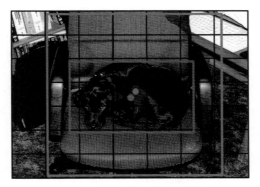

▲ 圖 6-9 語義歧義問題

　　雖然 YOLOv2 在一個網格處會輸出多個邊界框，但在製作正樣本時，我們剛才所說的情況是完全可能出現的，會導致一些物件框的正樣本被「奪走」，最終使得該物件不會被匹配上正樣本，其資訊也就不會被網路學習到。關於該問題，YOLOv2 暫時沒有去處理，我們也暫且不做處理。

6.4.2 正樣本匹配的程式

　　在專案的 models/yolov2/matcher.py 檔案中，我們實現了 Yolov2Matcher 類別，其程式結構與 YOLOv1 的 YoloMatcher 類別基本是一致的，區別僅是增加了基於先驗框的一些處理，如程式 6-10 所示。

➜ 程式 6-10 計算物件框的中心點所在的網格座標

```
# YOLO_Tutorial/models/yolov2/matcher.py
# ------------------------------------------------------------
...

class Yolov2Matcher(object):
    def _init_(self, num_classes):
        self.num_classes = num_classes
        self.iou_thresh = iou_thresh
        # 先驗框的參數
        self.num_anchors = len(anchor_size)
        self.anchor_size = anchor_size
        self.anchor_boxes = np.array(
```

```
            [[0.,0., anchor[0], anchor[1]]
            for anchor in anchor_size]
            )# [KA,4]

    def compute_iou(self, anchor_boxes, gt_box):
    ...

    @torch.no_grad()
    def   call(self, fmp_size, stride, targets):
        # prepare
        bs = len(targets)
        fmp_h, fmp_w = fmp_size
        gt_objectness = np.zeros([bs, fmp_h, fmp_w,1])
        gt_classes = np.zeros([bs, fmp_h, fmp_w, self.num_classes])
        gt_bboxes = np.zeros([bs, fmp_h, fmp_w,4])

        for batch_index in range(bs):
            targets_per_image = targets[batch_index]
            # [N,]
            tgt_cls = targets_per_image["labels"].numpy()
            # [N,4]
            tgt_box = targets_per_image['boxes'].numpy()

            for gt_box, gt_label in zip(tgt_box, tgt_cls):
                x1, y1, x2, y2 = gt_box
                # xyxy-> cxcywh
                xc, yc = (x2 + x1)* 0.5,(y2 + y1)* 0.5
                bw, bh = x2- x1, y2- y1
                gt_box = [0,0, bw, bh]

                # 檢查資料的有效性
                if bw < 1. or bh < 1.:
                    continue

                # 計算物件框與先驗框的 IoU
                iou = self.compute_iou(self.anchor_boxes, gt_box)

                # 使用設定值篩選正樣本
                iou_mask = (iou > self.iou_thresh)
        ...
```

　　首先，計算物件框與 5 個先驗框的 IoU，這部分的功能在 compute_iou 類別方法中實現，如程式 6-11 所示。

➡ **程式 6-11 計算物件框與先驗框的 IoU**

```
# YOLO_Tutorial/models/yolov2/matcher.py
# ------------------------------------------------------------
...

def compute_iou(self, anchor_boxes, gt_box):
    """
        anchor_boxes: ndarray-> [A,4]
        gt_box: ndarray-> [1,4]
    """
    # anchors:[A,4]
    anchors = np.zeros_like(anchor_boxes)
    anchors[...,:2] = anchor_boxes[...,:2]- anchor_boxes[...,2:]* 0.5      # x1y1
    anchors[...,2:] = anchor_boxes[...,:2] + anchor_boxes[...,2:]* 0.5     # x2y2
    anchors_area = anchor_boxes[...,2]* anchor_boxes[...,3]

    # gt_box:[1,4]-> [A,4]
    gt_box = np.array(gt_box).reshape(-1,4)
    gt_box = np.repeat(gt_box, anchors.shape[0], axis=0)
    gt_box_ = np.zeros_like(gt_box)
    gt_box_[...,:2] = gt_box[...,:2]- gt_box[...,2:]* 0.5        # x1y1
    gt_box_[...,2:] = gt_box[...,:2] + gt_box[...,2:]* 0.5       # x2y2
    gt_box_area = np.prod(gt_box[...,2:]- gt_box[...,:2], axis=1)

    # 交集面積
    inter_w = np.minimum(anchors[:,2], gt_box_[:,2])- \
                np.maximum(anchors[:,0], gt_box_[:,0])
    inter_h = np.minimum(anchors[:,3], gt_box_[:,3])- \
                np.maximum(anchors[:,1], gt_box_[:,1])
    inter_area = inter_w* inter_h

    # 並集面積
    union_area = anchors_area + gt_box_area- inter_area

    # iou
```

```
iou = inter_area/ union_area
iou = np.clip(iou, a_min=1e-10, a_max=1.0)

return iou
        ...
```

經過計算後，compute_iou 類別方法最終返回一個名為 iou 的變數，其類型是 NumPy 函數庫的 ndarray 類型，iou[i] 就表示該物件框與第 *i* 個先驗框的 IoU 值。NumPy 函數庫的 ndarray 類型可以被直觀理解為「矩陣」，變數 iou 的維度是 [*A,*]，是個一維矩陣，也就是向量，其中的 *A* 就是每個網格的先驗框的數量 *k*。

在計算完 IoU 後，我們使用變數 iou_thresh 去做一次正樣本篩選，只有 IoU 大於該設定值的先驗框才會被標記為正樣本。那麼，接下來就會遇到先前我們所提到過的三種情況，表現在程式 6-12 中。

→ 程式 6-12　正樣本篩選的三種情況

```
# YOLO_Tutorial/models/yolov2/matcher.py
# -------------------------------------------------------------
...

class Yolov2Matcher(object):
    def _init_(self, num_classes):
    ...

    @torch.no_grad()
    def   call(self, fmp_size, stride, targets):
        # prepare
        bs = len(targets)
        fmp_h, fmp_w = fmp_size
        gt_objectness = np.zeros([bs, fmp_h, fmp_w,1])
        gt_classes = np.zeros([bs, fmp_h, fmp_w, self.num_classes])
        gt_bboxes = np.zeros([bs, fmp_h, fmp_w,4])

        for batch_index in range(bs):
            ...
```

```
for gt_box, gt_label in zip(tgt_box, tgt_cls):
    ...

# 使用設定值篩選正樣本
iou_mask = (iou > self.iou_thresh)
...

label_assignment_results = []
# 情況 1：所有的 IoU 均低於設定值
if iou_mask.sum() == 0:
    # We assign the anchor box with the highest IoU score.
    iou_ind = np.argmax(iou)
    anchor_idx = iou_ind
    # compute the grid cell
    xc_s = xc/ stride
    yc_s = yc/ stride
    grid_x = int(xc_s)
    grid_y = int(yc_s)
        label_assignment_results.append([grid_x, grid_y, anchor_idx])
    # 情況 2 和 3：有至少一個 IoU 值高於設定值
    else:
        for iou_ind, iou_m in enumerate(iou_mask):
            if iou_m:
                    anchor_idx = iou_ind
                    # compute the gride cell
                    xc_s = xc/ stride
                    yc_s = yc/ stride
                    grid_x = int(xc_s)
                    grid_y = int(yc_s)
                    label_assignment_results.append([grid_x, grid_y,
                                                    anchor_idx])
    ...
```

在完成了上述操作後，變數中就包含了正樣本標記。那麼接下來，我們就可以為被標記為正樣本的先驗框所對應的預測框製作學習標籤，如程式 6-13 所示。

➜ 程式 6-13 製作學習標籤

```python
# YOLO_Tutorial/models/yolov2/matcher.py
# -------------------------------------------------------------
...

class Yolov2Matcher(object):
    def _init_(self, num_classes):
    ...

    @torch.no_grad()
    def    call(self, fmp_size, stride, targets):
        # prepare
        bs = len(targets)
        fmp_h, fmp_w = fmp_size
        gt_objectness = np.zeros([bs, fmp_h, fmp_w,1])
        gt_classes = np.zeros([bs, fmp_h, fmp_w, self.num_classes])
        gt_bboxes = np.zeros([bs, fmp_h, fmp_w,4])

        for batch_index in range(bs):
            ...

            for gt_box, gt_label in zip(tgt_box, tgt_cls):
                ...

                label_assignment_results = []
                # 情況 1：所有的 IoU 均低於設定值
                ...
                # 情況 2 和 3：有至少一個 IoU 值高於設定值
                ...
                # 學習標籤
                for result in label_assignment_results:
                grid_x, grid_y, anchor_idx = result
                if grid_x < fmp_w and grid_y < fmp_h:
                    # 置信度的學習標籤
                    gt_objectness[batch_index, grid_y, grid_x, anchor_idx] = 1.0
                    # 類別學習標籤
                    cls_ont_hot = np.zeros(self.num_classes)
                    cls_ont_hot[int(gt_label)] = 1.0
                    gt_classes[batch_index, grid_y, grid_x, anchor_idx] = cls_ont_
```

```
                        hot
                    # 邊界框學習標籤
                    gt_bboxes[batch_index, grid_y, grid_x, anchor_idx] = np.
                        array([x1, y1, x2, y2])
# [B, H, W, A, C]-> [B, HWA, C]
gt_objectness = gt_objectness.reshape(bs,-1,1)
gt_classes = gt_classes.reshape(bs,-1, self.num_classes)
gt_bboxes = gt_bboxes.reshape(bs,-1,4)

# to tensor
gt_objectness = torch.from_numpy(gt_objectness).float()
gt_classes = torch.from_numpy(gt_classes).float()
gt_bboxes = torch.from_numpy(gt_bboxes).float()

return gt_objectness, gt_classes, gt_bboxes
```

最終，這段程式返回三個 Tensor 類型的變數：gt_objectness、gt_classes 以及 gt_bboxes，其中，gt_objectness 包含一系列的 1 和 0，標記了哪些預測框是正樣本，哪些是負樣本；gt_classes 和我們在 YOLOv1 中所實現的是一樣的，也是包含了一系列的 one-hot 格式的類別標籤；gt_bboxes 包含的就是正樣本所要學習的邊界框位置參數。至此，我們的 YOLOv2 的標籤匹配環節就完成了。

不過，在進入下一環節之前，我們不妨進行一點額外的思考。不論是先前所說明的匹配原理，還是當前的程式實現，我們都不難注意到，一個物件框在做匹配時，僅考慮它的中心點所在的網格中的 5 個先驗框，而周圍的網格都不會予以考慮。正因如此，我們在計算 IoU 時，物件框的中心點座標和先驗框的中心點座標都被預設成了 0，如此一來，不難想到，IoU 的計算只和兩個邊界框的形狀參數有關，而和位置無關了，這正是因為我們只考慮了一個網格。

然而，在同期的 Faster R-CNN 和 SSD 工作中，每一個物件框都是和全域的先驗框去計算 IoU，在這種情況下，就必須將物件框自身的中心點座標和每一個先驗框的中心點座標都考慮進來，於是，我們就會發現，在這些工作中，每一個物件框被匹配上的先驗框可能不僅來自其中心點所在的網格，也會來自周圍的網格。這是 YOLO 和其他工作的細節上的重要差別。但兩種做法孰優孰劣，

作者尚不能舉出定論，我們暫且也不用關心這一點，但顯而易見的是，YOLO
這種只考慮中心點的做法，處理起來會更簡便、更易理解，也更易學習。

　　整體上，和 YOLOv1 的正樣本製作程式比起來，我們的 YOLOv2 主要是多
了一個物件框和先驗框的 IoU 計算以及考慮不同情況下的正樣本製作方法，程
式的整體框架和設計思路並沒有太大的變化。有了先前的 YOLOv1 的基礎，這
一環節的學習難度也就大大降低了。

6.5　損失函數

　　在完成了正樣本匹配的程式後，本節我們就可以著手撰寫損失函數的程式
了。我們的 YOLOv2 的損失函數與 YOLOv1 是一樣的，這裡就不再重複了，直
接開始撰寫相關的程式。

　　在本專案的 models/yolov2/loss.py 檔案中，我們同樣實現了一個名為
Criterion 的類別，其框架與實現的細節與先前實現 YOLOv1 的損失是一樣的。
正如前面所說的，我們實現的 YOLOv2 與先前的 YOLOv1 的差別僅在於多了先
驗框以及由此給正樣本匹配所帶來的一些細節上的影響，除此之外，程式幾乎
是相同的，因此，YOLOv2 的損失函數實現起來就會變得非常容易。程式 6-14
展示了相關程式。

➡ 程式 6-14　YOLOv2 的損失計算

```
# YOLO_Tutorial/models/yolov2/loss.py
# ------------------------------------------------------------
...

class Criterion(object):
    def _init_(self, cfg, device, num_classes=80):
        self.cfg = cfg
        self.device = device
        self.num_classes = num_classes
        # loss weight
        self.loss_obj_weight = cfg['loss_obj_weight']
        self.loss_cls_weight = cfg['loss_cls_weight']
```

```python
        self.loss_box_weight = cfg['loss_box_weight']
        # matcher
        self.matcher = Yolov2Matcher(cfg['iou_thresh'], num_classes, cfg['anchor_
                                size'])

    def loss_objectness(self, pred_obj, gt_obj):
        loss_obj = F.binary_cross_entropy_with_logits(pred_obj, gt_obj,
            reduction='none')
        return loss_obj

    def loss_classes(self, pred_cls, gt_label):
        loss_cls = F.binary_cross_entropy_with_logits(pred_cls, gt_label,
            reduction='none')
        return loss_cls

    def loss_bboxes(self, pred_box, gt_box):
        # regression loss
        ious = get_ious(pred_box, gt_box, box_mode="xyxy", iou_type='giou')
        loss_box = 1.0- ious
        return loss_box, ious

    def _call_(self, outputs, targets):
        device = outputs['pred_cls'].device
        stride = outputs['stride']
        fmp_size = outputs['fmp_size']
        (
            gt_objectness,
            gt_classes,
            gt_bboxes,
            ) = self.matcher(fmp_size=fmp_size,
                            stride=stride,
                            targets=targets)
        # List[B, M, C]-> [B, M, C]-> [BM, C]
        pred_obj = outputs['pred_obj'].view(-1)                    #[BM,]
        pred_cls = outputs['pred_cls'].view(-1, self.num_classes)  #[BM, C]
        pred_box = outputs['pred_box'].view(-1,4)                  #[BM,4]

        gt_objectness = gt_objectness.view(-1).to(device).float()            #[BM,]
        gt_classes = gt_classes.view(-1, self.num_classes).to(device).float() #[BM, C]
        gt_bboxes = gt_bboxes.view(-1,4).to(device).float()                   #[BM,4]
```

```
        pos_masks = (gt_objectness > 0)
        num_fgs = pos_masks.sum()

        if is_dist_avail_and_initialized():
            torch.distributed.all_reduce(num_fgs)
        num_fgs = (num_fgs/ get_world_size()).clamp(1.0)

        # box loss
        pred_box_pos = pred_box[pos_masks]
        gt_bboxes_pos = gt_bboxes[pos_masks]
        loss_box, ious = self.loss_bboxes(pred_box_pos, gt_bboxes_pos)
        loss_box = loss_box.sum()/ num_fgs

        # cls loss
        pred_cls_pos = pred_cls[pos_masks]
        gt_classes_pos = gt_classes[pos_masks]* ious.unsqueeze(-1).clamp(0.)
        loss_cls = self.loss_classes(pred_cls_pos, gt_classes_pos)
        loss_cls = loss_cls.sum()/ num_fgs

        # obj loss
        loss_obj = self.loss_objectness(pred_obj, gt_objectness)
        loss_obj = loss_obj.sum()/ num_fgs

        # total loss
        losses = self.loss_obj_weight* loss_obj + \
                self.loss_cls_weight* loss_cls + \
                self.loss_box_weight* loss_box

        loss_dict = dict(
                loss_obj = loss_obj,
                loss_cls = loss_cls,
                loss_box = loss_box,
                losses = losses
        )

        return loss_dict
```

不難發現，程式 6-14 所展示的內容與我們先前所實現的 YOLOv1 的損失函數的程式幾乎是一模一樣的，因此，不再贅述。

6.6 訓練 YOLOv2 網路

在完成了模型、標籤匹配以及損失函數的三部分程式後，訓練一個物件辨識模型所必備的條件就已經都具備了。至於資料讀取和資料前置處理等，我們採用和 YOLOv1 同樣的操作，這裡也不再贅述。

那麼，萬事俱備，接下來就可以開始訓練我們所建構的 YOLOv2 網路了。由於 YOLOv1 和 YOLOv2 都是在同一個專案程式中，資料程式、訓練程式以及測試程式等都是共用的，因此，我們不再介紹有關訓練程式的檔案。在有了先前的 YOLOv1 程式實現的基礎後，我們只需要將本專案的 train_single_gpu.sh 檔案中的參數 -m yolov1 修改為 -m yolov2，其他參數保持不變。然後，我們在終端運行該訓練檔案：

```
nohup sh train_single_gpu.sh 1>YOLOv2-VOC.txt 2>error.txt &
```

6.7 視覺化檢測結果與計算 mAP

在訓練過程中，已訓練的模型檔案都被儲存在了 weights/voc/yolov2/ 資料夾下，當然，作者也提供了已訓練好的模型權重檔案的連結，以供讀者使用。讀者可以在專案的 README 檔案中找到相關的下載連結。

假設訓練好的權重檔案為 yolov2_voc.pth，我們在終端輸入以下一行命令來運行專案中的 test.py 檔案：

```
python test.py-d voc-m yolov2--weight path/to/yolov2_voc.pth --show-size 416-vt 0.3
```

這裡的命令格式和 YOLOv1 的是一樣的，讀者需要根據自己的裝置情況來修改其中的指向權重檔案的路徑：path/to/yolov2_voc.pth。在運行此程式後，即可看到我們的 YOLOv2 在 VOC2007 測試集上的檢測結果的視覺化影像，如圖 6-10 所示，這裡，我們只展示得分高於 0.3 的檢測結果。

最後，使用 eval.py 檔案去測試我們的 YOLOv2 在 VOC2007 測試集上的 mAP 指標。表 6-2 展示了我們實現的 YOLOv2 與官方的 YOLOv2（用 YOLOv2* 來加以區別）的性能對比結果。

▲ 圖 6-10　YOLOv2 在 VOC2007 測試集上的視覺化結果

▼ 表 6-2　YOLOv2 在 VOC2007 測試集上的 mAP 測試結果
　　（YOLOv2* 為官方實現的 YOLOv2）

模型	輸入尺寸	mAP/%
YOLOv2*	416×416	76.8
YOLOv2*	480×480	77.8
YOLOv2*	544×544	78.6
YOLOv2	416×416	76.8
YOLOv2	480×480	78.4
YOLOv2	544×544	79.6
YOLOv2	640×640	79.8

從表 6-2 中可以看到，我們實現的 YOLOv2 完全達到了官方的 YOLOv2 的性能，甚至還略強一點。不過，僅憑這一點微不足道的優勢還不能說明我們所實現的 YOLOv2 的優越性，畢竟 VOC 是一個較為簡單、乾淨的資料集，沒有太

複雜的場景變化，也沒有太具挑戰性的物體尺度的變化。因此，下面我們將嘗試使用更大的 COCO 資料集來做進一步的驗證。

6.8 使用 COCO 資料集（選讀）

本節依舊是選讀章節，不過，既然我們透過 YOLOv1 和 YOLOv2 兩次程式實現，對 PASCAL VOC 資料集已經有了充分的了解，而 COCO 資料集又是當前物件辨識領域中最主流的資料集之一，讀者不妨準備好 COCO 資料集，跟著本節做進一步的實踐，同時，也為日後的學習工作做好準備。

不過，考慮到 COCO 資料集本身的規模，訓練一個模型是很耗時的，所以，作者在專案的 models/yolov2/README.md 檔案中也提供了相關的下載連結，省去了訓練模型的時間。當然，如果具備相關的運算資源和條件，可以將專案的 train_single_gpu.sh 檔案中的參數 -d voc 修改為 -d coco，同時將指向 VOC 資料集的路徑修改為指向 COCO 資料集的路徑，然後，就可以在終端運行該檔案來訓練 YOLOv2 了。

在測試階段，假設訓練好的權重檔案為 yolov2_coco.pth，我們在終端輸入以下命令即可在 COCO 驗證集上進行測試：

```
python test.py-d coco -m yolov2 --weight path/to/yolov2_coco.pth-- show -size 416 -vt 0.3
```

圖 6-11 展示了 YOLOv2 在 COCO 驗證集上的檢測結果的視覺化影像。從圖中可以看到，我們所實現的 YOLOv2 的檢測效果還是很可觀的。但是，對於一些較小的物體，YOLOv2 卻沒有將它們檢測出來，也就是出現了漏檢的現象，這其實也是 YOLOv1 和 YOLOv2 這一類的「單級」或「單尺度」檢測框架的缺陷，畢竟，最終用於檢測的特徵圖 C_5 經過了太多的降採樣，過於粗糙，遺失了較多的細節資訊，這對於檢測小物體是不友善的。

▲　圖 6-11　YOLOv2 在 COCO 驗證集上的視覺化結果

為了能夠定性地評價我們的 YOLOv2，我們使用下述命令去測試模型在 COCO 驗證集上的 AP 指標：

```
python eval.py-d coco-val-m yolov2--weight path/to/yolov2_coco.pth-size 輸入影像尺寸
```

表 6-3 整理了相關的測試結果。注意，我們僅在 COCO 驗證集上測試我們的 YOLOv2，並報告相關的 AP 指標，而官方的 YOLOv2 報告的指標則是在 COCO test-dev 資料集上測試得到的。儘管 COCO 的驗證集和 test-dev 測試集是 COCO 資料集的兩個不同的劃分，但得益於官方的合理劃分，一個模型在這兩個資料集上的 AP 指標的差距通常不會表現得過於懸殊，因此，為了便於讀者去複現這一結果，我們只使用 COCO 驗證集，其 AP 結果也具備較高的說服力。

▼　表 6-3　YOLOv2 在 COCO 驗證集上的測試結果（YOLOv2* 為官方實現的 YOLOv2）

模型	輸入尺寸	AP/%	AP$_{50}$/%	AP$_{75}$/%	AP$_S$/%	AP$_M$/%	AP$_L$/%
YOLOv2*	416×416	21.6	44.0	19.2	5.0	22.4	35.5
YOLOv2	320×320	24.2	38.2	25.4	1.8	24.0	48.9

（續表）

模型	輸入尺寸	AP/%	AP_{50}/%	AP_{75}/%	AP_S/%	AP_M/%	AP_L/%
YOLOv2	416×416	28.8	44.2	29.6	4.4	31.7	51.8
YOLOv2	512×512	30.7	47.6	32.4	8.9	35.9	51.6
YOLOv2	640×640	32.7	50.9	34.4	14.7	38.4	50.3

整體上來看，我們所實現的 YOLOv2 表現出更佳的性能，在同等的輸入尺寸下，我們的 YOLOv2 的綜合性能指標 AP 明顯高於官方的 YOLOv2，這表明我們所作的改進和最佳化是有效的。不過，我們也注意到，不論是官方的 YOLOv2 還是我們實現的 YOLOv2，在衡量小物體檢測性能的指標 AP_S 上都表現得不理想。這一不理想之處其實也為後續 YOLOv3 的提出埋下了伏筆。

在這裡，可以做個簡單的分析，我們都知道，不論是此前實現的 YOLOv1 還是這次實現的 YOLOv2，最終的檢測都發生在經過 32 倍降採樣的特徵圖，而這樣的特徵圖正因為經過了太多的降採樣操作的處理，雖然語義資訊在不斷加深，但是許多物體的細節資訊都遺失了，這尤其會嚴重損害小物件的檢測性能。另外，13 ×13 的網格還是過於粗糙，對於資訊較密集的場景很不友善。

從表 6-3 中我們也能夠觀察到，隨著輸入尺寸的增大，YOLOv2 的性能，尤其是小物件的檢測性能指標 APs 在顯著地提升，這是顯而易見的，因為輸入影像的尺寸越大，其包含的像素資訊就越多，在經過同樣的 32 倍降採樣後，保留下來的細節資訊也就越多，從而對小物件的檢測就更加有利。但我們也應該意識到，輸入尺寸的增大表示推理時間會變得更長，計算量更大，同時，更大尺寸的輸入影像也需要網路具備更大的感受野，否則不能較好地去檢測大物件，這一點可以從 YOLOv2 的大物件辨識指標 AP_L 隨著輸入尺寸的增大降低而看出。這是一個矛盾點，任何事物，只要抓住了其中的矛盾點，量變到質變的飛躍之路也就清晰了。

6.9 小結

　　至此，我們已經學習了 YOLOv1 和 YOLOv2 這兩個經典的物件辨識網路，並且動手搭建了一套新的 YOLOv1 網路和 YOLOv2 網路，不僅系統學習了理論知識，還透過動手實踐強化了對理論知識的理解和認識，充分了解了一個物件辨識專案的關鍵組成部分：讀取資料、架設模型、標籤匹配、損失函數以及訓練與測試。不論從哪個角度來說，這都是兩次極有價值的實踐學習。可以說，在本章結束之際，本書所預設的「入門」目標幾乎達成了，我們已經知道了什麼是物件辨識，了解了如何撰寫程式去完成這一任務。

　　但我們的入門之旅仍未結束。

　　在本章結束之際，我們提到了 YOLOv2 在檢測小物件上捉襟見肘的性能，正因如此，才有了隨後的 YOLOv3，它不僅彌補了這一不足，同時也為業界提供了一款更加強大且仍舊可即時運行的物件辨識網路。因此，在第 7 章，讓我們一起「更上一層樓」，去見識一下第三代 YOLO 檢測器的「廬山真面目」吧。

第 **7** 章

YOLOv3

在第 7 章的最後，我們提到了不論是 YOLOv1 還是 YOLOv2，都有一個共同的缺陷：**小物件辨識的性能差**。而導致這一缺陷的原因則是**只使用了最後一個經過 32 倍降採樣的特徵圖**。儘管 YOLOv2 使用了 passthrough 技術將 16 倍降採樣的特徵圖裡的資訊融合到了 32 倍降採樣的特徵圖中，但最終的檢測仍是在 13 ×13 這樣一個粗糙的網格上進行的，實際上並沒有真正地解決這一問題。

　　然而，時隔兩年，**第三代 YOLO 檢測器 YOLOv3 從天而降**。儘管這一次的 YOLO 檢測器的論文並沒有被發表到任何國際頂級會議或期刊上，但其早已在圈子中聲名鵲起，甚至在物件辨識領域之外的研究學者也對其有所耳聞，在某種程度上可以說，YOLO 幾乎代表了物件辨識，以至於作者團隊僅是將論文的預印版掛在 arXiv 上就馬上獲得了極高的關注。另外，由於作者團隊本就不打算將論文發表在會議或期刊上，因此行文風格也較為口語化，甚至夾帶著一點點西方的「幽默」色彩，成為了日後一些走「技術報告」路線的學者們的寫作範本。

　　這個新一代 YOLO 檢測器的最大亮點是引入了當時流行的多級檢測結構以及常常與多級檢測結構相配合的特徵金字塔結構。在完成了這樣的改進之後，在很大程度上彌補了 YOLO 檢測小物件的性能不足的缺陷。同時，YOLO 作者團隊也一如既往地為新一代的 YOLO 檢測器設計了全新的主幹網絡：DarkNet-53。顧名思義，這一新的主幹網絡中共包含 53 層卷積。那麼，在本章，我們一起來領略一下 YOLOv3 的強大風采吧。

7.1 YOLOv3 解讀

　　由於 YOLOv3 的論文在行文風格上不太正式，因此更像是作者團隊的一次「無心插柳」。事實上，YOLOv3 絕非憑空出現的，而是該領域在此前已經提出了諸多優秀的工作，累積了深厚的技術底蘊，為 YOLOv3 的提出提供了相當充足的技術基礎。而當 YOLO 作者團隊決心要設計新一代的 YOLO 檢測器、改進和最佳化 YOLOv2 中的問題，以及解決其中的矛盾時，足夠的量變累積就引發了質變的飛躍。下面我們詳細介紹 YOLOv3 所做出的諸多改進。

7.1.1 更好的主幹網絡：DarkNet-53

　　YOLOv3 的第一處改進便是更換了更好的主幹網絡：DarkNet-53。相較於 DarkNet-19，新的網路使用了更多層的卷積—53 層卷積，每一層卷積依舊是先前所提到的「卷積三元件」：線性卷積、BN 層以及 LeakyReLU 啟動函數。同時，DarkNet-53 還參考了當時已經是主流的由 ResNet 提出的殘差連接結構。圖 7-1 展示了 DarkNet-53 的網路結構。

	Type	Filters	Size	Output
	Convolutional	32	3 × 3	256 × 256
	Convolutional	64	3 × 3 / 2	128 × 128
1 ×	Convolutional	32	1 × 1	
	Convolutional	64	3 × 3	
	Residual			128 × 128
	Convolutional	128	3 × 3 / 2	64 × 64
2 ×	Convolutional	64	1 × 1	
	Convolutional	128	3 × 3	
	Residual			64 × 64
	Convolutional	256	3 × 3 / 2	32 × 32
8 ×	Convolutional	128	1 × 1	
	Convolutional	256	3 × 3	
	Residual			32 × 32
	Convolutional	512	3 × 3 / 2	16 × 16
8 ×	Convolutional	256	1 × 1	
	Convolutional	512	3 × 3	
	Residual			16 × 16
	Convolutional	1024	3 × 3 / 2	8 × 8
4 ×	Convolutional	512	1 × 1	
	Convolutional	1024	3 × 3	
	Residual			8 × 8
	Avgpool		Global	
	Connected		1000	
	Softmax			

▲ 圖 7-1 DarkNet-53 的網路結構

不同於 DarkNet-19 所採用的最大池化層，DarkNet-53 採用步進值為 2（stride=2）的卷積層來實現空間降採樣操作。圖 7-1 中用黑色矩形框所框選的部分就是 DarkNet-53 網路的核心模組，即由一層 1×1 卷積層和一層 3×3 卷積層串聯組成的殘差模組，如圖 7-2c 所示，圖 7-2a 和 7-2b 分別展示了在 ResNet-18 和 ResNet-50 中所使用的兩種常見的殘差模組。

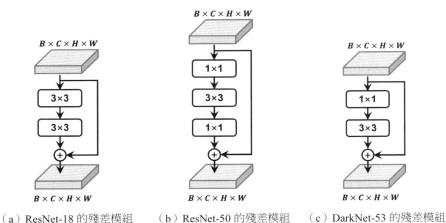

（a）ResNet-18 的殘差模組　　（b）ResNet-50 的殘差模組　　（c）DarkNet-53 的殘差模組

▲ 圖 7-2 常見的 3 種殘差模組

　　從結構上來看，DarkNet-53 的殘差模組十分簡單，而 DarkNet-53 的整體架構正是重複堆疊這些模組所組成，依據每個模組所輸出的通道數，DarkNet-53 共可以被劃分為五大部分，每個部分所堆疊的這些模組的數量分別為：1、2、8、8 和 4。這種「12884」的堆疊數量設定也成為後續諸多 YOLO 框架的範式之一。

　　為了驗證 DarkNet-53 的性能，YOLO 作者團隊使用 ImageNet 資料集對其進行預訓練，並與當時流行的 ResNet 網路進行對比，如表 7-1 所示。從表中可以看出，DarkNet 以更少的卷積層數、更快的檢測速度實現了可以與 ResNet-101 和 ResNet-152 相媲美的性能。因此，相較於所對比的兩個 ResNet 網路，DarkNet-53 在速度和精度上具有更高的 C/P 值。

▼ 表 7-1 DarkNet-53 網路與其他網路的性能對比

模型	Acc-1/%	Acc-5/%	Bn Ops	BFLOP/s	FPS
DarkNet-19	74.1	91.8	7.29	1246	171
ResNet-101	77.1	93.7	19.7	1039	53
ResNet-152	77.6	93.8	29.4	1090	37
DarkNet-53	77.2	93.8	18.7	1457	78

7.1.2 多級檢測與特徵金字塔

SSD 網路[16] 大概是第一個為通用物件辨識任務提出「多級檢測」架構的工作，雖然它在 VOC 資料集上的性能被同年出現的 YOLOv2 所超越，但是在難度更大的 COCO 資料集上，SSD 的性能更優，尤其是在小物件辨識上，SSD 略勝一籌。這主要得益於「多級檢測」的架構，即使用不同尺度的特徵（具有不同大小的空間尺寸）去共同檢測影像中的物體。

隨後，在 2017 年，融合不同尺度的特徵的「**特徵金字塔**」網路（feature pyramid network，FPN）[19] 被提出，作者團隊進一步思考了「多級檢測」框架，並提出了「自頂向下的特徵金字塔融合」結構來對其進行最佳化。該團隊認為，對於一個卷積神經網路，隨著層數的加深和降採樣操作的增多，網路的不同深度所輸出的特徵圖理應包含了不同程度的空間資訊（有利於定位）和語義資訊（有利於分類）。對於那些較淺的卷積層所輸出的特徵圖，由於未被較多的卷積層處理，理應具有**較淺的語義資訊**，但也因未被過多地降採樣而具備**較多的位置資訊**；而深層的特徵圖則恰恰相反，經過了足夠多的卷積層處理後，其語義資訊被大大加強，而位置資訊則因經過太多的降採樣處理而遺失了，物件的細節資訊被破壞，致使對小物件的檢測表現較差，同時，隨著層數變多，網路的感受野逐漸增大，網路對大物件的辨識越來越充分，檢測大物件的性能自然更好。圖 7-3 直觀地展示了這一蘊含在當前主流的 CNN 層次化結構中的主要矛盾。

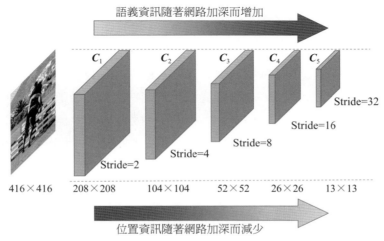

▲ 圖 7-3 卷積神經網路中的語義資訊和位置資訊與網路深度的關係

　　在清晰地意識到了這樣的矛盾之後，一個簡單的解決方案便應運而生：**淺層特徵負責檢測較小的物件，深層特徵負責檢測較大的物件**。採取這一技術路線的便是 SSD 網路。但是，SSD 只關注了資訊數量的問題，而沒有關注語義深淺的問題，也就是說，淺層特徵雖然保留了足夠多的位置資訊，但是其自身語義資訊的層次較淺，可能對物件的認識和理解不夠充分。因此，FPN 作者團隊就在基礎上又引入了「**自頂向下**」（top-down）的特徵融合結構，利用空間上採樣的操作不斷地將深層特徵的較高級語義資訊融合到淺層特徵中，如圖 7-4 所示。

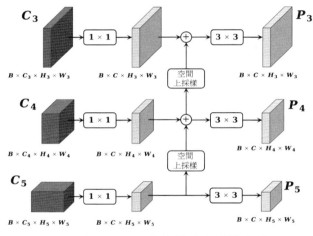

▲ 圖 7-4　FPN 的特徵融合結構實例

　　一般情況下，出於性能和算力之間的平衡的考慮，我們只會使用到主幹網絡輸出的三個尺度的特徵圖：$C_3 \in \mathbb{R}^{B \times C_3 \times H_3 \times W_3}$、$C_4 \in \mathbb{R}^{B \times C_4 \times H_4 \times W_4}$ 和 $C_5 \in \mathbb{R}^{B \times C_5 \times H_5 \times W_5}$，輸出步進值（或降採樣倍數）分別為 8、16 和 32。對於這三個尺度的特徵圖，FPN 首先使用 3 個 1×1 線性卷積將每個特徵圖的通道數都壓縮到 256，以便後續的融合操作。接著，FPN 對深層的特徵圖做空間上採樣操作，與淺層的特徵圖進行融合，依此類推，直至完成全部融合操作。最後，每個特徵圖再由 3×3 線性卷積做一次處理。通常在完成了這些融合操作後，我們將融合後輸出的三個特徵圖分別命名為 P_3、P_4 和 P_5。圖 7-4 直觀地展示了這一具體操作的過程。

有些時候，我們會使用較大尺寸的輸入影像，如 800×1333。對於這種大尺寸的輸入影像，C_5 特徵圖可能就不夠「深」，並且自身所具備的感受野可能還不夠大，無法覆蓋到一些大物件，同時自身的語義資訊可能還是相對較淺，從而影響檢測的性能。因此，一些工作如 RetinaNet[17] 和 FCOS[18] 就會在 C_5 或 P_5 特徵圖的基礎上做進一步的降採樣，得到特徵圖 P_6，甚至是更深的 P_7。

回到 YOLOv3 的工作上來。為了解決上一代 YOLOv2 的問題，YOLO 作者團隊在這一次改進中引入了「多級檢測」和「自頂向下的特徵融合」這一對搭配。相較於最初提出的特徵金字塔結構，YOLO 作者團隊在此基礎上做了些許改進，如圖 7-5 所示。

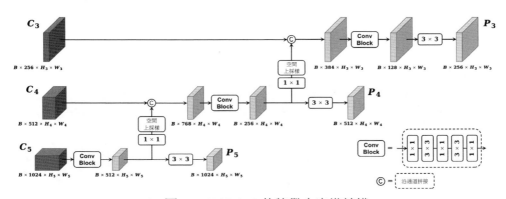

▲ 圖 7-5 YOLOv3 的特徵金字塔結構

相較於原版的 FPN 結構，YOLOv3 所設計的 FPN 要略微複雜一些，比如特徵融合時採用的是**通道拼接（concatenate）操作**，而非求和操作，同時，使用的卷積層也更多一些。事實上，FPN 原本就是「自頂向下的特徵融合」思想的具體實例，在實際任務中，我們可以根據具體情況去設計具體的特徵金字塔結構，以便適應我們自己的任務。

另外，我們也可以從網格的角度去理解多級檢測的思想。假設輸入影像的尺寸是 416×416，那麼 DarkNet-53 輸出的三個特徵圖就分別是 $C_3 \in \mathbb{R}^{B \times 256 \times 52 \times 52}$、$C_4 \in \mathbb{R}^{B \times 512 \times 26 \times 26}$ 和 $C_5 \in \mathbb{R}^{B \times 1024 \times 13 \times 13}$，相當於針對輸入影像做了 52×52、26×26 和 13×13 三種不同疏密度的網格，顯然，越密的網格越適合檢測小而密集的物體，而越疏的網格越適合檢測大而稀疏的物體。

在這樣的多級檢測框架下，YOLOv3 在每個網格處放置 3 個先驗框。由於 YOLOv3 共使用三個尺度的特徵圖，因此需要使用 k 平均值聚類方法來得到 9 個先驗框的尺寸，依照論文舉出的參數，這 9 個先驗框的尺寸分別是 (10,13)、(16,30)、(33,23)、(30,61)、(62,45)、(59,119)、(116,90)、(156,198) 以及 (373,326)。YOLOv3 將這 9 個先驗框均分到 3 個尺度的特徵圖上：

- 對於 C_3 特徵圖，每個網格處放置 (10,13)、(16,30) 和 (33,23)3 個先驗框，用於檢測較小的物體，如圖 7-6a 所示；

- 對於 C_4 特徵圖，每個網格處放置 (30,61)、(62,45) 和 (59,119)3 個先驗框，如圖 7-6b 所示，用於檢測中等大小的物體；

- 對於 C_5 特徵圖，每個網格處放置 (116,90)、(156,198) 和 (373,326)3 個先驗框，用於檢測較大的物體，如圖 7-6c 所示。

（a）小尺度　　　　　　（b）中尺度　　　　　　（c）大尺度

▲ 圖 7-6　YOLOv3 中的多尺度先驗框的佈置

在確定了多級檢測結構以及先驗框的佈置後，我們也就不難推理出 YOLOv3 的預測張量的維度。以輸入尺寸 416×416 為例，YOLOv3 最終會輸出 $Y_1 \in \mathbb{R}^{B \times 3(1+N_c+4) \times 52 \times 52}$、$Y_2 \in \mathbb{R}^{B \times 3(1+N_c+4) \times 26 \times 26}$ 和 $Y_3 \in \mathbb{R}^{B \times 3(1+N_c+4) \times 13 \times 13}$。

至此，我們基本清楚了 YOLOv3 的網路結構，為了加深理解，我們模仿知名的 MMYOLO 開放原始碼框架的製圖風格，繪製了 YOLOv3 的完整網路結構，如圖 7-7 所示。為了便於展示，我們對一些細節做了簡化。

　　當然，依據 YOLOv3 的論文，作者團隊也匯報了一些沒有成功的嘗試，比如使用類似 RetinaNet 的雙設定值篩選正樣本和 Focal loss。二者均沒有給 YOLOv3 帶來性能上的提升，尤其是 Focal loss，一個本該能極佳地緩解 one-stage 框架中天然存在的正負樣本比例嚴重失衡問題的損失函數，卻並沒有在 YOLOv3 上造成促進作用，在後來的 YOLOv4、YOLOv5 以及 YOLOv7 等中，我們都沒有看到 Focal loss 的身影。作者團隊也對此表示奇怪，並認為可能是自己的操作有誤，使得 Focal loss 沒有發揮出應有的功效。對於這些問題，感興趣的讀者可以自行去查閱和思考這當中可能的原因。

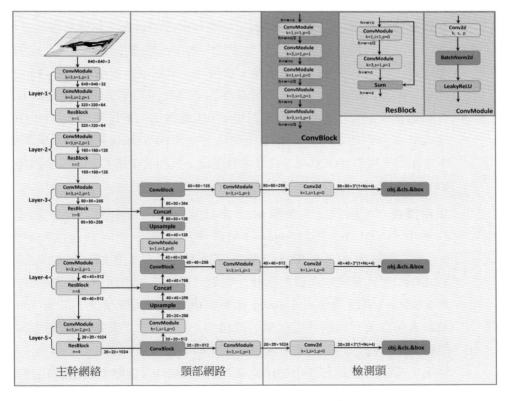

▲ 圖 7-7　YOLOv3 的網路結構

7.1.3　修改損失函數

在完成了網路結構的改進後，YOLO 作者團隊又對損失函數做了一次改進。整體上並沒有大的改動，沒有使得損失函數變得更晦澀難懂。接下來，我們詳細來介紹對每一部分損失函數的修改。

- **邊界框的置信度損失**。不同於先前的 YOLOv1 和 YOLOv2 所採用的 MSE 損失函數，在這次的改進中，YOLOv3 採用了**二元交叉熵**（binary cross entropy，BCE）函數來計算邊界框的置信度損失。關於這一點，我們在程式實現環節中已經闡述了，不再贅述。同時，YOLOv3 也不再為正負樣本設置不同的平衡係數，儘管負樣本的數量還是顯著多於正樣本，但二者的損失權重均為 1。對於這一點，可能是因為 YOLOv3 的作者團隊已經做過相關的驗證實驗，發現這一問題並不會給 YOLOv3 的性能帶來嚴重的影響。另外，YOLOv3 也不再使用預測框與物件框的 IoU 作為置信度的學習標籤，而是採用了 0/1 離散值，就像我們在 YOLOv1 的程式實現中所做過的那樣。不過，在後來的 YOLO 開放原始碼專案中，比如火爆的 YOLOv5，我們會發現這一技巧又被增加回來了，因此，YOLOv3 的這一點改進可能不是最佳的。

- **類別損失**。不同於先前使用 MSE 來計算每個類別的損失，在這一次改進中， YOLOv3 使用 Sigmoid 函數先將每個類別的置信度映射到 0～1，再使用 BCE 函數去計算每個類別的損失，正如我們在先前的 YOLOv1 程式實現中所做的那樣。當然，從論文的細節中，我們也注意到 YOLOv3 考慮過使用 Softmax 函數來處理類別的置信度，但 Softmax 函數會保證所有類別的置信度的總和為 1，且類別之間是互斥的關係，這樣就無法泛化到多類別的場景中去（即一個物件可能會有多個類別的情況）。因此，從更好泛化的角度來考慮，YOLOv3 選擇了 Sigmoid 函數。

- **邊界框損失**。對於邊界框的回歸損失，YOLOv3 不再使用預測的偏移量來解算出邊界框的座標，然後去計算相關的損失，而是直接計算偏移量 t_x、t_y、t_w 和 t_h 的損失。對於中心點偏移量 t_x 和 t_y，由於它們的值域範圍是 0～1，因此 YOLOv3 使用 Sigmoid 函數來處理它們，並理所當然地使

用 BCE 函數來計算中心點偏移量的損失。而對於長寬的偏移量 t_w 和 t_h，YOLOv3 採用普通的 MSE 函數來計算損失。

綜上所述，不難看出，相較於 YOLOv2，YOLOv3 在結構上的改進主要集中在多級檢測和特徵金字塔兩方面，在預測和損失函數上主要採用了更加合理的計算策略。在完成了這些改進後，YOLOv3 匯報了在 COCO 資料集上與當時的先進工作的性能對比結果，如圖 7-8 所示。

首先，我們關注 YOLOv3 的小物件辨識的性能指標。可以看到，相較於 YOLOv2 的 AP_S 指標 5.0，YOLOv3 實現了更高的 AP_S 指標 18.3，大幅度地超越了上一代的 YOLO 檢測器，這充分說明 YOLOv3 在結構上的改進是十分有效的，在很大程度上彌補了 YOLO 檢測器的小物件辨識性能不足的缺陷。同時，YOLOv3 的 AP_S 指標也超過了 SSD。

	backbone	AP	AP_{50}	AP_{75}	AP_S	AP_M	AP_L
Two-stage methods							
Faster R-CNN+++ [5]	ResNet-101-C4	34.9	55.7	37.4	15.6	38.7	50.9
Faster R-CNN w FPN [8]	ResNet-101-FPN	36.2	59.1	39.0	18.2	39.0	48.2
Faster R-CNN by G-RMI [6]	Inception-ResNet-v2 [21]	34.7	55.5	36.7	13.5	38.1	52.0
Faster R-CNN w TDM [20]	Inception-ResNet-v2-TDM	36.8	57.7	39.2	16.2	39.8	52.1
One-stage methods							
YOLOv2 [15]	DarkNet-19 [15]	21.6	44.0	19.2	5.0	22.4	35.5
SSD513 [11, 3]	ResNet-101-SSD	31.2	50.4	33.3	10.2	34.5	49.8
DSSD513 [3]	ResNet-101-DSSD	33.2	53.3	35.2	13.0	35.4	51.1
RetinaNet [9]	ResNet-101-FPN	39.1	59.1	42.3	21.8	42.7	50.2
RetinaNet [9]	ResNeXt-101-FPN	40.8	61.1	44.1	24.1	44.2	51.2
YOLOv3 608 × 608	DarkNet-53	33.0	57.9	34.4	18.3	35.4	41.9

▲ 圖 7-8 YOLOv3 在 COCO test-dev 資料集上的性能表現

（摘自 YOLOv3 論文〔3〕）

其次，與當時先進的 Faster R-CNN 網路和 RetinaNet 網路對比，YOLOv3 在性能上是存在明顯不足的，YOLOv3 作者團隊在論文中也坦然承認，沒有回避這一點。但是，在更常用的 AP_{50} 指標上，YOLOv3 的性能並沒有表現出明顯的劣勢，且 YOLOv3 能夠在當時的 TITAN XP 型號的 GPU 上即時運行，這一點是當時的 Faster R-CNN 和 RetinaNet 無法實現的。因此，雖然 YOLOv3 的性能相對較弱，但是它憑藉著在即時檢測上的優勢，在性能和速度之間獲得了良好的平衡，受到很多研究者，尤其是業界工程師們的青睞，被廣泛地應用到諸多實際場景中。

畢竟，在 YOLOv3 被提出的那個年代，雖然 Faster R-CNN 和 RetinaNet 都實現了很高的性能，但是它們難以滿足業界即時檢測的需求，而 YOLOv3 填補了這當中的空白。由此可見，在做研究時，一味地追求性能上的極致可能並不是最好的研究選擇，有些時候，演算法的速度也是一個不容忽視的指標。

關於 YOLOv3 的講解到此就結束了，接下來，我們進入程式實現的章節。

7.2 架設 YOLOv3 網路

在本節，我們將開始 YOLOv3 的程式實現，實現一款我們自己的 YOLOv3 檢測器。同樣，我們還是從四個方面來展開：網路架設、標籤匹配、損失函數以及資料前置處理。在往後的程式實現章節中，我們都將沿著這一條技術路線來展開實踐工作。

7.2.1 架設 DarkNet-53 網路

在本節中，我們架設 DarkNet-53 網路。依據圖 7-1 中的網路結構，我們照葫蘆畫瓢地撰寫出 DarkNet-53 的程式。在這點上，我們已經有了架設 DarkNet-19 的經驗，所以，架設 DarkNet-53 對我們來說沒有什麼難度。首先，我們架設 DarkNet-53 網路的殘差模組，如程式 7-1 所示。

➜ 程式 7-1 DarkNet-53 的殘差模組

```
# YOLO_Tutorial/models/yolov3/yolov3_basic.py
# -----------------------------------------------------------
...

# BottleNeck
class Bottleneck(nn.Module):
    def _init_(self, in_dim, out_dim, expand_ratio=0.5, shortcut=False,
                depthwise=False, act_type='silu', norm_type='BN'):
        super(Bottleneck, self). init()
        inter_dim = int(out_dim* expand_ratio)# hidden channels
        self.cv1 = Conv(in_dim, inter_dim, k=1, norm_type=norm_type, act_type=act_
```

```
            type)
        self.cv2 = Conv(inter_dim, out_dim, k=3, p=1,
                        norm_type=norm_type, act_type=act_type,
                        depthwise=depthwise)
        self.shortcut = shortcut and in_dim == out_dim

    def forward(self, x):
        h = self.cv2(self.cv1(x))

        return x + h if self.shortcut else h
# ResBlock
class ResBlock(nn.Module):
    def _init_(self, in_dim, out_dim, nblocks=1,
                act_type='silu', norm_type='BN'):
        super(ResBlock, self). init()
        assert in_dim == out_dim
        self.m = nn.Sequential(*[
            Bottleneck(in_dim, out_dim, expand_ratio=0.5, shortcut=True,
                        norm_type=norm_type, act_type=act_type)
                        for_ in range(nblocks)
                        ])

    def forward(self, x):
        return self.m(x)
```

在程式 7-1 中，我們首先架設了包含一層 1×1 卷積層和一層 3×3 卷積層的 Bottleneck 模組，其中，shortcut 參數用於決定是否使用殘差連接。然後，在該模組的基礎上，我們建構了 ResBlock 類別，在該類別中，我們透過調整 nblocks 參數來決定要使用多少個 Bottleneck 模組。

在完成了上述程式後，我們即可建構完整的 DarkNet-53 網路，如程式 7-2 所示。

➡ 程式 7-2 DarkNet-53 網路

```
# YOLO_Tutorial/models/yolov3/yolov3_backbone.py
# -----------------------------------------------------------
...
```

```python
class DarkNet53(nn.Module):
    def _init_(self, act_type='silu', norm_type='BN'):
        super(DarkNet53, self). init()
        self.feat_dims = [256,512,1024]

        # P1
        self.layer_1 = nn.Sequential(
            Conv(3,32, k=3, p=1, act_type=act_type, norm_type=norm_type),
            Conv(32,64, k=3, p=1, s=2, act_type=act_type, norm_type=norm_type),
            ResBlock(64,64, nblocks=1, act_type=act_type, norm_type=norm_type)
        )
        # P2
        self.layer_2 = nn.Sequential(
            Conv(64,128, k=3, p=1, s=2, act_type=act_type, norm_type=norm_type),
            ResBlock(128,128, nblocks=2, act_type=act_type, norm_type=norm_type)
        )
        # P3
        self.layer_3 = nn.Sequential(
            Conv(128,256, k=3, p=1, s=2, act_type=act_type, norm_type=norm_type),
            ResBlock(256,256, nblocks=8, act_type=act_type, norm_type=norm_type)
        )
        # P4
        self.layer_4 = nn.Sequential(
            Conv(256,512, k=3, p=1, s=2, act_type=act_type, norm_type=norm_type),
            ResBlock(512,512, nblocks=8, act_type=act_type, norm_type=norm_type)
        )
        # P5
        self.layer_5 = nn.Sequential(
            Conv(512,1024, k=3, p=1, s=2, act_type=act_type, norm_type=norm_type),
            ResBlock(1024,1024, nblocks=4, act_type=act_type, norm_type=norm_type)
        )

    def forward(self, x):
        c1 = self.layer_1(x)
        c2 = self.layer_2(c1)
        c3 = self.layer_3(c2)
        c4 = self.layer_4(c3)
        c5 = self.layer_5(c4)
```

```
        outputs = [c3, c4, c5]

        return outputs
```

最後，DarkNet-53 網路會返回三個尺度的特徵圖：C_3、C_4 和 C_5，這一點和我們先前所講的是對應的，目的是為後續的特徵金字塔融合和多級檢測做準備。完整的程式可以在本專案的 models/yolov3/yolov3_backbone.py 檔案中找到。

同樣，我們也用 ImageNet 資料集先對架設好的 DarkNet-53 進行一次預訓練，相關權重的下載連結已經在程式檔案中提供了，在需要使用到預訓練權重時，程式會自動下載作者提供的預訓練權重。倘若因網路原因導致下載失敗，讀者也可以使用提供的連結到瀏覽器中手動下載。

在完成了這部分工作後，我們即可在 YOLOv3 的程式檔案中呼叫 DarkNet-53 作為主幹網絡。在本專案的 models/yolov3/yolov3.py 檔案中，我們實現了 YOLOv3 的程式，其結構與先前的 YOLOv2 是相似的，僅是多了特徵金字塔結構以及相應的額外處理，所以一些相似的細節就不展示了。程式 7-3 展示了建構主幹網絡的程式。

➔ **程式 7-3 建構 YOLOv3 的主幹網絡**

```
# YOLO_Tutorial/models/yolov3/yolov3.py
# ------------------------------------------------------------
...

# YOLOv3
class YOLOv3(nn.Module):
    def init(...):
        super(YOLOv3, self). init()
        ...


        #--------------------Network Structure--------------------
        ## 主幹網絡
        self.backbone, feats_dim = build_backbone(
            cfg[ 'backbone'], trainable&cfg[ 'pretrained'])
```

7.2.2 架設頸部網路

　　在最初的 YOLOv3 網路中，頸部網路只有特徵金字塔，但在後來的發展中，頸部網路除了特徵金字塔外，還額外增加了 SPP 模組，這一細節在隨後的 YOLOv4、YOLOv5 以及 YOLOX 等工作中都能找到。因此，為了盡可能契合主流的做法，我們在架設特徵金字塔之前，也增加一個 SPP 模組。有關 SPP 模組的程式實現已經在先前的 YOLOv1 和 YOLOv2 的程式實現內容中講解了，這裡不再贅述，相關的程式在本專案的 models/yolov3/yolov3_ neck.py 檔案中。程式 7-4 展示了建構頸部網路中 SPP 模組。

➜ 程式 7-4　建構 YOLOv3 的頸部網路

```
# YOLO_Tutorial/models/yolov3/yolov3.py
# ------------------------------------------------------------
...

# YOLOv3
class YOLOv3(nn.Module):
    def  init(...):
        super(YOLOv3, self). init()
        ...

        #--------------------Network Structure--------------------
        ...

        ## 頸部網路：SPP 模組
        self.neck = build_neck(cfg, in_dim=feats_dim[-1], out_dim=feats_dim[-1])
        feats_dim[-1] = self.neck.out_dim
```

　　對於增加的 SPP 模組，它只用於處理主幹網絡輸出的 C_5 特徵圖，能夠進一步提升網路的感受野，而對於另外的兩個特徵圖 C_3 和 C_4，則不會被 SPP 模組處理。

　　隨後，我們再來架設特徵金字塔。我們可以參考圖 7-5 或圖 7-7 所展示的特徵金字塔結構來撰寫相應的程式。在本專案的 models/yolov3/yolov3_fpn.py 檔案中，我們實現了 YOLOv3 的特徵金字塔結構的程式，如程式 7-5 所示。

➡ 程式 7-5 YOLOv3 的特徵金字塔

```python
# YOLO_Tutorial/models/yolov3/yolov3_fpn.py
# ------------------------------------------------------------
...

# YoloFPN
class YoloFPN(nn.Module):
    def _init_(self, in_dims=[256,512,1024], width=1.0, depth=1.0, out_dim=None,
                act_type='silu', norm_type='BN'):
        super(YoloFPN, self). init()
        self.in_dims = in_dims
        self.out_dim = out_dim
        c3, c4, c5 = in_dims

        # P5-> P4
        self.top_down_layer_1 = ConvBlocks(
        c5, int(512*width), act_type=act_type, norm_type=norm_type)
        self.reduce_layer_1 = Conv(
            int(512*width), int(256*width), k=1,
                act_type=act_type, norm_type=norm_type)

        # P4-> P3
        self.top_down_layer_2 = ConvBlocks(
            c4 + int(256*width), int(256*width),
                act_type=act_type, norm_type=norm_type)
        self.reduce_layer_2 = Conv( int(256*width),
            int(128*width), k=1,
                act_type=act_type, norm_type=norm_type)

        # P3
        self.top_down_layer_3 = ConvBlocks(
            c3 + int(128*width), int(128*width),
                act_type=act_type, norm_type=norm_type)

        # output proj layers
        if out_dim is not None:
            # output proj layers
            self.out_layers = nn.ModuleList([
                Conv(in_dim, out_dim, k=1,
                    norm_type=norm_type, act_type=act_type)
```

```
                    for in_dim in[int(128* width), int(256* width),
                    int(512* width)]
                        ])
            self.out_dim = [out_dim]* 3

        else:
            self.out_layers = None
            self.out_dim = [int(128* width), int(256* width), int(512* width)]

    def forward(self, features):
    c3, c4, c5 = features

    # p5/32
    p5 = self.top_down_layer_1(c5)

    # p4/16
    p5_up = F.interpolate(self.reduce_layer_1(p5), scale_factor=2.0)
    p4 = self.top_down_layer_2(torch.cat([c4, p5_up], dim=1))

    # P3/8
    p4_up = F.interpolate(self.reduce_layer_2(p4), scale_factor=2.0)
    p3 = self.top_down_layer_3(torch.cat([c3, p4_up], dim=1))

    out_feats = [p3, p4, p5]

    # output proj layers
    if self.out_layers is not None:
        # output proj layers
        out_feats_proj = []
        for feat, layer in zip(out_feats, self.out_layers):
        out_feats_proj.append(layer(feat))
        return out_feats_proj

    return out_feats
```

　　在程式 7-5 中，我們在 YOLOv3 的特徵金字塔結構的基礎上做了一點改進。具體來說，我們移除了 YOLOv3 的特徵金字塔的最後 3 層單獨的 3×3 卷積，並替換為 3 層 1×1 卷積，將每個尺度的通道數調整為 256，以便我們後續使用解耦檢測頭來完成後續的檢測。圖 7-9 展示了我們所設計的特徵金字塔結構。

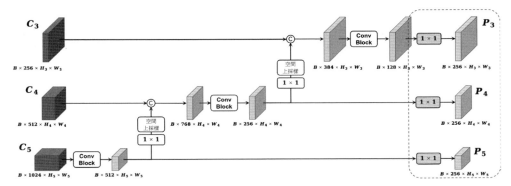

▲ 圖 7-9 修改後的特徵金字塔結構

7.2.3 架設解耦檢測頭

在官方的 YOLOv3 中，其檢測頭結構是耦合的，也就是將置信度、類別以及邊界框三個預測由一層 1×1 卷積在一個特徵圖上同時預測出來。如今，在 YOLOX 被提出之後，YOLO 也逐漸開始採用解耦檢測頭結構，使用兩條並行的分支去同時完成分類和定位。因此，我們沿著這條主流路線，也採用解耦檢測頭來建構我們的 YOLOv3 的檢測頭。

在本專案的 models/yolov3/yolov3_head.py 檔案中，我們實現了解耦檢測頭，其結構與先前在 YOLOv1 和 YOLOv2 中所使用的檢測頭結構是一樣的，不再展示解耦檢測頭的程式。在 YOLOv3 的程式中，我們透過如程式 7-6 的方式來呼叫解耦檢測頭，為每一個尺度都架設一個解耦檢測頭。

➡ 程式 7-6 建構 YOLOv3 的檢測頭

```
# YOLO_Tutorial/models/yolov3/yolov3.py
# -----------------------------------------------------------
...

# YOLOv3
class YOLOv3(nn.Module):
    def  init(...):
        super(YOLOv3, self). init()
        ...
```

```
#--------------------Network Structure--------------------
...

## 檢測頭
self.non_shared_heads = nn.ModuleList(
    [build_head(cfg, head_dim, head_dim, num_classes)
    for head_dim in self.head_dim
    ])
```

儘管不同尺度的解耦檢測頭的結構是相同的，但彼此間的參數是不共用的，這一點與 RetinaNet 的檢測頭是不一樣的。每個解耦檢測頭都擁有獨立的一套參數。

最後，我們就可以架設每個尺度的預測層了。對於類別預測，我們在解耦檢測頭的類別分支之後接一層 1×1 卷積去做分類；對於邊界框預測，我們在解耦檢測頭的回歸分支之後接一層 1×1 卷積去做定位；對於置信度預測，由於學習標籤是預測框與物件框的 IoU（我們會在後續的章節中介紹到這一點），因此，我們在回歸分支之後接一層 1×1 卷積去預測邊界框的置信度。圖 7-10 展示了解耦檢測頭和預測層的結構。

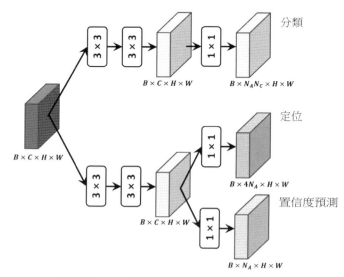

▲ 圖 7-10 解耦檢測頭和預測層

　　至此，我們架設完成了 YOLOv3 的網路結構，為了能夠直觀地理解我們所作的改進以及最終架設起來的網路結構，我們繪製了如圖 7-11 所示的 MMYOLO 繪製風格的網路結構。

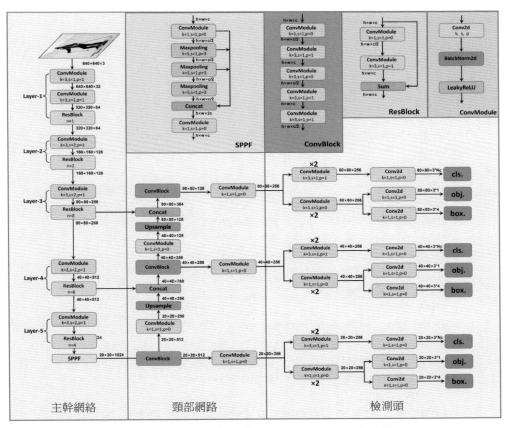

▲ 圖 7-11　我們所架設的 YOLOv3 的網路結構

7.2.4　多尺度的先驗框

　　由於 YOLOv3 也屬於 anchor-based 方法，即採用了先驗框，因此，在架設完了網路結構之後，我們還需要撰寫和先驗框有關的程式。對於這一點，我們在先前的 YOLOv2 的程式實現環節中已經學習過了。從架構上來看，YOLOv3 比 YOLOv2 多了一個「多級檢測」的結構，從製作先驗框的角度來看，YOLOv3

使用了更多的先驗框，並沒有改變這一問題的實質。因此，在清楚了這一點之後，我們就可以很容易地撰寫出相關的程式。程式 7-7 展示了 YOLOv3 製作先驗框的程式。

➔ 程式 7-7 YOLOv3 製作先驗框

```python
# YOLO_Tutorial/models/yolov3/yolov3.py
# ------------------------------------------------------------
...

# YOLOv3
class YOLOv3(nn.Module):
    def  init(...):
        super(YOLOv3, self). init()
        ...

    def generate_anchors(self, level, fmp_size):
        """
            fmp_size:(List)[H, W]
        """
        fmp_h, fmp_w = fmp_size
        # [KA,2]
        anchor_size = self.anchor_size[level]

        # generate grid cells
        anchor_y, anchor_x = torch.meshgrid([torch.arange(fmp_h), torch.arange
            (fmp_w)])
        anchor_xy = torch.stack([anchor_x, anchor_y], dim=-1).float().view(-1,2)
        # [HW,2]-> [HW, KA,2]-> [M,2]
        anchor_xy = anchor_xy.unsqueeze(1).repeat(1, self.num_anchors,1)
        anchor_xy = anchor_xy.view(-1,2).to(self.device)

        #[KA,2]-> [1, KA,2]-> [HW, KA,2]-> [M,2]
        anchor_wh = anchor_size.unsqueeze(0).repeat(fmp_h*fmp_w,1,1)
        anchor_wh = anchor_wh.view(-1,2).to(self.device)

        anchors = torch.cat([anchor_xy, anchor_wh], dim=-1)

        return anchors
```

不難看出，程式的邏輯和 YOLOv2 的一樣，僅是多了一個 level 參數，用於標記是三個尺度當中的哪一個，不同的尺度，其輸出步進值 stride 參數也不同，因為網格的數量也是不同的。相應地，我們也需要適當修改從回歸預測當中解算邊界框座標的程式，如程式 7-8 所示。

➡ 程式 7-8 YOLOv3 解算先驗框

```
# YOLO_Tutorial/models/yolov3/yolov3.py
# ------------------------------------------------------------
...


# YOLOv3
class YOLOv3(nn.Module):
    def  init(...):
        super(YOLOv3, self). init()
        ...


    def decode_boxes(self, level, anchors, reg_pred):
        # 計算預測框的中心點座標和長寬
        pred_ctr = (torch.sigmoid(reg_pred[...,:2]) + anchors[...,:2])* self.
            stride[level]
        pred_wh = torch.exp(reg_pred[...,2:])* anchors[...,2:]


        # 將所有 bbox 的中心點座標和長寬換算成 x1y1、x2y2 形式
        pred_x1y1 = pred_ctr- pred_wh* 0.5
        pred_x2y2 = pred_ctr + pred_wh* 0.5
        pred_box = torch.cat([pred_x1y1, pred_x2y2], dim=-1)


        return pred_box
```

7.2.5 YOLOv3 的前向推理

在撰寫好了 YOLOv3 網路的程式以及和先驗框有關的程式後，我們即可動手撰寫前向推理的程式。我們參考圖 7-10 中的 YOLOv3 的網路結構，然後照葫蘆畫瓢即可撰寫出相應的程式。程式 7-9 展示了前向推理的程式。

➜ 程式 7-9 YOLOv3 的前向推理

```python
# YOLO_Tutorial/models/yolov3/yolov3.py
# ------------------------------------------------------------
...

# YOLOv3
class YOLOv3(nn.Module):
    def  init(...):
        super(YOLOv3, self). init()
        ...


    @torch.no_grad()
    def inference(self, x):
        # 主幹網絡
        pyramid_feats = self.backbone(x)

        # 頸部網路
        pyramid_feats[-1] = self.neck(pyramid_feats[-1])

        # 特徵金字塔
        pyramid_feats = self.fpn(pyramid_feats)

        # 檢測頭
        all_anchors = []
        all_obj_preds = []
        all_cls_preds = []
        all_reg_preds = []
    for level,(feat, head) in enumerate(zip(pyramid_feats, self.non_shared_
        heads)):
        cls_feat, reg_feat = head(feat)

        #[1, C, H, W]
        obj_pred = self.obj_preds[level](reg_feat)
        cls_pred = self.cls_preds[level](cls_feat)
        reg_pred = self.reg_preds[level](reg_feat)

        # anchors:[M,2]
        fmp_size = cls_pred.shape[-2:]
        anchors = self.generate_anchors(level, fmp_size)
```

```
    #[1, AC, H, W]-> [H, W, AC]-> [M, C]
    obj_pred = obj_pred[0].permute(1,2,0).contiguous().view(-1,1)
    cls_pred = cls_pred[0].permute(1,2,0).contiguous().view(-1, self.num_
        classes)
    reg_pred = reg_pred[0].permute(1,2,0).contiguous().view(-1,4)

    all_obj_preds.append(obj_pred)
    all_cls_preds.append(cls_pred)
    all_reg_preds.append(reg_pred)
    all_anchors.append(anchors)

# 後處理
bboxes, scores, labels = self.post_process(
    all_obj_preds, all_cls_preds, all_reg_preds, all_anchors)

return bboxes, scores, labels
```

從程式邏輯上來看，基本流程和先前所實現的 **YOLOv2** 的前向推理程式是一樣的，僅是多了多級檢測部分的程式。在收集了所有尺度的預測後，將其交給後處理部分。程式 7-10 展示了後處理的程式，同樣，也只是比 **YOLOv2** 的後處理程式多了一個遍歷每個尺度的預測結果的 for 迴圈，核心操作都是一樣的。

➜ 程式 7-10 YOLOv3 的後處理

```
# YOLO_Tutorial/models/yolov3/yolov3.py
# ----------------------------------------------------------
...

# YOLOv3
class YOLOv3(nn.Module):
    def  init(...):
        super(YOLOv3, self). init()
        ...

    def post_process(self, obj_preds, cls_preds, reg_preds, anchors):
        all_scores = []
        all_labels = []
        all_bboxes = []
```

```python
    for level,(obj_pred_i, cls_pred_i, reg_pred_i, anchor_i)\
            in enumerate(zip(obj_preds, cls_preds, reg_preds, anchors)):
        # [HWA, C]-> [HWAC,]
        scores_i = (torch.sqrt(obj_pred_i.sigmoid()* cls_pred_i.sigmoid())).
            flatten()

        # 保留前 k 個預測
        num_topk = min(self.topk, reg_pred_i.size(0))
        predicted_prob, topk_idxs = scores_i.sort(descending=True)
        topk_scores = predicted_prob[:num_topk]
        topk_idxs = topk_idxs[:num_topk]

        # 設定值篩選
        keep_idxs = topk_scores > self.conf_thresh
        scores = topk_scores[keep_idxs]
        topk_idxs = topk_idxs[keep_idxs]

        anchor_idxs = torch.div(topk_idxs, self.num_classes, rounding_mode=
                                'floor')
        labels = topk_idxs% self.num_classes

        reg_pred_i = reg_pred_i[anchor_idxs]
        anchor_i = anchor_i[anchor_idxs]

        # 解算邊界框座標
        bboxes = self.decode_boxes(level, anchor_i, reg_pred_i)

        all_scores.append(scores)
        all_labels.append(labels)
        all_bboxes.append(bboxes)

    scores = torch.cat(all_scores)
    labels = torch.cat(all_labels)
    bboxes = torch.cat(all_bboxes)

    # to cpu& numpy
    scores = scores.cpu().numpy()
    labels = labels.cpu().numpy()
```

```
bboxes = bboxes.cpu().numpy()

# 非極大值抑制
scores, labels, bboxes = multiclass_nms(
    scores, labels, bboxes, self.nms_thresh, self.num_classes, False)

return bboxes, scores, labels
```

在實現了後處理的程式後,如何去撰寫模型的 forward 函數也就清晰明了了。由於二者的程式幾乎相同,因此,我們就不做相關闡述了。

7.3 正樣本匹配策略

在 7.2 節中,我們已經架設了 YOLOv3 的網路,相關的程式都已準備就緒。那麼接下來,我們就可以著手訓練網路了。經過前面幾章的學習後,我們已經知道訓練模型的最重要環節之一就是正樣本匹配。那麼,在本節,我們來講解 YOLOv3 的正樣本匹配的程式。

正樣本匹配

我們預設採用官方提供的先驗框尺寸:(10,13)、(16,30)、(33,23)、(30,61)、(62,45)、(59,119)、(116,90)、(156,198) 和 (373,326)。當然,我們也可以用本專案提供的程式檔案對先驗框的尺寸進行聚類,相關操作已在 YOLOv2 的程式實現環節中介紹了,這裡不再贅述。

官方的 YOLOv3 的正樣本匹配策略和 YOLOv2 不同。我們已經知道,YOLOv2 和 YOLOv1 的正樣本匹配的想法是一致的,都是依據預測框與物件框的 IoU 來確定中心點所在網格中的哪一個預測框是正樣本。大體上,YOLOv3 也沿用了這一想法,但是在後續的處理細節上會有一些變化。

在匹配階段,官方的 YOLOv3 同樣會遇到我們之前說到的三種情況。對於前兩種情況,也就是 IoU 或都小於設定值,或只有一個 IoU 大於設定值,此時

只會有一個正樣本。而在情況三中，會有多個預測框與物件框的 IoU 大於設定值，對於這種情況，我們之前的做法是將這些 IoU 大於設定值的樣本都標記為正樣本，但官方的 YOLOv3 則仍是選擇其中 IoU 最大的那一個作為正樣本，而對於剩下的樣本，儘管它們的 IoU 大於設定值，但不是最大的，因此不會被標記為正樣本。不過，考慮到這些預測框與物件框的 IoU 已經超過了設定值，也就表示和物件框比較接近，可以認為是較好的預測，若將它們設置為負樣本，顯然是不合理的，所以，對於這些預測，YOLOv3 將其忽略，不參與任何損失計算，也就不會傳播梯度。因此，在 YOLOv3 中是存在忽略樣本的，這些忽略樣本因其預測品質較高，不適宜作為負樣本，但又不能被選擇為正樣本，所以只好被忽略。

不同於官方的做法，我們沿用先前實現 YOLOv2 的匹配規則，依舊只關注先驗框和物件框的 IoU，同時對於情況三，我們不採取「忽略樣本」的方式，仍舊採取「多多益善」的方式，只要大於設定值，該預測框就被作為正樣本。

在本專案的 models/yolov3/matcher.py 檔案中，我們實現了 YOLOv3 的正樣本匹配的程式，程式 7-11 展示了相關的程式框架。

➜ 程式 7-11　YOLOv3 正樣本匹配

```
# YOLO_Tutorial/models/yolov3/matcher.py
# ------------------------------------------------------------
...

class Yolov3Matcher(object):
    def _init_(self, num_classes, num_anchors, anchor_size, iou_thresh):
        ...

    def compute_iou(self, anchor_boxes, gt_box):
        ...

    @torch.no_grad()
    def _call_(self, fmp_sizes, fpn_strides, targets):
        assert len(fmp_sizes) == len(fpn_strides)
        # prepare
        bs = len(targets)
```

```
gt_objectness = [
    torch.zeros([bs, fmp_h, fmp_w, self.num_anchors,1])
    for(fmp_h, fmp_w) in fmp_sizes
    ]
gt_classes = [
    torch.zeros([bs, fmp_h, fmp_w, self.num_anchors, self.num_classes])
    for(fmp_h, fmp_w) in fmp_sizes
    ]
gt_bboxes = [
    torch.zeros([bs, fmp_h, fmp_w, self.num_anchors,4])
    for(fmp_h, fmp_w) in fmp_sizes
    ]

for batch_index in range(bs):
    targets_per_image = targets[batch_index]
    # [N,]
    tgt_cls = targets_per_image["labels"].numpy()
    # [N,4]
    tgt_box = targets_per_image['boxes'].numpy()

    for gt_box, gt_label in zip(tgt_box, tgt_cls):
        # get a bbox coords
        x1, y1, x2, y2 = gt_box.tolist()
        # xyxy-> cxcywh
        xc, yc = (x2 + x1)* 0.5,(y2 + y1)* 0.5
        bw, bh = x2- x1, y2- y1
        gt_box = [0,0, bw, bh]

        ...
```

　　整體上看，YOLOv3 的正樣本匹配程式的框架與我們先前實現的 YOLOv2 的正樣本匹配程式的框架是一樣的。不過，由於 YOLOv3 多了「多級檢測」這一結構，因此，部分細節的實現有所差異。接下來，我們詳細介紹這當中的「差異」。

　　首先，對於一個物件框，我們首先計算它和 9 個先驗框的 IoU。然後用設定值去做篩選。接下來，我們就會遇到在實現 YOLOv2 時所提到的三種情況，處

理方法是一樣的，這裡不做過多的解釋。當我們確定了哪個先驗框被標記為正樣本後，就要確定這個先驗框來自哪個尺度，如程式 7-12 所示。

➔ 程式 7-12　計算正樣本所在的金字塔尺度

```
# YOLO_Tutorial/models/yolov3/matcher.py
# ------------------------------------------------------------
...

level = iou_ind// self.num_anchors                    #金字塔等級
anchor_idx = iou_ind- level* self.num_anchors         # 先驗框的序號

# 獲得所在尺度的輸出步進值
stride = fpn_strides[level]

#計算所在尺度的網格座標
xc_s = xc/ stride
yc_s = yc/ stride
grid_x = int(xc_s)
grid_y = int(yc_s)
```

注意，我們是透過計算先驗框和物件框的 IoU 來完成匹配的。也就是說，將一個物件框分配到什麼樣的尺度上去，完全取決於它和先驗框的 IoU。比如，一個很小的物件框和較小的先驗框的 IoU 理應大一些，也就更傾向於被分配到網格較密集的 C_3 尺度上，而非 C_5 尺度，因為後者所放置的先驗框很大。反之，大的物件框更容易和大的先驗框計算出更大的 IoU，也就更傾向於被分配到 C_5 尺度上去。對於那些中等大小的物件框，則更適合於 C_4 尺度。由此可見，在使用多級檢測框架時，先驗框自身的尺度在標籤匹配環節中起著至關重要的作用。

自然而然，其中就會有一個問題：**沒有先驗框，能否做多級檢測**？沒有先驗框，首當其衝的就是多尺度之間的標籤分配，因為在技術框架下，沒有了先驗框，就難以決定某個物件框應該被來自哪個尺度的預測框學習。在後來的anchor-free 工作中，對這一問題的解決成為重中之重，一些工作如 FCOS 對此採用了一種比較直觀的做法，那就是為每一個尺度設定一個範圍，物件框根據自身的大小來查看落在哪個範圍內，也就確定了它所在的尺度。但就其本質而言，這和使用先驗框並無本質差別，先驗框需要人工設計，或依賴資料集，而這個

「尺度」範圍同樣也依賴人工設計，屬於「換湯不換藥」的做法。後來，為了提出一種更加泛化的匹配策略，擺脫這種依賴人工先驗的超參，曠視科技公司提出了全新的基於最佳運輸問題的動態標籤匹配策略——**最佳運輸分配**（optimal transportation assignment，OTA）[36]。隨後，他們在 OTA 演算法的基礎上，又設計了更簡化的 SimOTA，將其應用到 YOLO 工作中，建構了第一個 anchor-free 版本的 YOLO 模型：YOLOX[9]，將 YOLO 系列推向了一個新的技術頂峰……當然，這些都是後話了。我們回到 YOLOv3 的工作上來。

7.4 損失函數

對於損失函數的實現，我們不沿用官方 YOLOv3 的實現，而是繼續採用和先前實現 YOLOv2 的同樣的損失函數，即使用 BCE 函數去計算置信度損失和類別損失、使用 GIoU 損失函數去計算邊界框的回歸損失。對此，我們不再贅述，完整的程式可見本專案的 models/yolov3/loss.py 檔案。

7.5 資料前置處理

接下來從 YOLOv3 開始，我們就要換一套資料前置處理方法了，不再是先前的 SSD 風格的前置處理手段。時至今日，YOLOv5 已經成為 YOLO 系列中最火熱的開放原始碼專案，其中的很多操作都被後續的 YOLO 檢測器所參考，比如馬賽克增強和混合增強等。為了便於讀者在學完本書之後，可以儘快將所學到的知識泛化到其他的 YOLO 專案上，我們參考 YOLOv5 專案的資料前置處理方法來訓練我們的 YOLOv3。新的資料前置處理方法在本專案的 dataset/ data_augment/yolov5_augment.py 檔案中，讀者可以自行打開查閱。那麼，接下來，詳細介紹我們的 YOLOv3 所使用的資料前置處理方法。

7.5.1 保留長寬比的 resize 操作

在這一次實現中，我們採用選擇主流的 resize 操作，在調整影像尺寸的同時，保留原始的長寬比。在本專案的 dataset/data_augment/yolov5_augment.py 檔

案中，我們實現了名為 YOLOv5Augmentation 的類別，該類別會在訓練階段前置處理輸入影像。程式 7-13 展示了其中與 resize 操作相關的部分程式。

➡️　程式 7-13　保留原始影像長寬比的 resize 操作

```
# YOLO_Tutorial/dataset/data_augment/yolov5_augment.py
# -----------------------------------------------------------
...

# YOLOv5-style TrainTransform
class YOLOv5Augmentation(object):
    def _init_(self, trans_config=None, img_size=640, min_box_size=8):
        self.trans_config = trans_config
        self.img_size = img_size
        self.min_box_size = min_box_size

    def _call_(self, image, target, mosaic=False):
        # resize
        img_h0, img_w0 = image.shape[:2]

        r = self.img_size/ max(img_h0, img_w0)
        if r!= 1:
            interp = cv2.INTER_LINEAR
            new_shape = (int(round(img_w0* r)), int(round(img_h0* r)))
            img = cv2.resize(image, new_shape, interpolation=interp)
        else:
            img = image
        img_h, img_w = img.shape[:2]
        ...
```

該 resize 操作的原理十分簡單。對於給定的一張影像，我們首先將其最長的邊調整成指定的尺寸，如 640，隨後，再將短邊做同等比例的變換，如此一來，影像的原始長寬比就被保留了，然後對邊界框的尺寸做相應比例的變換即可。

但是，這當中也存在一個問題，那就是不同影像的長寬比通常是不一樣的，即使長邊都被調整成了一樣的尺寸，短邊的長度往往也會不一樣。因此，我們還需要做補零的操作，將短邊的尺寸也補成和長邊一樣長，如程式 7-14 所示。

➔ 程式 7-14 補零操作

```
# YOLO_Tutorial/dataset/data_augment/yolov5_augment.py
# -----------------------------------------------------------
...


# YOLOv5-style TrainTransform
class YOLOv5Augmentation(object):
    def _init_(self, trans_config=None, img_size=640, min_box_size=8):
        self.trans_config = trans_config
        self.img_size = img_size
        self.min_box_size = min_box_size

    def _call_(self, image, target, mosaic=False):
        ...

        # 轉換成 PyTorch 的 Tensor 類型
        img_tensor = torch.from_numpy(img).permute(2,0,1).contiguous().float()

        if target is not None:
            target["boxes"] = torch.as_tensor(target["boxes"]).float()
            target["labels"] = torch.as_tensor(target["labels"]).long()

        # 填充影像
        img_h0, img_w0 = img_tensor.shape[1:]
        assert max(img_h0, img_w0) <= self.img_size

        pad_image = torch.ones([img_tensor.size(0), self.img_size, self.img_size]).
            float()* 114.
        pad_image[:,:img_h0,:img_w0] = img_tensor
        dh = self.img_size- img_h0
        dw = self.img_size- img_w0
        ...
```

　　經過這兩次操作後，就能保證最終得到的影像和其他影像擁有相同的尺寸，
同時沒有破壞原始的影像長寬比。圖 7-12 展示了這兩個操作的實例。

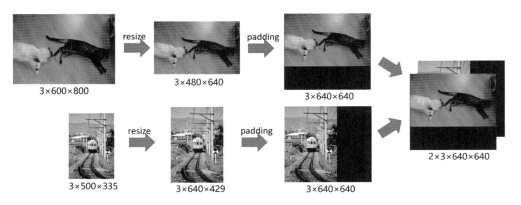

▲ 圖 7-12 保留原始影像的長寬比的 resize 操作和補零操作

但是，在測試階段，補過多的零顯然也會增加推理的耗時。所以，我們在實現的另一個名 YOLOv5BaseTransform 的類別中，對補零操作做了一種自我調整的調整。具體來說，最長邊調整完畢後，最短邊只需補最少的零，使其為 32 的整數倍即可，如程式 7-15 所示。同時，圖 7-13 展示了該操作的實例。

➜ 程式 7-15 補零操作的實例

```
# YOLO_Tutorial/dataset/data_augment/yolov5_augment.py
# ----------------------------------------------------------
...

# YOLOv5-style TrainTransform
class YOLOv5BaseTransform(object):
    def _init_(self, trans_config=None, img_size=640):
        ...

    def _call_(self, image, target=None, mosaic=False):
        ...
        # pad image
        img_h0, img_w0 = img_tensor.shape[1:]
        dh = img_h0% self.max_stride
        dw = img_w0% self.max_stride
        dh = dh if dh == 0 else self.max_stride- dh
        dw = dw if dw == 0 else self.max_stride- dw
```

```
pad_img_h = img_h0 + dh
pad_img_w = img_w0 + dw
pad_image = torch.ones([img_tensor.size(0), pad_img_h,
    pad_img_w]).float()* 114.
pad_image[:,:img_h0,:img_w0] = img_tensor
...
```

resize   padding

3×540×800   3×432×640   3×448×640

▲ 圖 7-13 測試階段的自我調整補零操作

　　另外，在訓練階段，我們還會使用一些資料增強，比如用於影像顏色擾動的 augment_hsv 增強函數，以及用於影像空間擾動的 random_perspective 增強函數，這兩個資料增強操作均是從知名的 YOLOv5 專案中參考過來的，以便讀者日後去了解 YOLOv5、YOLOv7 以及最新的 YOLOv8 的資料增強操作。圖 7-14 展示了在這兩種資料增強處理下的實例。

▲ 圖 7-14 顏色擾動和空間擾動

7.5.2　馬賽克增強

　　馬賽克增強（mosaic augmentation）是當下十分強大的資料增強之一，可以顯著提升影像中的物件實例的豐富度、影像自身的檢測難度，這對於提升模型的性能造成了極大的積極作用。對於 YOLO 系列，最早使用馬賽克增強的是由知名的 ultralytics 團隊實現的 YOLOv3，隨後在官方的 YOLOv4 中，馬賽克增強也被使用。儘管有關馬賽克增強的知識在第 8 章才會學習，但不妨現在就把這個已經成為訓練 YOLO 檢測器的基準設定之一的強巨量資料增強用到我們實現的 YOLOv3 專案中來。

　　在本專案的 dataset/data_augment/yolov5_augment.py 檔案中，我們參考 YOLOv5 開放原始碼專案，實現了馬賽克增強。程式 7-16 展示了 YOLOv5 風格的馬賽克增強程式的關鍵部分。

➜ 程式 7-16　YOLOv5 風格的馬賽克增強

```
# YOLO_Tutorial/dataset/data_augment/yolov5_augment.py
# ------------------------------------------------------------
...

def yolov5_mosaic_augment(image_list, target_list, img_size, affine_params=None,
    is_train=False):
    assert len(image_list) == 4
...
    mosaic_bboxes = []
    mosaic_labels = []
    for i in range(4):
        img_i, target_i = image_list[i], target_list[i]
        bboxes_i = target_i["boxes"]
        labels_i = target_i["labels"]
        ...
        # place img in img4
        if i == 0:        # 左上角的影像
            x1a, y1a, x2a, y2a = max(xc- w,0), max(yc- h,0), xc, yc
            x1b, y1b, x2b, y2b = w- (x2a- x1a), h- (y2a- y1a), w, h
        elif i == 1:      # 右上角的影像
            x1a, y1a, x2a, y2a = xc, max(yc- h,0), min(xc + w, img_size* 2), yc
```

```
        x1b, y1b, x2b, y2b = 0, h- (y2a- y1a), min(w, x2a- x1a), h
    elif i == 2:      # 左下角的影像
        x1a, y1a, x2a, y2a = max(xc- w,0), yc, xc, min(img_size* 2, yc + h)
        x1b, y1b, x2b, y2b = w- (x2a- x1a),0, w, min(y2a- y1a, h)
    elif i == 3:      # 右下角的影像
        x1a, y1a, x2a, y2a = xc, yc, min(xc + w, img_size* 2), min(img_
            size* 2, yc + h)
        x1b, y1b, x2b, y2b = 0,0, min(w, x2a- x1a), min(y2a- y1a, h)
...
# random perspective
mosaic_targets = np.concatenate([mosaic_labels[..., None],
mosaic_bboxes], axis=-1)
mosaic_img, mosaic_targets = random_perspective(
    mosaic_img,
    mosaic_targets,
    affine_params['degrees'],
    translate=affine_params['translate'],
    scale=affine_params['scale'],
    shear=affine_params['shear'],
    perspective=affine_params['perspective'],
    border=[-img_size//2,-img_size//2]
    )
...
```

　　馬賽克增強的核心思想十分簡單，就是將四張不同的影像拼接在一起，這一點在程式 7-16 中得以表現。在完成了拼接後，對每張影像的標籤做相應的處理。最後，我們就獲得了一張融合了四張影像的馬賽克影像以及相應的標籤資料。之後，我們再對這張馬賽克影像做常規的顏色擾動和空間擾動。

　　考慮到篇幅，我們沒有把完整的程式展示出來，只展示了能表現出馬賽克增強思想的部分程式，請讀者自行閱讀完整的馬賽克增強程式。圖 7-15 展示了部分經過馬賽克增強處理後的 VOC 資料集的影像，讀者可以自行偵錯 dataset/voc.py 檔案中的相關參數，然後運行程式檔案即可看到類似的視覺化結果。

▲ 圖 7-15　馬賽克增強的實例

7.5.3　混合增強

混合增強最早是使用在影像分類任務中，但後來也被用在了物件辨識任務中，例如由 ultralytics 團隊一手打造的 YOLOv3、YOLOv5 以及後續由其他團隊跟進的 YOLOv7 等工作，都採用了混合增強。因此，我們也嘗試使用混合增強。同 7.5.2 節的馬賽克增強的程式實現方式一樣，對於混合增強，我們還是參考 YOLOv5 官方實現的混合增強。程式 7-17 展示了混合增強的程式。

➔ 程式 7-17　YOLOv5 風格的混合增強

```python
# YOLO_Tutorial/dataset/data_augment/yolov5_augment.py
# -------------------------------------------------------------
...

def yolov5_mixup_augment(origin_image, origin_target, new_image, new_target):
    if origin_image.shape[:2]!= new_image.shape[:2]:
        img_size = max(new_image.shape[:2])
        # origin_image is not a mosaic image
        orig_h, orig_w = origin_image.shape[:2]
        scale_ratio = img_size/ max(orig_h, orig_w)
        if scale_ratio!= 1:
        interp = cv2.INTER_LINEAR if scale_ratio > 1 else cv2.INTER_AREA
        resize_size = (int(orig_w* scale_ratio), int(orig_h* scale_ratio))
            origin_image = cv2.resize(origin_image, resize_size, interpolation=interp)
```

```python
    # pad new image
    pad_origin_image = np.ones([
        img_size, img_size, origin_image.shape[2]], dtype=np.uint8)* 114
    pad_origin_image[:resize_size[1],:resize_size[0]] = origin_image
    origin_image = pad_origin_image.copy()
    del pad_origin_image

# MixUp
r = np.random.beta(32.0,32.0)# mixup ratio, alpha=beta=32.0
mixup_image = r* origin_image.astype(np.float32) + \
            (1.0- r)* new_image.astype(np.float32)
mixup_image = mixup_image.astype(np.uint8)

cls_labels = new_target["labels"].copy()
box_labels = new_target["boxes"].copy()

mixup_bboxes = np.concatenate([origin_target["boxes"], box_labels], axis=0)
mixup_labels = np.concatenate([origin_target["labels"], cls_labels], axis=0)

mixup_target = {
    "boxes": mixup_bboxes,
    "labels": mixup_labels,
    'orig_size': mixup_image.shape[:2]
}

return mixup_image, mixup_target
```

　　在 YOLOv5 專案中，混合增強通常發生在兩張馬賽克影像之間，也就是說，混合增強只會混合兩張馬賽克影像，而馬賽克影像的尺寸都是一樣的，因此可以直接混合。但在我們的實現中，我們希望混合增強的物件範圍能更寬泛些，除了混合兩張馬賽克影像，我們也希望能混合一張普通的影像和一張馬賽克影像，以及兩張普通的影像。因此，在程式 7-17 中所展示的混合增強的程式中，我們先實現了一段檢查影像尺寸的程式，倘若兩張影像的尺寸不同，就先將它們的尺寸調整成相同的，以便後續做混合操作。

至此，我們所要實現的 YOLOv3 的資料前置處理便講完了，最後我們可以
看一下 YOLOv3 的設定檔，如程式 7-18 所示，這裡，我們只展示部分設定參數。

➔ 程式 7-18 YOLOv3 的設定檔

```
# YOLO_Tutorial/config/model_config/yolov3_config.py
# -----------------------------------------------------------
...

yolov3_cfg = {
    # input
    'trans_type':'yolov5',
    'multi_scale':[0.5,1.0],
    ...
```

在程式 7-18 中，trans_type 被設置為 yolov5，即我們使用 YOLOv5 風格的
資料前置處理方法。在本專案的 config/data_config/transform_config.py 檔案中，
我們撰寫了 YOLOv5 風格的資料前置處理所需的設定參數。另外，multi_scale
被設置為 [0.5,1.0]，而非先前的 YOLOv1 和 YOLOv2 所使用的 [0.5,1.5]，這是
因為 YOLOv3 的模型較大，消耗的顯示記憶體更多，所以我們不得不對輸入影
像做適當的限制，以免這裡所使用的顯示卡容量不夠。倘若讀者擁有更好的硬
體，不妨將其修改為 [0.5,1.5]，以進一步提升模型的性能。

7.6 訓練 YOLOv3

現在，我們完成了網路模型、標籤匹配、損失函數以及資料前置處理等前
置工作，接下來，就可以準備訓練了。對於 YOLOv3 網路，我們對訓練的 epoch
參數做一些必要的調整。當我們使用 VOC 資料集時，仍舊只訓練 150 epoch，
和先前的 YOLOv1 與 YOLOv2 是一樣的。但當我們使用 COCO 資料集時，將
150 epoch 提升至 250 epoch，使得模型能收斂得更充分，性能更好。

當然，250 epoch 的訓練時長也就表示我們要在訓練上耗費更多的時間，對
於 RTX3090 型號的顯示卡，這是尚且能接受的，但對於容量更小的顯示卡，不

論是在算力還是時間成本上，都是難以接受的，因此，對於沒有足夠算力條件的讀者，可以暫不使用 COCO 資料集，或調低 epoch 參數。倘若讀者擁有更多的運算資源，不妨將 250 epoch 調高至 300 epoch，甚至是 500 epoch，然後使用分散式訓練，但這不作為本書的要求，請讀者自行定奪。

同樣，我們可以對本專案提供的 train.sh 檔案中的參數作必要的修改後，去訓練我們的 YOLOv3，相關命令和之前是一樣的，不再贅述。

7.7 測試 YOLOv3

訓練完畢後，假設訓練好的權重檔案為 yolov3_voc.pth，可以運行下面的命令去測試我們的 YOLOv3 在 VOC 資料集上的性能。一些檢測結果的視覺化影像展示在了圖 7-16 中。

```
python test.py --cuda -d voc -m yolov3 --weight  path/to/yolov3_voc.pth --show -vt 0.4
```

▲ 圖 7-16 YOLOv3 在 VOC 測試集上的檢測結果的視覺化影像

隨後，我們計算 YOLOv3 在 VOC 測試集上的 mAP 指標。由於官方 YOLOv3 並沒有匯報在 VOC 資料集上的 mAP 指標，我們只和先前實現的 YOLOv1 與 YOLOv2 做比較，結果如表 7-2 所示，可以看到，YOLOv3 的性能要顯著高於前兩個單級檢測器。

▼ 表 7-2 YOLOv3 在 VOC2007 測試集上的 mAP 測試結果

模型	輸入尺寸	mAP/%
YOLOv1	640×640	76.7
YOLOv2	640×640	79.8
YOLOv3	640×640	82.0

為了更進一步地凸顯出 YOLOv3 的優勢，我們也在 COCO 資料集上進行測試。圖 7-17 展示了一些在 COCO 驗證集上的檢測結果的視覺化影像。可以看到，我們的 YOLOv3 對很多小物件的檢測性能都很好，較為準確地檢測出了影像中的小物件。

▲ 圖 7-17 YOLOv3 在 COCO 驗證集上的檢測結果的視覺化影像

隨後，我們計算 COCO 驗證集上的 AP 指標，並與先前實現的 YOLOv1 和 YOLOv2 進行比較。表 7-3 整理了比較結果。

▼ 表 7-3　YOLOv3 在 COCO 驗證集上的測試結果

模型	輸入尺寸	AP/%	AP$_{50}$/%	AP$_{75}$/%	AP$_S$/%	AP$_M$/%	AP$_L$/%
YOLOv1	640×640	27.9	47.5	28.1	11.8	30.3	41.6
YOLOv2	640×640	32.7	50.9	34.4	14.7	38.4	50.3
YOLOv3	640×640	42.9	63.5	46.6	28.5	47.3	53.4

　　從表中可以看出，對於相同尺寸的輸入影像，我們實現的 YOLOv3 實現了更高的性能，這不僅是由於 YOLOv3 所採用的主幹網絡更強、資料增強手段更強，也是因為 YOLOv3 採用了「多級檢測」結構以及「特徵金字塔」結構。另外，我們特別注意小物件的檢測性能指標 AP$_S$，可以看到，YOLOv3 的小物件辨識性能大幅高於我們實現的 YOLOv1 和 YOLOv2，充分證明了「多級檢測」結構以及「特徵金字塔」結構的優越性。

7.8　小結

　　至此，YOLOv3 的學習就結束了，相信讀者已經充分掌握了入門物件辨識所需的基礎知識和基本技巧。我們可以看到，從 YOLOv1 發展至 YOLOv3 的每一次改進都很小但很關鍵，幾乎都針對上一代版本的致命缺陷。在完成了 YOLOv3 工作後，YOLO 官方在很長一段時間裡都沒有再做更新，不久後，YOLO 作者宣佈退出了電腦視覺領域，引起圈內一片唏噓。但是，儘管官方退出了，YOLO 這個系列卻一直在發展中。在 YOLOv3 之後的很多 YOLO 模型更像是物件辨識領域中的集大成者，將好用的先進技術融入進來，進一步提升 YOLO 系列的性能上限。在後續的章節裡，我們將帶領讀者去領略那些後 YOLOv3 時代的新 YOLO 工作。

第 8 章

YOLOv4

　　YOLO 系列發展至 YOLOv3 時，這一框架基本上就達到了一個技術頂峰。當然，這裡所說的「頂峰」並非指性能上，而是架構上的，即使後續幾代 YOLO 檢測器的性能都大幅超越了 YOLOv3，但就其架構而言，依舊是 YOLOv3 所奠定的那一套：主幹網絡、特徵金字塔以及基於網格的檢測頭（包括 anchor box based 和 anchor box free 兩大類）。倘若從架構上來評價的話，YOLO 系列的架構創新幾乎停留在 YOLOv3 時代，而此後一代又一代的 YOLO 僅是將較新的模組加入進來，替換掉原來的舊模組，但整體架構並沒有變化。相較於那些一味追求所謂的「創新性」的工作，YOLO 系列則更像是一個該領域的「集大成者」，始終秉持「取其精華、去其糟粕」的原則來看待每一個新工作，充分吸收其中的先進經驗。在當前十分重視實用性的業界，YOLO 系列可以說是最受歡迎的物件辨識工作了。

除 YOLO 之外，這一領域還有很多其他的優秀工作，比如較早一點的 SSD [16] 和 RetinaNet [17]。前者大概是第一個提出了具有里程碑意義的「多級檢測」架構的工作，後者則為學術界提供了一個清爽簡潔的基準線模型。這些工作同樣深受學者們的青睞，比如後來的 RFB-Net [20] 就是在 SSD 的基礎上被提出的。論性能，RetinaNet 不遜於 YOLOv3，這一點我們從 YOLOv3 的論文中也能看到。但從實用性的角度而言，YOLOv3 則具有更明顯的優勢，這一優勢也在後續的改進和最佳化中始終被傳承著。

事實上，在 YOLOv3 之後，除了在此基礎上在頸部網路部分增加了 SPP 模組以建構 YOLOv3-SPP 模型，官方作者團隊幾乎沒有再做新的改進，YOLO 的發展就此出現了一段「空窗期」。由於那個時候物件辨識領域還沒有太多花哨的東西被提出來，因此從整體來看，YOLOv3 不論是模型結構還是訓練技巧，都是很樸素的，所以它的最佳化空間很大。或許正是注意到了這一點，ultralytics 團隊一手打造了更強更快的 YOLOv3 檢測器，改進和最佳化了除模型結構之外的大量能改進的設定，比如最佳化器的超參數、資料前置處理、損失函數以及後處理等。經過該團隊的改造後，YOLOv3 的性能獲得了大幅提升。即使如此，YOLO 的發展仍處在空窗期。

按照 YOLO 一直以來的進化特點，理應會在 YOLOv3 提出後的若干年裡，繼承更多新的結構和新的技巧的第四代 YOLO 檢測器會被提出來。但是，就在大家翹首企盼之際，YOLO 作者於 2020 年宣佈退出電腦視覺領域，引起一片唏噓。

然而，在 2020 年，一位名為 Alexey Bochkovskiy 的學者在 YOLOv3 專案的基礎上，開放原始碼了萬眾期待的 YOLOv4，一時甚囂塵上，種種聲音出現在網路平臺上，直到 YOLO 原作者做出了對 YOLOv4 的認可宣告後，YOLOv4 正式作為第四代 YOLO 檢測器，獲得了研究者們的廣泛支持。

那麼，在本章，我們一起來認識和了解第四代 YOLO 檢測器，進一步豐富和加深我們對於 YOLO 框架的認識。

8.1 YOLOv4 解讀

和 YOLOv3 類似，YOLOv4 的論文也只是被公開在了 Arxiv 學術網站上，並沒有被發表在某個期刊或會議上，其行文風格依舊偏向於技術報告。不過，憑藉著 YOLO 在這些年所累積的名望，大家似乎也不在意論文是否發表在某個期刊或會議，只想儘快一睹新一代 YOLO 的風采。本節，我們將依據 YOLOv4 的論文[8]來介紹新一代 YOLO 檢測器的諸多改進。

8.1.1 新的主幹網絡：CSPDarkNet-53 網路

迄今為止，YOLO 框架的每一次改進和升級都少不了一個新的主幹網絡，如 YOLOv2 的 DarkNet-19 網路和 YOLOv3 的 DarkNet-53 網路，這一次也不例外，在 DarkNet-53 網路的架構上，YOLOv4 作者團隊參考了 Cross Stage Partial Network（CSPNet）[37]的設計理念，建構了全新的高效且強大的主幹網絡：**CSPDarkNet-53 網路**。

CSPNet 的核心思想通常是將輸入特徵拆分成兩部分，一部分交給諸如殘差模組等常見的模組去做主要的處理，另一部分則保持不變，或說只做恒等映射，再將兩部分的輸出結果沿著通道維度進行拼接。圖 8-1 展示了基於 CSP 結構改進普通殘差塊的實例，其中圖 8-1a 是標準的殘差塊，僅包含一個計算分支；圖 8-1b 是基於 CSP 結構改進的殘差結構，共包含兩條並行的計算分支，左邊的分支僅作恒等映射，右邊的分支由普通的殘塊來做特徵處理。

CSP 結構的合理性在於卷積神經網路中的特徵往往具有很大的容錯，不同通道的特徵圖包含的資訊可能是相似的，這一觀點在 GhostNet[38]中也被充分說明了。因此，CSPNet 的作者團隊認為沒有必要去處理全部的通道，而只需處理其中的一部分，另一部分保持不變即可。如此操作可以保證在不損失模型性能的前提下，有效地削減模型的計算量以及模型結構的參數量。於是，YOLOv4 作者團隊便將這一結構引入 DarkNet-53 中，改進了 DarkNet-53 中的殘差模組，如圖 8-2 所示。兩層 1×1 卷積獲得了兩個特徵圖，分別進入兩條並行的計算分支，其中一條只做恒等映射，另一條則由 DarkNet-53 的殘差模組作特徵處理，

最後兩條分支的分支沿通道合併在一起，再由最後一層 1×1 卷積做處理，然後輸出。

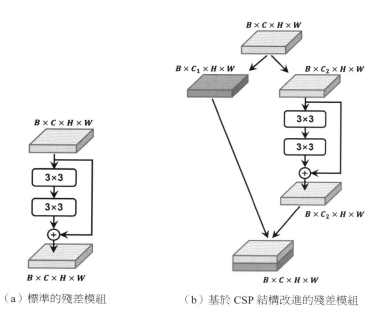

（a）標準的殘差模組　　　　　（b）基於 CSP 結構改進的殘差模組

▲ 圖 8-1　將 CSPNet 應用到 ResNet 網路中

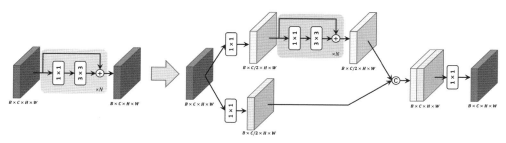

▲ 圖 8-2　CSPDarkNet-53 中的核心模組：CSPResBlock

新的主幹網絡就此被命名為 CSPDarkNet-53。在此之前，DarkNet 中數字的含義是包含多少層卷積層，但從圖 8-2 中不難看出，原先 YOLOv3 中的殘差模組被替換成基於 CSP 結構的 CSPResBlock 模組後，卷積層的數量明顯增加了。不過，由於是在 DarkNet-53 的基礎上修改的，因此「53」這個數字還是被保留了下來。YOLOv4 的 CSPDarkNet-53 網路不妨看作是對 DarkNet-53 的一次致敬。

另外，原先組成卷積層的「卷積三元件」中的 LeakyReLU 啟動函數也被替換成更新的 Mish[39] 啟動函數，其數學公式如下：

$$y = x \times \tanh\left[x \times \ln\left(1 + e^x\right)\right] \tag{8-1}$$

儘管 Mish 啟動函數的數學形式較為複雜，遠不如 ReLU 函數那般清晰明了，且會顯著增加模型的顯示記憶體佔用量，其中的指數函數運算也會給計算速度帶來一些影響，但由於 Mish 函數能夠有效提升模型的性能，因此，YOLOv4 作者團隊還是採用了這一新的非線性啟動函數。

8.1.2 新的特徵金字塔網路：PaFPN

介紹完了主幹網絡後，我們再來介紹 YOLOv4 的頸部網路。YOLOv4 在頸部網路的**第一個改進**就是加入了 SPP 模組，但由於此前的 YOLOv3-SPP 已經使用了該模組，這一點算不得較大的改進。

YOLOv4 在頸部網路的**第二個改進**是採用了**路徑聚合網路**[40]（path aggregation network，PANet）。這是 YOLOv4 在網路結構上的重要改進。在 YOLOv3 中，特徵金字塔僅包含「自頂向下」（top-down）的特徵融合結構，即把深層的特徵做一次從深層特徵到淺層特徵的融合便結束了。而 PANet 則在此基礎上又加了一條「自底向上」（bottom-up）的融合路徑，即在完成了自頂向下的特徵融合後，多尺度特徵會再進行一次自底向上的融合，使得融合後的資訊再從淺層向深層傳遞。這一新的特徵金字塔結構被命名為 PaFPN，圖 8-3 展示了 FPN 與 PaFPN 的區別，其中圖 8-3a 展示了僅包含自頂向下的特徵融合過程的 FPN 結構，圖 8-3b 展示了包含自頂向下和自底向上的兩次特徵融合過程的 PaFPN 結構。

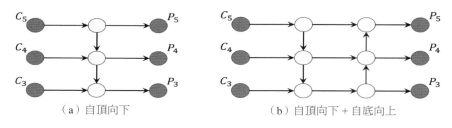

（a）自頂向下　　　　　　　　　　（b）自頂向下 + 自底向上

▲ 圖 8-3　FPN 與 PaFPN 的區別

　　直觀上，將多尺度特徵進行兩次上下融合後，不同尺度的資訊得到充分的互動，理應會提升模型的性能。但是，這種操作也必然會增加模型的計算量和耗時，畢竟每次特徵融合後，都要使用包含五層卷積的模組去做處理，融合的次數多了，那麼包含五層卷積的模組也就多了，自然增加了模型的參數量和計算量。不過，由於主幹網絡被替換成計算量更小、參數更少的 CSPDarkNet-53 網路，因此，特徵融合這一部分的計算量增加的效應也就被抵消了。

　　但是，既然 DarkNet-53 中的殘差模組可以被 CSP 化，那麼很自然地就會想到這個包含五層卷積的模組是否也能夠被 CSP 化呢？在最初被提出來的 YOLOv4 中，這一問題暫時沒有被考慮，其 PaFPN 結構僅是在 YOLOv3 的 FPN 結構增加了自底向上的融合結構。不過，在後來的 Scaled-YOLOv4 中，這一問題獲得了解決，使用了如圖 8-4 所示的模組取代了先前 YOLOv3 所使用的模組，以進一步改善 YOLOv4 中的 PaFPN 結構。在某種意義上， Scaled-YOLOv4 對 YOLOv4[41] 做了很多結構上的最佳化，性能和速度都有了顯著的提升，因此可以認為 Scaled-YOLOv4 是更加完整的 YOLOv4，在後續的程式實現環節中，我們會充分參考這一工作。

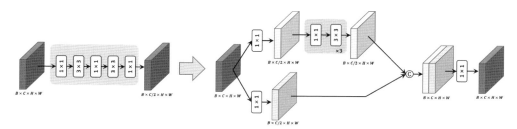

▲ 圖 8-4　基於 CSP 模組的 PaFPN 的核心結構，
取代 YOLOv3 中的包含五層卷積的卷積塊

至於 YOLOv4 的檢測頭，其結構和 YOLOv3 是一樣的，仍舊使用一層 1×1 卷積去同時完成置信度、類別以及邊界框位置的三部分預測，對此，我們就不贅述了。

8.1.3 新的資料增強：馬賽克增強

在這一次的改進後，一處重要的改進就是引入了**馬賽克增強**（mosaic augmentation）的資料與處理手段。在先前的 YOLOv3 的程式實現中，我們已經使用了馬賽克增強，參考了 YOLOv5 的開源程式碼實現了馬賽克增強的程式。在本節，我們再詳細地闡述馬賽克增強的思想。

馬賽克增強的思想十分簡單，就是隨機將 4 張不同的影像拼接在一起，組合成一張新的影像，不妨將此影像稱為「馬賽克影像」，如圖 8-5 所示。

▲ 圖 8-5 馬賽克增強的實例

為了更進一步地理解這一強大的增強技術，我們舉一個例子，假定輸入影像的尺寸是 640×640，首先，準備一個 1280×1280 的空白影像，依次將四張影像的最長邊縮放到 640，短邊做相應比例的變換；其次，隨機選一個中心點，依次將四張影像拼接上去；最後，使用空間擾動增強隨機從這張 1280×1280 的馬賽克影像取出出 640×640 的影像來，正如我們先前在 YOLOv3 的實現環節中所做的那樣。相較於一般的影像，馬賽克影像因融合了四張影像的資訊，不僅豐富了其中的物件類型和數量，也加大了該影像的檢測難度。很多時候，從資料的角度切入去增加一些學習的難度，往往對模型的性能是有益的。因為這一資料增強簡單直觀，所以就不做過多介紹了。

8.1.4 改進邊界框的解算公式

在 YOLOv3 中，邊界框的中心點座標的計算公式如下：

$$c_x = grid_x + \sigma(t_x)$$
$$c_y = grid_y + \sigma(t_y)$$

（8-2）

這裡，我們暫時省略了網路的輸出步進值 *stride*。儘管計算公式簡潔明了，但是這裡存在一個隱憂，那就是當物件的中心點恰好落在網格的右邊界時，需要 $\sigma(\cdot)$ 函數的輸出值為 1，但是，Sigmoid 函數當且僅當輸入為正無窮時才會輸出 1，顯然，讓網路輸出一個正無窮或極其大的數值是不合理的。同樣，當物件的中心點恰好落在網格的左邊界時，需要 $\sigma(\cdot)$ 函數的輸出值為 0，而 Sigmoid 函數只有在輸入為負無窮時才會輸出 0，這顯然也是不合理的。這一問題被稱作「grid sensitive」問題，問題的核心就在於物件的中心點可能會落在網格的邊界上。為了解決這一問題，YOLOv4 在 Sigmoid 函數前面乘以一個大於 1 的係數 *a*：

$$c_x = grid_x + a \times \sigma(t_x)$$
$$c_y = grid_y + a \times \sigma(t_y)$$

（8-3）

當中心點落在右邊界的時候，$a \times \sigma(\cdot)$ 輸出為 1，那麼僅需 $\sigma(\cdot)$ 輸出為 $\frac{1}{a}$ (<1)，從而避免網路輸出正無窮的麻煩。但是，這種做法並不會解決 $\sigma(\cdot)$ 輸出值為 0 的問題，仍舊有網路輸出負無窮的風險。當然，我們可以巧妙地把「中心點落在左邊界」的情況視作「中心點落在該網格左邊的鄰近網格的右邊界」，但是，對於恰好落在影像的左邊界的情況，這種「巧妙」就失效了。對此，百度公司提出的 PP-YOLO[42] 舉出了一種簡潔的解決方案，如公式（8-4）所示：

$$c_x = grid_y + a \times \sigma(t_x) + \frac{(a-1)}{2}$$
$$c_y = grid_y + a \times \sigma(t_y) + \frac{(a-1)}{2}$$

（8-4）

其中，$a = 1.05$。不難看出，上面的公式同時避免了 $\sigma(\cdot)$ 的輸出值為 0 和 1 的兩個無窮問題。不過，儘管這個「grid sensitive」問題是客觀存在的，但就作者個人經驗而言，這一問題的影響並不嚴重，甚至可以忽略，在後續的 YOLO 檢測器中，也沒有針對這一問題做出相應的改進，因此，這裡我們只需要了解這一客觀存在的但不嚴重的問題。

8.1.5 multi anchor 策略

YOLOv4 的很重要的改進是採用了「multi anchor」策略。所謂的 multi anchor 是指在正負樣本匹配的階段中，為每一個物件框盡可能匹配多個正樣本。在 YOLOv4 之前的三代 YOLO 檢測器中，官方所採用的策略都是只為每個物件框匹配一個正樣本，其他的不是是負樣本，就是是忽略樣本。隨著物件辨識技術的不斷發展，研究者們漸漸發現正樣本的數量對於檢測器的性能有著很直接的影響。如今，大多數標籤匹配策略可以大致分為兩類：「**一對一**」（one-to-one）匹配和「**一對多**」（one-to-many）匹配，前者是指為每一個物件框只匹配一個正樣本，典型的工作如 YOLOv1 ～ YOLOv3、CenterNet[57] 以及 DETR[6] 等；後者是指為每一個物件框盡可能匹配多個正樣本，如 SSD[16]、RetinaNet[17] 以及 FCOS[18] 等。一個被廣泛認可的經驗是物件框被分配上越多的正樣本，模型學習物件的資訊就會變得越容易，模型的性能也會收斂得越快。

因此，在這一次改進中，YOLOv4 的作者團隊也嘗試去改進 YOLOv3 的這一問題。相較於 YOLOv3 所採用的「忽略樣本」策略，YOLOv4 將這些「忽略樣本」也全部標記為正樣本，換言之，**只要物件框中心點所在的網格內的預測框與物件框的 IoU 大於給定的設定值，該預測框就會被標記為該物件框的正樣本**。這一做法與我們實現的 YOLOv3 所採取的策略是相似的，只不過我們看的是先驗框與物件框的 IoU，而官方的 YOLOv4 仍是看預測框和物件框的 IoU。

不過，YOLOv4 的這種 multi anchor 策略仍有較大的局限性：正樣本仍舊僅來自物件框中心點所在的網格。事實上，不難想像，除了物件框中心點所在的網格，其鄰近的網格往往也會包含該物件的資訊，如圖 8-6 所示，也能夠提供一些較高品質的樣本，這些樣本可能也適合去預測同一個物件，這一思想也是當前物件辨識領域中一種主流的技巧：**中心採樣**（center sampling），已被廣泛應用在諸如 FCOS [18] 和 OTA [36] 等多個工作中。因此，可以合理地認為，YOLOv4進一步采用「中心採樣」技巧也許會帶來性能上的更大提升。

▲ 圖 8-6　多個網格包含同一個物件的資訊

8.1.6　改進邊界框的回歸損失函數

對於損失函數，相較於 YOLOv3，YOLOv4 並沒有做太大的改動，仍舊使用 BCE 函數去計算邊界框的置信度損失和類別損失。不過，對於邊界框回歸損失，YOLOv4 做了一些增量式的改進。

我們知道，在 YOLOv3 中，邊界框的回歸損失一共分為兩個部分，一部分是中心點偏移量的損失，另一部分則是邊界框尺寸的損失。這兩部分損失之間完全解耦，相互沒有連結。在 YOLOv3 到 YOLOv4 的這段空窗期，許多工作提出了用於更進一步地回歸邊界框座標的各種新式損失函數，如 GIoU[43]、DIoU[44] 和 CIoU[44] 等，這些已經是當前耳熟能詳的邊界框損失函數了。這些損失函數的共同點是基於 IoU 的數學概念將邊界框的座標耦合起來共同最佳化，其性能往往優於諸如基於 MSE、SmoothL1 等的損失函數。因此，YOLOv4 在嘗試了一系列先進的邊界框回歸損失函數後，最終選定 CIoU 損失函數作為 YOLOv4 的邊界框損失函數。

此前，在實現 YOLOv1 ～ YOLOv3 時，我們採用的是 GIoU 損失函數去學習邊界框座標，相較於 GIoU，CIoU 在 GIoU 概念的基礎上，進一步考慮進來一些位置距離上的偏移量資訊，實現起來並不複雜，因此，我們不再介紹 CIoU，感興趣的讀者不妨閱讀 CIoU 的論文，了解相關的技術細節。

至此，我們講解完了 YOLOv4 的一些主要改進，當然，這當中還涉及一些細枝末節的技術點，但只要了解和掌握了本章所說明的幾個點就足以建立起對 YOLOv4 的認知系統了。接下來，我們還是一如既往地去嘗試實現一版 YOLOv4，在尊重 YOLOv4 技術框架的核心思想的前提下做一些合理的改進。

8.2 架設 YOLOv4 網路

在本節，我們將基於前面所學的有關 YOLOv4 的改進去建構我們自己的 YOLOv4 檢測器。在此前，我們已經實現了 YOLOv1 ～ YOLOv3 三款 YOLO 檢測器，它們均表現出了出色的性能，每一處細節都是由我們自己來實現的。在這些工作的基礎上，實現 YOLOv4 也就變得容易了。

在開始實現工作之前，可以先查看我們要實現的 YOLOv4 檢測器的設定檔。在本專案的 config/model_config/yolov4_config.py 檔案中，我們撰寫了用於建構 YOLOv4 的設定參數，大體上和先前的 YOLOv3 是相同的，區別僅表現在網路結構上，不再贅述。程式 8-1 展示了部分設定參數。

➜ 程式 8-1　YOLOv4 的設定檔

```
# YOLO_Tutorial/config/model_config/yolov4_config.py
# ------------------------------------------------------------
...

yolov4_cfg = {
    # input
    'trans_type':'yolov5',
    'multi_scale':[0.5,1.0],
    # backbone
    'backbone':'cspdarknet53',
    'pretrained': True,
    'stride':[8,16,32],# P3, P4, P5
    'width':1.0,
    'depth':1.0,
    ...
```

　　我們依舊採用先前在實現 YOLOv3 時所使用的 YOLOv5 風格的資料增強，並且為了節省顯示記憶體，避免出現 OOM（out of memory）的問題，我們還是將多尺度範圍設置為 0.5 ～ 1.0，這一點與 YOLOv3 保持一致。倘若讀者擁有充足的運算資源，不妨嘗試更大範圍的多尺度，以及進一步提升模型的性能。

　　整體來說，相較於先前實現的 YOLOv3，我們所要實現的 YOLOv4 的區別主要集中在模型結構和標籤匹配，至於損失函數，我們還是採用和 YOLOv3 相同的損失函數。因此，接下來，我們將從模型結構和標籤匹配兩方面來講解 YOLOv4 的程式實現。

8.2.1 架設 CSPDarkNet-53 網路

　　首先，我們來架設 YOLOv4 的主幹網絡：**CSPDarkNet-53 網路**。在有了先前 DarkNet-53 的實現經驗和相關的程式框架後，架設新的主幹網絡也會變得容易許多，我們只需要將其中的殘差模組替換為基於 CSP 結構的殘差模組，其他部分保持不變。在本專案的 models/yolov4/yolov4_basic.py 檔案中，我們實現了這一模組，如程式 8-2 所示。

➔ 程式 8-2 基於 CSP 結構的殘差模組

```python
# YOLO_Tutorial/yolov4/yolov4_basic.py
# ------------------------------------------------------------
...

# CSP-stage block
class CSPBlock(nn.Module):
    def _init_(self,
                in_dim,
                out_dim,
                expand_ratio=0.5,
                nblocks=1,
                shortcut=False,
                depthwise=False,
                act_type='silu',
                norm_type='BN'):
        super(CSPBlock, self). init()
        inter_dim = int(out_dim* expand_ratio)
        self.cv1 = Conv(in_dim, inter_dim, k=1, norm_type=norm_type, act_type=
            act_type)
        self.cv2 = Conv(in_dim, inter_dim, k=1, norm_type=norm_type, act_type=
            act_type)
        self.cv3 = Conv(2* inter_dim, out_dim, k=1, norm_type=norm_type, act_type=
            act_type)
        self.m = nn.Sequential(*[
            Bottleneck(inter_dim, inter_dim, expand_ratio=1.0, shortcut=shortcut,
                    norm_type=norm_type, act_type=act_type, depthwise=depthwise)
                    for_ in range(nblocks)
                    ])

    def forward(self, x):
        x1 = self.cv1(x)
        x2 = self.cv2(x)
        x3 = self.m(x1)
        out = self.cv3(torch.cat([x3, x2], dim=1))

        return out
```

程式 8-2 中的 CSPBlock 類別所使用的 Bottleneck 類別和先前的 YOLOv3 的殘差模組所使用的 Bottleneck 類別的程式同樣，讀者不妨回看此前的工作來確認這一點。注意，我們使用後來被廣泛應用在 YOLO 模型中的 SiLU 啟動函數來替換官方 YOLOv4 所使用的 Mish 啟動函數，從而避免前文提到的 Mish 啟動函數的一些缺陷。整體看來，相關的程式實現並不複雜，學到這裡的讀者已經充分具備了所需的程式能力。

隨後，我們將 YOLOv3 的殘差模組全部替換為 CSPBlock 類別，堆疊數量的設定仍舊保持「12884」的設定。程式 8-3 展示了我們所要架設的 CSPDarkNet-53 主幹網絡的程式。

➜ 程式 8-3 CSPDarkNet-53 主幹網絡

```python
# YOLO_Tutorial/yolov4/yolov4_backbone.py
# ------------------------------------------------------------
...


#-----------------------CSPDarkNet-53-----------------------
class CSPDarkNet53(nn.Module):
    def _init_(self, act_type='silu', norm_type='BN'):
        super(CSPDarkNet53, self). init()
        self.feat_dims = [256,512,1024]

        # P1
        self.layer_1 = nn.Sequential(
            Conv(3,32, k=3, p=1, act_type=act_type, norm_type=norm_type),
            Conv(32,64, k=3, p=1, s=2, act_type=act_type, norm_type=norm_type),
            CSPBlock(64,64, expand_ratio=0.5, nblocks=1, shortcut=True,
                    act_type=act_type, norm_type=norm_type)
        )
        # P2
        self.layer_2 = nn.Sequential(
            Conv(64,128, k=3, p=1, s=2, act_type=act_type, norm_type=norm_type),
            CSPBlock(128,128, expand_ratio=0.5, nblocks=2, shortcut=True,
                    act_type=act_type, norm_type=norm_type)
        )
        # P3
        self.layer_3 = nn.Sequential(
```

```
            Conv(128,256, k=3, p=1, s=2, act_type=act_type, norm_type=norm_type),
            CSPBlock(256,256, expand_ratio=0.5, nblocks=8, shortcut=True,
                    act_type=act_type, norm_type=norm_type)
        )
        # P4
        self.layer_4 = nn.Sequential(
            Conv(256,512, k=3, p=1, s=2, act_type=act_type, norm_type=norm_type),
            CSPBlock(512,512, expand_ratio=0.5, nblocks=8, shortcut=True,
                    act_type=act_type, norm_type=norm_type)
        )
        # P5
        self.layer_5 = nn.Sequential(
            Conv(512,1024, k=3, p=1, s=2, act_type=act_type, norm_type=norm_type),
            CSPBlock(1024,1024, expand_ratio=0.5, nblocks=4, shortcut=True,
                    act_type=act_type, norm_type=norm_type)
        )

    def forward(self, x):
        c1 = self.layer_1(x)
        c2 = self.layer_2(c1)
        c3 = self.layer_3(c2)
        c4 = self.layer_4(c3)
        c5 = self.layer_5(c4)

        outputs = [c3, c4, c5]

        return outputs
```

架設完主幹網絡之後，我們就可以在 YOLOv4 模型的程式中去呼叫該主幹網絡，對於這一操作，相信讀者在有了先前的實踐基礎後都已經熟悉了，這裡不再贅述，也不展示對應的程式。

8.2.2 架設基於 CSP 結構的 SPP 模組

對於 SPP 模組，我們已經很熟悉了，不論是此前的 YOLOv1、YOLOv2 還是 YOLOv3，我們都用了這一模組去擴充模型的感受野。在官方的 YOLOv4 中，SPP 模組也同樣起著這一作用。不過，在本節，我們不再一如既往地直接部署

SPP 模組作為檢測器的頸部網路之一，而是參考 Scaled-YOLOv4，對 SPP 模組做一次基於 CSP 結構的改進。在有了對於 CSP 結構的認識後，改進也是很容易的，相關程式如程式 8-4 所示，並不難理解，這裡就不做過多介紹了。

→ 程式 8-4　基於 CSP 結構的 SPP 模組

```python
# YOLO_Tutorial/yolov4/yolov4_neck.py
# ------------------------------------------------------------
...

# SPPF block with CSP module
class SPPFBlockCSP(nn.Module):
    """
        CSP Spatial Pyramid Pooling Block
    """
    def _init_(self,
        in_dim, out_dim,
        expand_ratio=0.5,
        pooling_size=5,
        act_type='lrelu',
        norm_type='BN',
        depthwise=False
        ):
        super(SPPFBlockCSP, self).
        init() inter_dim = int(in_dim* expand_ratio)
        self.out_dim = out_dim
        self.cv1 = Conv(in_dim, inter_dim, k=1, act_type=act_type, norm_type=
            norm_type)
        self.cv2 = Conv(in_dim, inter_dim, k=1, act_type=act_type, norm_type=
            norm_type)
        self.m = nn.Sequential(
            Conv(inter_dim, inter_dim, k=3, p=1,
                act_type=act_type, norm_type=norm_type,
                depthwise=depthwise),
            SPPF(inter_dim,
                inter_dim,
                expand_ratio=1.0,
                pooling_size=pooling_size,
                act_type=act_type,
                norm_type=norm_type),
```

```
            Conv(inter_dim, inter_dim, k=3, p=1,
                act_type=act_type, norm_type=norm_type,
                depthwise=depthwise)
        )
        self.cv3 = Conv(inter_dim* 2, self.out_dim, k=1,
                    act_type=act_type, norm_type=norm_type)

    def forward(self, x):
        x1 = self.cv1(x)
        x2 = self.cv2(x)
        x3 = self.m(x2)
        y = self.cv3(torch.cat([x1, x3], dim=1))

        return y
```

8.2.3 架設 PaFPN 結構

然後，我們繼續架設 YOLOv4 的 PaFPN 結構。同樣，對於這一部分的實現，我們還是參考出色的 Scaled-YOLOv4 工作，將 YOLOv4 中的包含五層卷積的卷積塊替換為基於 CSP 結構的卷積塊，這一新的結構和 CSPDarkNet-53 的核心模組共用同一份程式，只不過，在 PaFPN 中，我們不會使用殘差連接，即程式 8-2 中所展示的基於 CSP 結構的殘差模組的 shortcut 參數被設置為 False。最終，基於 CSP 結構的 PaFPN 結構的程式如程式 8-5 所示。

➡ 程式 8-5 基於 CSP 結構的 PaFPN 結構

```
# YOLO_Tutorial/yolov4/yolov4_fpn.py
# ------------------------------------------------------------
...

# PaFPN-CSP
class YoloPaFPN(nn.Module):
    def _init_(self, in_dims, out_dim, width=1.0, depth=1.0, act_type='silu',
                norm_type='BN', depthwise=False):
        super(YoloPaFPN, self). init()
        self.in_dims = in_dims
        self.out_dim = out_dim
        c3, c4, c5 = in_dims
```

```python
# top down#
## P5-> P4
self.reduce_layer_1 = Conv(
        c5, int(512*width), k=1, norm_type=norm_type, act_type=act_type)
self.top_down_layer_1 = CSPBlock(
        in_dim = c4 + int(512*width), out_dim = int(512*width), expand_
        ratio = 0.5,
        nblocks = int(3*depth), shortcut = False, depthwise = depthwise,
        norm_type = norm_type, act_type = act_type)

## P4-> P3
self.reduce_layer_2 = Conv(
        c4, int(256*width), k=1, norm_type=norm_type, act_type=act_type)
self.top_down_layer_2 = CSPBlock(
        in_dim = c3 + int(256*width), out_dim = int(256*width),
        expand_ratio = 0.5,
        nblocks = int(3*depth), shortcut = False, depthwise = depthwise,
        norm_type = norm_type, act_type=act_type)

# bottom up
## P3-> P4
self.reduce_layer_3 = Conv(int(256*width), int(256*width), k=3, p=1, s=2,
                depthwise=depthwise, norm_type=norm_type, act_type=act_type)
self.bottom_up_layer_1 = CSPBlock(
        in_dim = int(256*width) + int(256*width), out_dim = int(512*width),
        expand_ratio = 0.5, nblocks = int(3*depth), shortcut = False,
        depthwise = depthwise, norm_type = norm_type, act_type=act_type)

## P4-> P5
self.reduce_layer_4 = Conv(int(512*width), int(512*width), k=3, p=1, s=2,
                depthwise=depthwise, norm_type=norm_type, act_type=act_type)
self.bottom_up_layer_2 = CSPBlock(
        in_dim = int(512*width)+ int(512*width), out_dim = int(1024*width),
        expand_ratio = 0.5, nblocks = int(3*depth), shortcut = False,
        depthwise = depthwise, norm_type = norm_type, act_type=act_type)

# output proj layers
if out_dim is not None:
    # output proj layers
    self.out_layers = nn.ModuleList([
```

```
            Conv(in_dim, out_dim, k=1,
                norm_type=norm_type, act_type=act_type)
                for in_dim in[int(256* width), int(512* width),
                int(1024* width)]
                ])
        self.out_dim = [out_dim]* 3

    else:
        self.out_layers = None
        self.out_dim = [int(256* width), int(512* width), int(1024* width)]

def forward(self, features):
    c3, c4, c5 = features

    c6 = self.reduce_layer_1(c5)
    c7 = F.interpolate(c6, scale_factor=2.0)    # s32->s16
    c8 = torch.cat([c7, c4], dim=1)
    c9 = self.top_down_layer_1(c8)
    # P3/8
    c10 = self.reduce_layer_2(c9)
    c11 = F.interpolate(c10, scale_factor=2.0) # s16->s8
    c12 = torch.cat([c11, c3], dim=1)
    c13 = self.top_down_layer_2(c12)         # to det
    # p4/16
    c14 = self.reduce_layer_3(c13)
    c15 = torch.cat([c14, c10], dim=1)
    c16 = self.bottom_up_layer_1(c15)        # to det
    # p5/32
    c17 = self.reduce_layer_4(c16)
    c18 = torch.cat([c17, c6], dim=1)
    c19 = self.bottom_up_layer_2(c18)        # to det

    out_feats = [c13, c16, c19]# [P3, P4, P5]

    # output proj layers
    if self.out_layers is not None:
    # output proj layers
    out_feats_proj = []
    for feat, layer in zip(out_feats, self.out_layers):
        out_feats_proj.append(layer(feat))
```

```
    return out_feats_proj

return out_feats
```

程式 8-5 中的尺度縮放因數 width 和 depth 暫時忽略，對於 YOLOv4 而言，它們均預設為 1.0，在後續的章節裡，我們會講到這兩個尺度縮放因數。

從程式 8-5 中可以看出，我們依舊使用解耦檢測頭，因此，我們才會在程式的最後部分增加了若干層 1×1 卷積，以將每個尺度的特徵圖的通道數調整至 256。在完成了 SPP 和 PaFPN 兩部分的工作後，我們可以在模型程式中去呼叫相關的函數來使用這兩部分，去處理主幹網絡輸出的多尺度特徵。

按照網路結構的順序，接下來應該講解檢測頭和預測層的程式實現。對於這兩部分，採用的是和 YOLOv3 相同的解耦檢測頭和預測層，因此，我們跳過這兩部分，不再展開講解。

至此，建構 YOLOv4 所需的模組都已經架設完畢，將它們組合在一起即可組成我們所要架設的 YOLOv4 檢測器。YOLOv4 模型的程式框架和先前的 YOLOv3 是一模一樣的，僅存在一些細節上的差異。因此，我們不佔用篇幅去展示 YOLOv4 的程式了，請讀者打開專案的 models/yolov4/yolov4.py 檔案自行查閱完整的模型程式。

另外，我們架設的 YOLOv4 所採用的資料前置處理手段和先前的 YOLOv3 也是相同的，都採用 YOLOv5 風格的資料增強等在內的資料前置處理方法，如馬賽克增強、混合增強以及顏色和空間的擾動，這裡不再贅述。

8.3 製作訓練正樣本

在 8.1.5 節中，我們介紹了 YOLOv4 的 multi anchor 策略，即每個物件框都會被匹配多個正樣本，不過，我們也提到過，即使做了這樣的改進，YOLOv4 中的正樣本來源還是僅侷限在物件框中心點所在的網格內，沒有利用鄰近網格中的一些潛在的高品質樣本。因此，我們不完全遵循 YOLOv4 的做法，而是在此基礎上做一些適當的改進。接下來，詳細講解我們所要採用的標籤匹配策略。

正樣本匹配規則

在之前實現的 YOLOv3 中，我們已經使用了 YOLOv4 的 multi anchor 策略，在本節，我們做進一步的改進。具體來說，除了物件框中心點所在的網格，我們也會考慮該網路的 3 × 3 鄰域，即正樣本將來源於中心點所在網格的 3 × 3 鄰域，而不再只是中心點所在的單獨網格了，如圖 8-7 所示。

（a）正樣本僅來自中心網格　　　　　　　　（b）正樣本來自中心鄰域

▲ 圖 8-7 更多的正樣本候選區域

首先，我們還是只考慮中心點所在的網格，篩選出那些與物件框的 IoU 大於設定值的先驗框，標記為正樣本。隨後，為了進一步豐富正樣本的數量，對於每一個被標記為正樣本的先驗框，我們將周圍的 3×3 鄰域的每個網格中的這一先驗框都標記為該物件框的正樣本。如此一來，對於每一個物件框，其正樣本數量幾乎被擴充了 9 倍，如此之多的正樣本數量將有助提升模型的性能。

在本專案的 models/yolov4/matcher.py 檔案中，我們實現了 Yolov4Matcher 類別，其程式的實現邏輯與先前的 YOLOv3 的 Yolov3Matcher 類別是一樣的，依舊是先確定物件框的中心點所在的網格座標，隨後依據基於形狀的 IoU 來篩選出大於設定值的正樣本，這一部分與 YOLOv3 的操作是一樣的，區別僅是在此基礎上又增加了「中心採樣」的操作，即將 3×3 鄰域的先驗框也一併考慮進來，如程式 8-6 所示。

➔ 程式 8-6　3×3 鄰域中心採樣

```python
# YOLO_Tutorial/yolov4/matcher.py
# ------------------------------------------------------------
...

# label assignment
for result in label_assignment_results:
    grid_x, grid_y, level, anchor_idx = result
    stride = fpn_strides[level]
    x1s, y1s = x1/ stride, y1/ stride
    x2s, y2s = x2/ stride, y2/ stride
    fmp_h, fmp_w = fmp_sizes[level]

    #3x3 center sampling
    for j in range(grid_y- 1, grid_y + 2):
        for i in range(grid_x- 1, grid_x + 2):
            is_in_box = (j >= y1s and j < y2s) and(i >= x1s and i < x2s)
            is_valid = (j >= 0 and j < fmp_h) and(i >= 0 and i < fmp_w)

            if is_in_box and is_valid:
                # obj
                gt_objectness[level][batch_index, j, i, anchor_idx] = 1.0
                # cls
                cls_ont_hot = torch.zeros(self.num_classes)
                cls_ont_hot[int(gt_label)] = 1.0
                gt_classes[level][batch_index, j, i, anchor_idx] = cls_ont_hot
                # box
                gt_bboxes[level][batch_index, j, i, anchor_idx] = torch.as_tensor([
                                                    x1, y1, x2, y2])
```

　　不過，必須承認的一點是，程式 8-6 所展示的「中心採樣」做法並不高效，因為 for 迴圈的操作較多，會增加標籤匹配的耗時。此外，這一操作也過於簡單粗暴，所得到的大量正樣本中可能會存在一些低品質的樣本。對於這些問題，我們暫且不做改進，感興趣的讀者可以嘗試做些適當的最佳化和改進，消除其中的潛在的隱憂。

在完成了標籤匹配的工作後，我們就可以著手撰寫損失函數的程式。對此，我們沿用 YOLOv3 的損失函數，使用 BCE 函數去計算置信度和類別的損失，以及 GIoU 損失函數去計算邊界框的回歸損失。相關的技術內容和程式就不展示了。

8.4 測試 YOLOv4

在完成了對 YOLOv4 的訓練後，假設訓練好的權重檔案為 yolov4_voc.pth，我們在 VOC 資料集上去測試模型的性能。相關操作和先前是一樣的，不再重複介紹。

首先，我們運行 test.py 檔案來查看模型在 VOC 資料集上的檢測結果的視覺化影像。圖 8-8 展示了部分檢測結果的視覺化影像，可以看到，我們設計的 YOLOv4 表現得還是比較可靠的。隨後，我們再去計算 mAP 指標，如表 8-1 所示，可以看到，在使用了更好的主幹網絡和 PaFPN 後，在相同的訓練策略下，YOLOv4 的性能超過了先前實現的 YOLOv3，這表明 YOLOv4 的改進是合理和有效的。

▼ 表 8-1 YOLOv4 在 VOC2007 測試集上的 mAP 測試結果

模型	輸入尺寸	mAP/%
YOLOv1	640×640	76.7
YOLOv2	640×640	79.8
YOLOv3	640×640	82.0
YOLOv4	640×640	83.6

▲ 圖 8-8 YOLOv4 在 VOC 測試集上的檢測結果的視覺化影像

　　隨後，在 COCO 驗證集上去訓練並測試我們的 YOLOv4。圖 8-9 展示了我們的 YOLOv4 在 COCO 驗證集上的部分檢測結果的視覺化影像，可以看到，我們的 YOLOv4 表現得還比較出色。

▲ 圖 8-9 YOLOv4 在 COCO 驗證集上的檢測結果的視覺化影像

為了定量地理解這一點,我們接著去測試 YOLOv4 在 COCO 驗證集上的 AP 指標,如表 8-2 所示。從表中可以看到,我們實現的 YOLOv4 在 COCO 驗證集上依舊強於 YOLOv3,再一次證明了 CSPDarkNet-53 和 PaFPN 兩個網路結構的有效性。

▼ 表 8-2 YOLOv4 在 COCO 驗證集上的測試結果

模型	輸入尺寸	AP/%	AP_{50}/%	AP_{75}/%	AP_S/%	AP_M/%	AP_L/%
YOLOv1	640×640	27.9	47.5	28.1	11.8	30.3	41.6
YOLOv2	640×640	32.7	50.9	34.4	14.7	38.4	50.3
YOLOv3	640×640	42.9	63.5	46.6	28.5	47.3	53.4
YOLOv4	640×640	46.6	65.8	50.2	29.7	52.0	61.2

8.5 小結

本章在 YOLOv3 的基礎上,我們改進了網路結構並最佳化了標籤匹配規則,實現了我們自己的 YOLOv4,其性能不僅遠遠優於先前的單級檢測器 YOLOv1 和 YOLOv2,同時,也顯著優於我們自己實現的 YOLOv3。這不僅再一次證明了「多級檢測」架構是優於「單級檢測」架構的,同時也證明了 CSP 結構和 PaFPN 結構的有效性。事實上,直到 2023 年,最新的 YOLO 檢測器依舊沒有推翻 YOLOv4 所奠定的架構—主幹網絡、頸部網路、特徵金字塔以及檢測頭。大多數 YOLO 檢測器都是在這些模組上做一些改進和最佳化,同時,也會為新一代的 YOLO 檢測器提出更好更強的標籤匹配規則和損失函數等。儘管從微觀層面來講,每一代 YOLO 檢測器都會多出一些技巧性的細節,但從巨觀層面來說,此後的 YOLO 框架幾乎沒有實質性的差別。因此,在學完本章後,除了新的技術點(如動態標籤分配),讀者已經累積了足夠多的知識,可以去了解更新的 YOLO 檢測器,因為要了解任何一代 YOLO,乃至其他檢測器,無非從 3 個方面出發:網路結構、標籤匹配規則以及損失函數。因此,到這裡,YOLO 系列的大多數常用的技術都已經講解完畢了,相信讀到這裡的每一位讀者都已經對 YOLO 有了較為全面的認識。

不過，發展的腳步從來不會停止。時至今日，YOLO 系列仍在發展中，雖然沒有框架上的太大突破，但每一次新 YOLO 檢測器的提出都還是能夠激起研究者們的熱情。若按照一直以來的節奏，那麼毫無疑問，我們在第 9 章講的應該就是 YOLOv5，但相較於 YOLOv4，YOLOv5 依舊採用了基於 CSP 結構的 CSPDarkNet 網路、SPP 模組以及 PaFPN 結構，區別僅是引入了一套模型縮放規則，設計了不同大小的 YOLOv5，並精心調整了部分訓練所需的超參數。從整體上來看，憑藉著本章的 YOLOv4 實現經驗，很快就可以摸清 YOLOv5 的模型架構，其標籤匹配的規則依舊依賴於先驗框，至於訓練技巧中的馬賽克增強和混合增強，我們都已經在實現章節中使用了，因此，我們不再單獨安排一章去介紹 YOLOv5。

注意，這種安排並不表示否定 YOLOv5 的意義和價值，YOLOv5 是個十分出色的工作，大大促進了相關技術在業界中的發展。我們之所以不選擇介紹這一工作，僅是考慮到內容講解的效率，因為我們不希望本書成為某開放原始碼專案的使用手冊，而是仍舊希望引領讀者去了解 YOLO 系列的發展之路上的那些具有「里程碑」意義甚至是「革新性」意義的工作和突破。當然，本專案原始程式也實現了一版 YOLOv5，感興趣的讀者可以自行查閱相關的程式，會發現其網路結構和我們實現的 YOLOv4 大同小異。

秉持著我們一直以來的學習理念，在接下來的章節中，我們將為讀者去解讀一些作者所認為的具有突破性的 YOLO 檢測器，並一如既往地參考這些工作的長處去進一步最佳化我們自己的 YOLO 檢測器。

MEMO

第 **3** 部分

較新的
YOLO 框架

第9章

YOLOX

　　當 YOLO 檢測器遇上 anchor-free 會發生什麼？這是一個很有趣的問題，因為這一問題充滿了這種誘惑：**沒有了先驗框的 YOLO，能否還那麼強大呢？**

　　從 YOLOv2 開始一直到 YOLOv4，先驗框始終是 YOLO 檢測器的標準配備。即使是繼 YOLOv4 之後的更強大的 YOLOv5，雖然在 YOLOv4 工作的基礎上，使用了一套後來被廣泛使用的縮放策略來設計不同規模的 YOLOv5 檢測器，為不同的任務場景和計算平臺提供不同大小的即時檢測器，在即時檢測的範圍內實現了最強的性能，但其架構中仍然保留了先驗框。

我們已經知道，YOLO 為了解決先驗框的問題而採用聚類的方式來獲取一個資料集中合適的先驗框尺寸，避免了手工設計的弊端，但聚類出的先驗框尺寸仍依賴資料集本身。儘管從專案的角度來說，針對具體的場景來偵錯一些「超參數」是有益的，但是從學術的角度來看，我們希望這樣的超參越少越好，因為更少的超參有助提升模型的泛化性。

但是，前面我們已經提到過，如果沒有先驗框，那麼在多級檢測這個架構下，首先面臨的問題就是多尺度匹配，即在沒有了先驗框的尺寸先驗後，我們難以確定每一個標籤該由哪個尺度的預測框學習。這一點在先前學習 YOLOv3 和 YOLOv4 時讀者一定是深有體會的。

於是，在 2019 年，發表在 CVPR 會議上的 FCOS[18] 工作在指出這些問題後，提出了一套基於感興趣尺度範圍的多尺度匹配規則，透過設置幾個尺度區間來決定哪些物件框分配到哪個尺度上。儘管 FCOS 的確不再使用先驗框，然而，當我們深度思考這一規則後不難發現，所謂的感興趣尺度範圍其實起著和先驗框同樣的作用，因此具有同樣的缺陷：**仍舊需要手工確定每個尺度所對應的尺度範圍**。這一矛盾儘管獲得了一定程度上的緩解，但問題的「根」卻沒有被觸及。我們不禁要問：**能否有一種不再依賴諸如先驗框或感興趣尺度範圍的匹配規則來完成多尺度的正樣本匹配呢？**這是一個很有研究價值的問題。

在 2020 年，曠視科技公司針對這一問題交出了一份漂亮的答卷：YOLOX[9]。為了完成 YOLOX 的設計，他們在此之前提出了一種新型的動態標籤分配策略：**最佳傳輸分配**（optimal transportation assignment，OTA）[36]，將物件辨識的標籤分配轉換成最佳傳輸問題，透過最小化預測框與物件框的代價—類別代價和位置代價—來獲得全域最佳解，以得到當前最佳的正樣本匹配方案。由於 OTA 直接尋找的是預測框和物件框之間的連結，因此無須再借助諸如先驗框或感興趣尺度範圍等「仲介資訊」來確定正樣本。圖 9-1 展示了 OTA 的演算法框架。

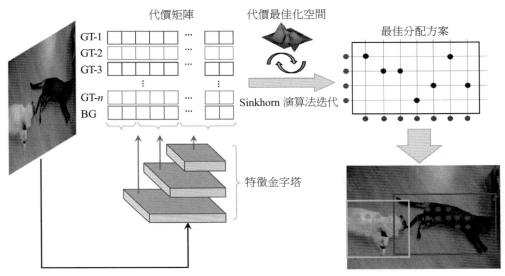

代價矩陣

代價最佳化空間

最佳分配方案

GT-1
GT-2
GT-3
⋮
GT-*n*
BG

Sinkhorn 演算法迭代

特徵金字塔

▲ 圖 9-1 基於最佳傳輸分配的動態標籤分配策略

在 OTA 之後，這一類**基於最小化預測框和物件框的代價的策略來尋找「最佳」正樣本**的方案統稱為**動態標籤分配**（dynamic label assignment）策略，而此前依賴先驗框或感興趣尺度範圍的標籤分配策略則被稱為**固定標籤分配**（fixed label assignment）策略。

由於 OTA 可以全域最佳化所有預測框與物件框的代價，得到最佳的標籤分配結果，因此，OTA 在完成了無須先驗資訊的多尺度分配的同時，也解決了我們先前提到的語義歧義問題，即一個正樣本應該分配給哪個物件框。不過，為了求解這一「最佳」，OTA 借用了較為耗時的 Sinkhorn 迭代演算法，使得訓練時間多出了 20%。對只需訓練 12 個 epoch 的工作（如 RetinaNet 和 FCOS 等）來說，增加 20% 的訓練耗時是可以接受的，而對 YOLO 這種動輒 200 ～ 300 個 epoch，甚至 500 個 epoch 訓練時長的工作來說，是難以接受的。

因此，為了將 OTA 技術應用到 YOLO 框架中，曠視團隊在 OTA 架構的基礎上設計了基於 topk 操作的 SimOTA。相較於使用 Sinkhorn 迭代演算法的 OTA，使用 topk 操作的 SimOTA 能夠更快地舉出最佳解。不過，SimOTA 舉出的最佳解往往是局部最佳的，而非全域最佳，但從 C/P 值上來看，SimOTA 好於 OTA，且在作者團隊的測試下，使用 OTA 和 SimOTA 來分別訓練 YOLOX 幾乎

不會給 YOLOX 造成明顯的性能損失。因此,一款基於 SimOTA 技術的第一版真正意義上的 anchor-free 版本的 YOLO 檢測器:YOLOX 就被設計出來了。那麼,接下來,就讓我們一起領略 YOLOX 的強大風采吧。

9.1　解讀 YOLOX

　　和先前的 YOLO 工作一樣,YOLOX 也是以技術報告的形式出現在研究者們的視野中,尚未被發表在期刊或會議上。因此,我們仍延續先前的學習節奏,從 YOLOX 所作的種種改進和最佳化逐一講起,一步步地解讀 YOLOX 的創新點。

9.1.1　baseline 的選擇:YOLOv3

　　一般來說在做學術研究時,為了驗證自己工作的有效性,我們都會選擇一個合適的模型作為後續工作的**基準線**(baseline)。為了盡可能避免他人對我們改進的合理性產生懷疑,我們往往會選擇那些較為「乾淨」的工作作為研究的 baseline。所謂「乾淨」,是指沒有使用過多的「技巧」。雖然在此之前,YOLOv5 是最強大的 YOLO 檢測器,但是其中使用了太多的技巧,一些參數也是精心設計好的,有著太多的精雕細琢的痕跡,而縱觀 YOLO 的發展,YOLOv3 無疑是最佳的選擇,它既具備了一個先進的物件辨識網路所應包含的核心架構,同時又沒有過多被精心設計出來的超參數,也沒有過多的訓練技巧上的精心偵錯,所以,作者團隊選擇了 YOLOv3 作為 baseline 模型。

9.1.2　訓練 baseline 模型

　　在正式開始 YOLOX 的工作前,作者團隊先對 YOLOv3 進行訓練,作為後續工作的起點。在訓練策略上,YOLOX 作者團隊沒有採用太複雜的策略,一些參數也沒有經過精心偵錯。詳細的訓練設定如下。

- 訓練 300 個 epoch,其中前 5 個 epoch 為 warmup 階段。這一點繼承了 YOLO 一直以來的大 epoch 訓練策略,充分挖掘模型的性能。

- 採用隨機梯度下降（SGD）最佳化器，其中的參數 momentum 為 0.9，weight decay 為 0.0005。但這裡的 SGD 不是標準的 SGD，相關設計參考了當時的 YOLOv5。

- 訓練的 batch size 為 128，並使用 8 個 GPU 來做分散式訓練。

- 使用多尺度訓練，其尺度範圍為 448 ～ 832，均為 32 的整數倍。較以往的 320 ～ 608，這一次的多尺度範圍更大，有助提升模型的性能。

- 使用 GIoU 損失作為邊界框回歸損失函數，而置信度損失和類別損失仍舊是 Sigmoid 函數與 BCE 函數的搭配。

- 使用模型指數滑動平均（EMA）技巧。

- 僅使用隨機水平翻轉和顏色擾動作為資料增強手段。

在上述的訓練設定下，由 YOLOX 作者團隊實現的 YOLOv3 在 COCO 驗證集上實現了 38.5% 的 AP 性能，超過了官方實現的 YOLOv3 檢測器。在此基礎上，YOLOX 團隊開始了他們「步步為營」的改進和最佳化的策略，不斷設計出新一代的 YOLOX 檢測器。接下來，我們就開始介紹 YOLOX 所做出的改進。

9.1.3 改進一：解耦檢測頭

YOLOX 所作的第一個改進就是替換 YOLO 一直以來所使用的耦合檢測頭（或稱「YOLO head」）。在原始的 YOLOv3 中，檢測頭僅包含了一層 3×3 卷積和一層 1×1 卷積，一次性輸出置信度、類別和位置三部分的預測。YOLOX 作者團隊認為由一個分支來完成三種不同性質的預測並不合理，因為這就要求檢測頭必須同時提取包含類別和位置兩種不同的語義資訊，這種差異可能會對模型的收斂速度與性能造成一些負面影響。於是， YOLOX 作者團隊參考 RetinaNet 和 FCOS 的檢測頭，設計了**解耦檢測頭**（decoupled head），其由兩條並行的分支組成，分別去提取類別特徵和位置特徵，然後，將類別特徵用於預測類別置信度 $Y_{cls} \in \mathbb{R}^{H_o \times W_o \times N_A N_C}$，將位置特徵用於預測邊界框 $Y_{box} \in \mathbb{R}^{H_o \times W_o \times 4N_A}$ 和置信度 $Y_{obj} \in \mathbb{R}^{H_o \times W_o \times N_A}$，其中，$N_A$ 是每個尺度的先驗框數量。由於我們在此前的程式實現章節中已多次使用了解耦檢測頭，因此相關的技術內容就不做過多介紹了。圖 9-2 展示了 YOLOX 的解耦檢測頭的結構。

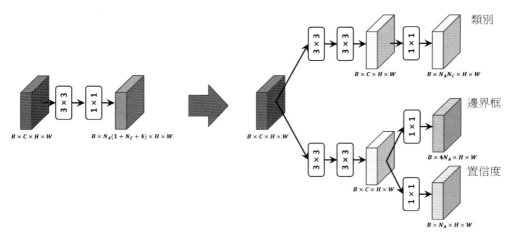

▲ 圖 9-2　解耦檢測頭

　　經過這一改進後，YOLOv3 的性能指標 AP 從 38.5% 提升至 39.6%，同時，模型的收斂速度也有明顯的提升（如圖 9-3 所示）。由此可見，解耦檢測頭的改進是合理且有效的。不過，我們仔細觀察圖 9-2 的話，不難發現解耦檢測頭因使用了更多的卷積而必然會帶來更多的模型參數，因此，雖然 YOLOv3 的性能提升了，但是其參數量和計算量也會隨之增加。YOLOv3 的計算量從 157.3 GFLOPs 增加至 186.0 GFLOPs，參數量也從 63.00 M 增加至 63.86 M，檢測速度也從 95.2 FPS 降低至 86.2 FPS。不過，整體來看，這一改進還是值得的，因此，YOLOX 作者團隊保留了解耦檢測頭這一結構。

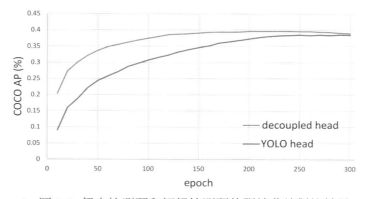

▲ 圖 9-3　耦合檢測頭和解耦檢測頭的訓練曲線對比結果

9.1.4 改進二：更強大的資料增強

在初始的訓練設定中，YOLOX 作者團隊僅使用了隨機水平翻轉和顏色擾動兩種資料增強操作，這顯然是不夠的。當時，YOLOv5 已經將馬賽克增強和混合增強確定為 YOLO 訓練的標準設定之一，因此，YOLOX 作者團隊也進一步引入了這兩種強大的資料增強。不過，在細節上，YOLOX 所採用的馬賽克增強不僅會對影像進行縮放和拼接，還會對影像做一些剪裁、旋轉和仿射變換等額外的操作。在加入了這兩巨量資料增強後，YOLOv3 的性能指標 AP 從 39.6% 大幅提升至 42.0%，再一次證明了這兩種資料增強的有效性。

不過，這裡存在一個操作上的細節，也是 YOLOX 作者團隊舉出的一條很有用的經驗，那就是**馬賽克增強和混合增強會在訓練的最後 15 個 epoch 階段被關閉**。這是因為這兩種資料增強往往會產生一些不符合真實場景的自然影像分佈（如圖 9-4 所示），其中很多物件是不會出現在真實場景中的，儘管這樣的資料增強有助提升模型的堅固性和泛化性，但也在一定程度上破壞了資料的真實分佈，使得模型學習到一些不正確的資訊。為了緩解這個問題，在訓練的最後 15 個 epoch 期間，馬賽克增強和混合增強會被關閉，僅保留隨機水平翻轉和顏色擾動兩個較為簡單的資料增強操作，以便讓網路修正一些從馬賽克增強和混合增強中學到的不正確的資訊，在自然影像分佈上完成最後的收斂。這是 YOLOX 工作舉出的很實用的訓練經驗。

▲ 圖 9-4 由馬賽克增強和混合增強產生的一些不符合真實影像的實例

9.1.5 改進三：anchor-free 機制

　　YOLOX 的第三個改進是針對網路的預測機制。在前面我們已經多次提到 YOLO 系列一直以來都在依賴的先驗框，也分析了先驗框的一些缺陷以及它對多尺度標籤分配的負面影響。不過，YOLOX 團隊並沒有將這一問題一步合格地解決，而是先參考了 FCOS [18] 工作的 anchor-free 的機制，即直接移除先驗框，並為每個尺度設置不同的感興趣區間範圍。在這一番改進後，假設輸入影像的尺寸是 416×416，那麼對於第 i 個尺度，其輸出分別為 $Y_{cls} \in \mathbb{R}^{H_o \times W_o \times N_c}$、$Y_{box} \in \mathbb{R}^{H_o \times W_o \times 4}$ 以及 $Y_{obj} \in \mathbb{R}^{H_o \times W_o \times 1}$。注意，這些輸出當中不再有表示先驗框數量的字母 N_A，因此，每個網格處都不再設置多個先驗框，僅有一個預測輸出。

　　在採用了 anchor-free 機制後，YOLOv3 的性能略有提升，AP 從 42.0% 增加到 42.9%，並且，由於預測層的參數變少了，模型的計算量 GFLOPs 和參數量都有些許減少，檢測速度也從 86.2 FPS 提升至 90.1 FPS。由此可見，anchor-free 機制是很有效的，並且也說明先驗框並不是先進物件辨識器的必備選擇。

9.1.6 改進四：多正樣本

　　在 YOLOv3 中，每個物件框僅有一個正樣本，即使改成了 anchor-free 機制，每個物件框也只有中心處的正樣本，也就是前面提到過的 one-to-one 標籤匹配策略。通常情況下，這種匹配策略是較為低效的，不利於發掘出模型更高的性能。於是，YOLOX 作者團隊參考 FCOS 的設計，將中心點的 3 × 3 鄰域都作為正樣本候選區域（如圖 9-5 所示），直觀上來看，這一操作使得正樣本的數量增加了約 9 倍，而這一簡單的改進卻使得 YOLOv3 的性能指標 AP 從先前的 42.9% 顯著提升至 45.0%。由此可見，one-to-many 標籤匹配策略因提升正樣本的數量而有助模型表現出更高的性能，這一認識也是當前物件辨識領域的共識之一。

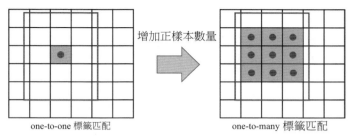

▲ 圖 9-5 多正樣本改進策略

9.1.7 改進五：SimOTA

在完成了上述的 anchor-free 改進後，YOLOX 作者團隊顯然也注意到了感興趣尺度範圍這一仍需手動設定的超參數，換言之，引入 anchor-free 機制後的 YOLOv3 仍受困於固定標籤分配。為了解決這一問題，作者團隊參考了 OTA [36] 所舉出的動態標籤分配的思想，設計了一個高效的動態標籤分配策略：SimOTA （simple optimal transportation assignment）。在 OTA 思想的基礎上，SimOTA 使用快捷高效的 topk 操作替換了耗時的 Sinkhorn 迭代演算法，大大加快了最佳正樣本分配方案的求解。

雖然 SimOTA 舉出的正樣本匹配的結果相較於 OTA 而言是次優的，但在長達 300 個 epoch 的訓練時長下，二者的性能差異幾乎可以忽略不計，且 SimOTA 不會像 OTA 那般顯著地增加訓練耗時，因此，SimOTA 的綜合 C/P 值還是很高的。

可以認為，SimOTA 是 YOLOX 工作的最為重要的成功要素，也是 YOLO 系列進化到 anchor-free 版本必不可少的利器。在後續諸多 YOLO 工作中，比如 PP-YOLOE [46]、 YOLOv6 [11] 和 YOLOv7 [11]，我們都可以看到受 SimOTA 啟發的動態標籤分配策略，雖然它們的做法可能在細節上與 SimOTA 不同，但其思想都遵循和 SimOTA 相似的技術框架。因而，若想真正了解 YOLOX 工作，SimOTA 是至關重要的一環。所以，接下來，我們來詳細講解 SimOTA 的原理。

　假設我們已經將 YOLOv3 的三個尺度的輸出已經沿空間維度拼接了起來，得到最終的三個輸出結果：$Y_{conf} \in \mathbb{R}^{M \times 1}$、$Y_{cls} \in \mathbb{R}^{M \times N_c}$ 以及 $Y_{reg} \in \mathbb{R}^{M \times 4}$，其中 $M = H_1W_1 + H_2W_2 + H_3W_2$，這裡的拼接操作僅是為了將所有的預測結果整理到一起，方便後續的處理。我們假設物件框的類別標籤為 $\hat{Y} \in \mathbb{R}^{N \times N_c}$，其中，$N$ 是物件的數量，並且類別標籤採用了 one-hot 格式。而位置標籤則被記作 $\hat{Y} \in \mathbb{R}^{N \times 4}$，包含了每一個物件的邊界框座標。

　首先，將置信度預測與類別預測相乘得到完整的類別置信度 $Y_{cls} = \sqrt{Y_{conf} Y_{cls}}$。注意，我們在這裡對乘積結果進行了開方操作，因為 Y_{conf} 和 Y_{cls} 都是 $0 \sim 1$ 的值，兩個小於 1 的數值相乘會更小，所以我們需要用開方操作來校正數量級，這一操作在我們先前的實現工作中也用到了。然後，計算預測框與物件框的類別代價 $C_{cls} \in \mathbb{R}^{M \times N}$，其中，$C_{cls}(i, j)$ 表示第 i 個預測框與第 j 個物件框的類別代價，即 BCE 損失：

$$C_{cls}(i,j) = \sum_c BCE\left[Y_{cls}(i,c), \hat{Y}_{cls}(j,c)\right] \qquad (9\text{-}1)$$

　同理，我們使用 GIoU 損失函數去計算預測框與物件框的回歸代價 $C_{reg} \in \mathbb{R}^{M \times N}$，其中，$C_{reg}(i, j)$ 表示第 i 個預測框與第 j 個物件框的 GIoU 損失：

$$C_{reg}(i,j) = L_{GIoU}\left[Y_{reg}(i), \hat{Y}_{reg}(j)\right] \qquad (9\text{-}2)$$

　那麼，總的代價就是二者的加權和：

$$C_{total} = C_{cls} + \gamma C_{reg} \qquad (9\text{-}3)$$

　其中，γ 為權重因數，預設為 3。

　但是，這裡我們需要考慮一個事實，那就是**不是所有的預測框都有必要去和物件框計算代價**。從經驗上來說，對於處在物件框之外的網格，一般不會檢測到物件的，因為這些區域基本不會有物件的特徵，相反，物件框的中心鄰域往往會舉出一些品質較高的預測，至少，有效的預測是在物件框內。所以，SimOTA 將物件框的**中心鄰域**（如 3×3 鄰域或 5×5 鄰域）**內**和**物件框範圍內**的網格視作正樣本候選區域，即正樣本只會來自這些區域，而物件框之外的網格均被視作負樣本候選區域，如圖 9-6 所示。

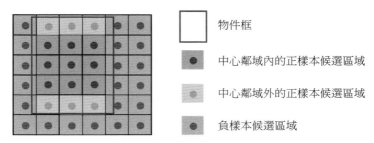

中心鄰域內的正樣本候選區域

中心鄰域外的正樣本候選區域

負樣本候選區域

物件框

▲ 圖 9-6 正樣本候選區域和負樣本候選區域

那麼，我們就需要先從所有的網格中篩選出處在物件框中心鄰域和物件框範圍的網格，在這些網格處的預測 $Y_{\text{conf}}^{fg} \in \mathbb{R}^{M_P \times 1}$、$Y_{\text{cls}}^{fg} \in \mathbb{R}^{M_P \times N_c}$ 以及 $Y_{\text{reg}}^{fg} \in \mathbb{R}^{M_P \times 4}$ 會被視作正樣本候選，即代價的計算只會發生在這些樣本上，得到類別代價 $C_{\text{cls}}^{fg} \in \mathbb{R}^{M_P \times N}$ 和回歸代價 $C_{\text{reg}}^{fg} \in \mathbb{R}^{M_P \times N}$。如此一來，計算量會大大減少。

另外，在物件辨識任務中，中心先驗已經被廣泛認為是一個很有效的技巧[8,36]。因此，受這一經驗啟發，SimOTA 對篩選後的網格，即正樣本候選區域，做了進一步處理，具體來說，在計算完成這些正樣本候選區域與物件的代價之後，SimOTA 又為那些**雖然處在物件框內但在中心鄰域之外的樣本**的代價增加了一個極大的值，如 10^6，其目的是希望正樣本優先來源於中心鄰域。我們使用符號 $\mathrm{II} \in \mathbb{R}^{M_P \times N}$ 來標記那些不在中心鄰域的正樣本候選區域，則最終的代價函數如下：

$$C_{\text{total}}^{fg} = C_{\text{cls}}^{fg} + C_{\text{reg}}^{fg} + \mathrm{II}_{oc}10^6 \tag{9-4}$$

至於那些處在正樣本候選區域之外的網格，均被視作負樣本，即位於這些網格處的預測框只參與邊界框的置信度的損失計算，不參與類別損失和位置損失的計算。

現在，我們計算了處在正樣本候選區域中的預測框與物件框的代價，代價的作用在於衡量預測框與物件框的接近程度。顯然，一個預測框與一個物件框的代價越小，表明它們越接近，將這個預測框作為該物件框的正樣本也就越合適。不過，這裡會遇到一個問題：**我們應該為每個物件框匹配多少個預測框作為正樣本呢**？當然，一個簡單而直接的做法就是手動設定，比如硬性要求每個

物件框匹配 9 個正樣本，但是，人為設定又有局限性，可能一些物件框只需要一兩個正樣本，而另一些物件框需要七八個。這就啟發我們去設計一種自我調整的方法。

為了解決這一問題，SimOTA 採用了一種**動態估計策略**，我們可以預想一下，一個被標記為正樣本的預測框與物件框的代價應該較小，從空間角度來看，這也就表示預測框應該接近物件框，這裡我們就會很容易想到 IoU，因為 IoU 是介於 0 ～ 1 的數，其值越接近 1，表示兩個框越接近，當 IoU 等於 1 時，表示兩個框完全重合，那麼這裡的 1 就恰好又可以視為「一個正樣本」。

所以，在這個邏輯下，SimOTA 先計算 M_p 個預測框與 N 個物件框的 IoU，得到一個 IoU 矩陣 $U \in \mathbb{R}^{M_p \times N}$，對於每一個物件框，我們計算它的前 q 個 IoU 值，並取整數，得到一個向量 $V \in \mathbb{R}^N$，那麼這個向量中的每一個元素 $V(j)$ 就代表第 j 個物件框所需的正樣本數量。如此一來，對於正樣本數量的確定就完全是動態的了，而無須人為去設定。當然，q 還是需要人為設定的，在 YOLOX 中，q 被設定為 10，即一個物件框最多會有 10 個正樣本，具體數量則是動態估計得到的。

在確定了每個物件框要被分配多少個正樣本後，我們就可以計算哪些預測會被標記為正樣本。假設，第 j 個物件框將被分配 k_j 個正樣本，即 $V(j) = k_j$，我們就把與第 j 個物件框的代價最小的前 k_j 個預測框作為正樣本。我們對每一個物件框都做同樣的處理，最後就會得到一個只有 0 和 1 兩個離散值的分配矩陣 $A \in \mathbb{R}^{M_p \times N}$，其中，$A(i, j) = 1$ 表示第 i 個預測框將被標記為第 j 個物件框的正樣本，反之則不會被匹配上。

然而，這裡還是會存在一個問題，即以上的操作不可避免地會出現一個預測框同時被標記為多個物件框的正樣本，比如 $A(i, j_1) = A(i, j_2)$，對於這一問題，SimOTA 採用了較為簡單且直觀的做法，那就是比較該預測框和哪個物件框的代價更小，然後與代價更小的物件框匹配。假設 $C^{fg}_{total}(i, j_1) > C^{fg}_{total}(i, j_2)$，那麼第 i 個預測框就將作為第 j_2 個物件框的正樣本。不難想像，這可能會使得某些物件框沒有正樣本，這也是 SimOTA 相較於完整版的 OTA 的潛在問題之一。不過，

由於 SimOTA 大幅減少了求解過程的耗時，無須使用 Sinkhorn 迭代演算法，因此 C/P 值還是很高的。

最終，每個物件框也就從這些正樣本候選區域中獲得了各自的正樣本，而對於那些沒被匹配上的正樣本候選區域內的網格，自然被視作負樣本。

在使用了 SimOTA 後，anchor-free 架構的 YOLOv3 的性能再一次被大幅提升，AP 從先前的 45.0% 顯著提升至 47.3%。由此可見，動態標籤分配策略是十分有效的，顯著優於依賴人工先驗的固定標籤分配策略。

最後，為了和當時先進的 YOLOv5 做對比，YOLOX 換上了和 YOLOv5 一樣的網路結構，即透過尺度縮放策略來建構 4 種不同規格的 YOLOX 檢測器：YOLOX-S、YOLOX-M、YOLOX-L 和 YOLOX-X，模型參數量和計算量 GFLOPs 依次遞增。同時，YOLOX 作者團隊還為低算力和嵌入式等平臺設計了 YOLOX-Tiny 以及 YOLOX-Nano 兩個輕量檢測器。

相較於當時先進的 anchor-based 的 YOLOv5，YOLOX 表現出了強大的性能，且是第一款採用了動態標籤分配策略、使用 anchor-free 機制的 YOLO 檢測器，因此，儘管 YOLOX 的參數量和計算量明顯高於 YOLOv5，但瑕不掩瑜，其意義和影響是深遠的，為後續的工作帶來了很多有意義的啟發。

可以說，自 YOLOX 工作問世，YOLO 大家族也正式掀開了 anchor-free 的新篇章，邁上了新的發展道路。

9.2 架設 YOLOX 網路

在本節，我們來實現一款 YOLOX 檢測器。迄今為止，我們已經實現了 YOLOv1 ~ YOLOv4 四款 YOLO 檢測器，相關的實現經驗已經很豐富了，因此，我們儘量不採用面面俱到的講解方式，而只講重要的細節，提高學習效率。

在開始實現工作之前，可以先查看我們要實現的 YOLOX 檢測器的設定檔，如程式 9-1 所示。在本專案的 config/model_config/yolox_config.py 檔案中，我

們撰寫了用於建構 YOLOX 的設定參數。我們要實現的是基於 YOLOv5 結構的 YOLOX 網路，不使用參數量過多、計算量過大的 DarkNet-53 網路。接下來，我們進入實現環節。

➔ 程式 9-1 YOLOX 的設定檔

```
# YOLO_Tutorial/config/model_config/yolox_config.py
# ------------------------------------------------------------
...

yolox_cfg = {
    # input
    'trans_type':'yolov5',
    'multi_scale':[0.5,1.0],
    # backbone
    'backbone':'cspdarknet',
    'pretrained': True,
    'stride':[8,16,32],# P3, P4, P5
    'width':1.0,
    'depth':1.0,
    ...
```

注意，在資料增強方面，我們使用 YOLOX 風格的資料增強，而不再是先前一直使用的 YOLOv5 資料增強。這二者之間的不同點僅在於混合增強的實現上，YOLOv5 混合兩張馬賽克影像，而 YOLOX 則混合一張馬賽克影像和一張普通影像，另外，YOLOv5 以很低的機率（如 0.15）去呼叫混合增強，而 YOLOX 則同時使用馬賽克增強和混合增強，即使用混合增強的機率為 1.0。關於 YOLOX 的混合增強，我們會在後續的章節中講到。

整體來說，相較於先前的工作，我們所要實現的 YOLOX 的差別主要集中在資料前置處理、模型結構和標籤匹配上。因此，接下來，我們將從這三方面來講解 YOLOX 的程式實現。

9.2.1 架設 CSPDarkNet-53 網路

首先，我們來架設 YOLOX 的主幹網絡：**CSPDarkNet 網路**。該網路是由 YOLOv5 工作提出的，其網路結構是在 YOLOv4 的 CSPDarkNet-53 基礎上架設出來的，核心模組都是基於 CSP 結構的殘差模組，對此，我們不做過多的介紹，直接展示程式，如程式 9-2 所示。

➜ 程式 9-2　CSPDarkNet 主幹網絡

```
# YOLO_Tutorial/models/yolox/yolox_backbone.py
# ------------------------------------------------------------
...


#-------------------CSPDarkNet-------------------
class CSPDarkNet(nn.Module):
    def _init_(self, depth=1.0, width=1.0, act_type='silu', norm_
            type='BN', depthwise=False):
        super(CSPDarkNet, self). init()
        self.feat_dims = [256,512,1024]

        # P1
        self.layer_1 = Conv(3, int(64*width), k=6, p=2, s=2, act_type=act_type, norm_
                            type=norm_type, depthwise=depthwise)

        # P2
        self.layer_2 = nn.Sequential(
            Conv(int(64*width), int(128*width), k=3, p=1, s=2, act_type=act_type,
                norm_type=norm_type, depthwise=depthwise),
            CSPBlock(int(128*width), int(128*width), expand_ratio=0.5,
                    nblocks=int(3*depth), shortcut=True, act_type=act_type,
                    norm_type=norm_type, depthwise=depthwise)
        )
        # P3
        self.layer_3 = nn.Sequential(
            Conv(int(128*width), int(256*width), k=3, p=1, s=2, act_type=act_type,
                norm_type=norm_type, depthwise=depthwise),
            CSPBlock(int(256*width), int(256*width), expand_ratio=0.5,
                nblocks=int(9*depth), shortcut=True, act_type=act_type,
```

```
                    norm_type=norm_type, depthwise=depthwise)
        )
        # P4
        self.layer_4 = nn.Sequential(
            Conv(int(256*width), int(512*width), k=3, p=1, s=2, act_type=act_type,
                norm_type=norm_type, depthwise=depthwise),
            CSPBlock(int(512*width), int(512*width), expand_ratio=0.5,
                    nblocks=int(9*depth), shortcut=True, act_type=act_type,
                    norm_type=norm_type, depthwise=depthwise)
        )
        # P5
        self.layer_5 = nn.Sequential(
            Conv(int(512*width), int(1024*width), k=3, p=1, s=2, act_type=act_type,
                norm_type=norm_type, depthwise=depthwise),
            SPPF(int(1024*width), int(1024*width), expand_ratio=0.5, act_type=act_
                type, norm_type=norm_type),
            CSPBlock(int(1024*width), int(1024*width), expand_ratio=0.5,
                    nblocks=int(3*depth), shortcut=True, act_type=act_type,
                    norm_type=norm_type, depthwise=depthwise)
        )


    def forward(self, x):
        c1 = self.layer_1(x)
        c2 = self.layer_2(c1)
        c3 = self.layer_3(c2)
        c4 = self.layer_4(c3)
        c5 = self.layer_5(c4)

        outputs = [c3, c4, c5]

        return outputs
```

在程式 9-2 所展示的 CSPDarkNet 主幹網絡中，我們使用 width 和 depth 兩個尺度因數來調整網路的規模。殘差模組的堆疊數量的基礎設定為「3993」，對於不同規模的 CSPDarkNet 網路，width 和 depth 也是不同的，這就使得殘差模組的數量也不同、每層的卷積核心數量也不同。YOLOv5 所建立的這套尺度縮放規則被廣泛地應用到其他工作中。

表 9-1 展示了不同規模的 CSPDarkNet 網路的設定。

▼ 表 9-1 CSPDarkNet 的模型規模與尺度因數的關係

網路	width 因數	depth 因數	參數量 /M
CSPDarkNet-S	0.5	0.34	4.2
CSPDarkNet-M	0.75	0.67	12.3
CSPDarkNet-L	1.0	1.0	27.1
CSPDarkNet-X	1.25	1.34	50.3

在本次實現中，我們僅使用 CSPDarkNet-L 的設定，即 width 和 depth 兩個因數均被設置為 1.0。感興趣的讀者可以嘗試 width 和 depth 的其他參數設置。

另外，在程式 9-2 中，我們還注意到最後一層的結構中，使用到了 SPP 模組。在 YOLOv5 的工作裡，SPP 模組作為主幹網絡的一部分被增加到了主幹網絡的最後一部分中。這一點與我們之前的實現是略有差別的。

9.2.2 架設 PaFPN 結構

然後，我們繼續架設 YOLOX 的 PaFPN 結構。這一部分的實現和我們先前的 YOLOv4 所使用的 PaFPN 結構一樣的，參數設定也是一樣的，區別僅是引入了尺度縮放因數。程式 9-3 展示了帶有尺度縮放因數的 PaFPN 結構。由於大部分程式是重複的，我們只展示部分程式，以節省篇幅。

➔ 程式 9-3 帶有尺度縮放因數的 PaFPN 結構

```
# YOLO_Tutorial/models/yolox/yolox_pafpn.py
# -----------------------------------------------------------
...

# PaFPN-CSP
class YoloPaFPN(nn.Module):
    def _init_(self, in_dims, out_dim, width=1.0, depth=1.0, act_type='silu',
               norm_type='BN', depthwise=False):
        super(YoloPaFPN, self). init()
```

```
        self.in_dims = in_dims
        self.out_dim = out_dim
        c3, c4, c5 = in_dims

        # top dwon#
        ## P5-> P4
        self.reduce_layer_1 = Conv(c5, int(512*width), k=1,
                            norm_type=norm_type, act_type=act_type)
        self.top_down_layer_1 = CSPBlock(
                in_dim = c4 + int(512*width), out_dim = int(512*width),
                expand_ratio=0.5, kernel=[1,3], nblocks=int(3*depth),
                shortcut=False, act_type=act_type, norm_type=norm_type,
                depthwise=depthwise)
...
```

對於 YOLOX 的解耦檢測頭，我們已經在前面的 YOLOv3 和 YOLOv4 的實現章節裡講過了，這裡不再重複介紹。

對於 YOLOX 的預測層，由於我們不使用先驗框，因此預測層的結構略有變化，如程式 9-4 所示，但不難發現，這一變化僅是預測層的輸出通道中不再有先驗框的數量了。

➔ 程式 9-4 YOLOX 的預測層

```
# YOLO_Tutorial/models/yolox/yolox.py
# -----------------------------------------------------------
...

# YOLOX
class YOLOX(nn.Module):
    def  init(...):
        super(YOLOX, self). init()
        ...


    #-------------------Network Structure-------------------
    ...


    ## 預測層
```

```
self.obj_preds = nn.ModuleList(
            [nn.Conv2d(head.reg_out_dim,1, kernel_size=1)
                for head in self.non_shared_heads
            ])
self.cls_preds = nn.ModuleList(
            [nn.Conv2d(head.cls_out_dim, self.num_classes, kernel_size=1)
                for head in self.non_shared_heads
            ])
self.reg_preds = nn.ModuleList(
            [nn.Conv2d(head.reg_out_dim,4, kernel_size=1)
                for head in self.non_shared_heads
            ])
...
```

移除先驗框後，解算邊界框座標和生成包含網格座標的 *G* 矩陣程式也都有相應的變化。對於生成 *G* 矩陣的程式，由於沒有先驗框，那麼 *G* 矩陣又變回了和先前 YOLOv1 的 *G* 矩陣同樣的含義，僅包含所有網格的座標，不再包含先驗框的尺寸資訊。程式 9-5 展示了 YOLOX 生成 *G* 矩陣的相關程式。

➜ 程式 9-5 YOLOX 的 *G* 矩陣的相關程式

```
# YOLO_Tutorial/models/yolox/yolox.py
# ------------------------------------------------------------
...


def generate_anchors(self, level, fmp_size):
    """
        fmp_size:(List)[H, W]
    """
    # generate grid cells fmp_h,
    fmp_w = fmp_size
    anchor_y, anchor_x = torch.meshgrid([torch.arange(fmp_h), torch.arange(fmp_w)])
    # [H, W,2]-> [HW,2]
    anchor_xy = torch.stack([anchor_x, anchor_y], dim=-1).float().view(-1,2)
    anchor_xy += 0.5# add center offset
    anchor_xy*= self.stride[level]
    anchors = anchor_xy.to(self.device)

    return anchors
```

　　注意，在程式 9-5 中，我們給每個網格的座標加上了 0.5 的亞像素座標，使得網格的座標變成了網格的中心點，不再是網格的左上角。隨後，我們會給網格的座標乘以其所在的特徵圖的輸出步進值 stride，將其映射到原圖的尺度上去。

　　網格的本質就是特徵圖上的每一個空間座標，而先驗框指的是每個網格處預先放置的包含尺寸先驗資訊的邊界框。由此引申出來的 anchor-based 概念和 anchor-free 概念分別是指使用先驗框和不使用先驗框，更嚴謹的說法應該是 anchor-box-based 和 anchor-box-free，這是因為即使不使用先驗框，現有的大多數 anchor-free 工作還是用到了網格，那麼 anchor-free 這個說法就容易引起歧義。但在 FCOS 工作之後，業界普遍用 anchor-free 來代指不使用先驗框的檢測器。

　　隨後，我們著手撰寫解算邊界框座標的程式。由於沒有了先驗框，且正樣本可能不再侷限在物件中心點所在的網格，因此，我們不再使用 Sigmoid 函數去處理中心點偏移量的預測，僅乘以 stride，並將其映射到原圖尺度上去，然後加到網格座標上。對於邊界框的尺寸，我們直接使用指數函數，並乘以所在尺度的 stride 參數。程式 9-6 展示了 YOLOX 的解算邊界框座標的程式。

➔ 程式 9-6 YOLOX 解算邊界框座標

```python
# YOLO_Tutorial/models/yolox/yolox.py
# ------------------------------------------------------------
...

def decode_boxes(self, anchors, reg_pred, stride):
    """
        anchors:(List[Tensor])[1, M,2] or[M,2]
        reg_pred:(List[Tensor])[B, M,4] or[M,4]
    """
    # center of bbox
    pred_ctr_xy = anchors + reg_pred[...,:2]* stride
    # size of bbox
    pred_box_wh = reg_pred[...,2:].exp()* stride

    pred_x1y1 = pred_ctr_xy- 0.5* pred_box_wh
    pred_x2y2 = pred_ctr_xy + 0.5* pred_box_wh
```

```
pred_box = torch.cat([pred_x1y1, pred_x2y2], dim=-1)

return pred_box
```

至此，我們就架設完了 YOLOX 的網路，其整體結構和我們在架設的 YOLOv4 是很相似的，所以實現起來也比較容易。不過，由於 YOLOX 不再 使用先驗框，因此一些程式也需要被重構，但難度不大。接下來，我們講解 YOLOX 的標籤匹配的程式實現。

9.3 YOLOX 的標籤匹配：SimOTA

在前面的章節中，我們已經介紹了 SimOTA 的原理，那麼在本節，我們就 來動手實現 SimOTA。在本專案的 models/yolox/matcher.py 檔案中，我們實現 了名為 SimOTA 的類別。對於這部分的程式，我們充分參考了 YOLOX 官方的 專案原始程式，去除了一些本專案用不到的程式細節，僅保留其主幹。接下來， 我們來詳細介紹其程式邏輯。

首先，我們要確定哪些預測樣本可以作為正樣本的候選，如程式 9-7 所示。

➜ 程式 9-7　確定正樣本候選

```
# YOLO_Tutorial/models/yolox/matcher.py
# ------------------------------------------------------------
...

class SimOTA(object):
    def _init_(self, num_classes, center_sampling_radius, topk_candidate):
        self.num_classes = num_classes
        self.center_sampling_radius = center_sampling_radius
        self.topk_candidate = topk_candidate

    @torch.no_grad()
    def _call_(self, fpn_strides, anchors, pred_obj, pred_cls,
               pred_box, tgt_labels, tgt_bboxes):
        #[M,]
```

```
        strides = torch.cat([torch.ones_like(anchor_i[:,0])* stride_i
                        for stride_i, anchor_i in zip(fpn_strides, anchors)], dim=-1)
        # List[F, M,2]-> [M,2]
        anchors = torch.cat(anchors, dim=0)
        num_anchor = anchors.shape[0]
        num_gt = len(tgt_labels)

        fg_mask, is_in_boxes_and_center = self.get_in_boxes_info(
            tgt_bboxes, anchors, strides, num_anchor, num_gt)
        ...
```

我們使用 SimOTA 類別的 get_in_boxes_info 方法來計算處在物件框範圍內或中心鄰域內的正樣本候選的標記 fg_mask，以及同時處在物件框範圍內和中心鄰域內的樣本標記 is_in_boxes_and_center。隨後，我們就可以計算這些正樣本候選與物件框的代價，而對於那些處在物件框之外的負樣本，則不計算任何代價，如程式 9-8 所示。

➡ 程式 9-8 計算正樣本候選與物件框的代價

```
# YOLO_Tutorial/models/yolox/matcher.py
# ------------------------------------------------------------
...

class SimOTA(object):
    ...

    @torch.no_grad()
    def _call_(self, fpn_strides, anchors, pred_obj,
                pred_cls, pred_box, tgt_labels, tgt_bboxes):
        ...
        obj_preds_ = pred_obj[fg_mask]      # [Mp,1]
        cls_preds_ = pred_cls[fg_mask]      # [Mp, C]
        box_preds_ = pred_box[fg_mask]      # [Mp,4]
        num_in_boxes_anchor = box_preds_.shape[0]

#[N, Mp]
pair_wise_ious,_ = box_iou(tgt_bboxes, box_preds_)
pair_wise_ious_loss = -torch.log(pair_wise_ious + 1e-8)
```

```
#[N, C]-> [N, Mp, C]
gt_cls = (
    F.one_hot(tgt_labels.long(), self.num_classes)
    .float()
    .unsqueeze(1)
    .repeat(1, num_in_boxes_anchor,1)
)

with torch.cuda.amp.autocast(enabled=False):
    score_preds_ = torch.sqrt(
        cls_preds_.float().unsqueeze(0).repeat(num_gt,1,1).sigmoid_()
        * obj_preds_.float().unsqueeze(0).repeat(num_gt,1,1).sigmoid_()
    )# [N, Mp, C]
    pair_wise_cls_loss = F.binary_cross_entropy(
        score_preds_, gt_cls, reduction="none"
    ).sum(-1)# [N, Mp]
del score_preds_

cost = (
    pair_wise_cls_loss
    + 3.0* pair_wise_ious_loss
    + 100000.0* (~is_in_boxes_and_center)
)# [N, Mp]
...
```

在計算完了類別代價和回歸代價之後，就可以著手求解正樣本的分配結果
了。我們呼叫 SimOTA 類別的 dynamic_k_matching 方法去計算每個物件框被匹
配上的正樣本，如程式 9-9 所示。

➡ 程式 9-9 獲得正樣本標記

```
# YOLO_Tutorial/models/yolox/matcher.py
# -----------------------------------------------------------
...

class SimOTA(object):
    ...

    @torch.no_grad()
```

```python
def _call_(self, fpn_strides, anchors, pred_obj, pred_cls,
           pred_box, tgt_labels, tgt_bboxes):
    ...
    (
        num_fg,
        gt_matched_classes,        # [num_fg,]
        pred_ious_this_matching,   # [num_fg,]
        matched_gt_inds,           #[num_fg,]
) = self.dynamic_k_matching(cost, pair_wise_ious, tgt_labels, num_gt, fg_mask)

    del pair_wise_cls_loss, cost, pair_wise_ious, pair_wise_ious_loss

    return gt_matched_classes, fg_mask, pred_ious_this_matching, matched_gt_inds,
        num_fg

def dynamic_k_matching(self, cost, pair_wise_ious, gt_classes, num_gt, fg_mask):
    # Dynamic K
    #------------------------------------------------------------------
    matching_matrix = torch.zeros_like(cost, dtype=torch.uint8)

    ious_in_boxes_matrix = pair_wise_ious
    n_candidate_k = min(self.topk_candidate, ious_in_boxes_matrix.size(1))
    topk_ious,_ = torch.topk(ious_in_boxes_matrix, n_candidate_k, dim=1)
    dynamic_ks = torch.clamp(topk_ious.sum(1).int(), min=1)
    dynamic_ks = dynamic_ks.tolist()
    for gt_idx in range(num_gt):
        _, pos_idx = torch.topk(
            cost[gt_idx], k=dynamic_ks[gt_idx], largest=False
        )
        matching_matrix[gt_idx][pos_idx] = 1

    del topk_ious, dynamic_ks, pos_idx

    anchor_matching_gt = matching_matrix.sum(0)
    if(anchor_matching_gt > 1).sum() > 0:
        _, cost_argmin = torch.min(cost[:, anchor_matching_gt > 1], dim=0)
        matching_matrix[:, anchor_matching_gt > 1]*= 0
        matching_matrix[cost_argmin, anchor_matching_gt > 1] = 1
    fg_mask_inboxes = matching_matrix.sum(0) > 0
    num_fg = fg_mask_inboxes.sum().item()
```

```
fg_mask[fg_mask.clone()] = fg_mask_inboxes

matched_gt_inds = matching_matrix[:, fg_mask_inboxes].argmax(0)
gt_matched_classes = gt_classes[matched_gt_inds]

pred_ious_this_matching = (matching_matrix* pair_wise_ious).sum(0)[
    fg_mask_inboxes
]
return num_fg, gt_matched_classes, pred_ious_this_matching, matched_gt_inds
```

最終返回的 gt_matched_classes 是正樣本的類別標籤；fg_mask 是正樣本的標記，其中，1 表示正樣本，0 表示負樣本；pred_ious_this_matching 是正樣本與物件框的 IoU；matched_gt_inds 包含了物件框和正樣本之間的匹配關係，最後的 num_fg_img 就是正樣本的數量。

SimOTA 的大部分操作都是矩陣運算，沒涉及太多的 for 迴圈和迭代最佳化，所以在 GPU 上計算速度也較快。

在完成了標籤匹配後，我們就可以去計算損失函數了。對於置信度損失和類別損失，YOLOX 也是採用 Sigmoid 函數和 BCE 函數的搭配來計算相關的損失；對於邊界框回歸損失，YOLOX 也使用 GIoU 損失函數來計算相關損失。因此，損失部分的實現和先前的章節是一樣的，我們就略過了。

至此，有關 YOLOX 的網路結構、標籤匹配和損失函數就講解完畢了，至此，物件辨識專案的核心部分幾乎都講解完畢了。但還遺留一個小問題，那就是 YOLOX 所使用的混合增強。由於 YOLOX 的混合增強策略不同於我們先前在 YOLOv3 和 YOLOv4 中所使用到的 YOLOv5 風格的混合增強，因此，我們將在 9.4 節來介紹 YOLOX 風格的混合增強。

9.4 YOLOX 風格的混合增強

正如前文所說，YOLOX 的混合增強策略是混合一張馬賽克影像和普通影像。因此，我們首先需要單獨實現新的混合增強程式，不再使用先前的 YOLOv5

的混合增強程式。為了實現這一點，我們充分參考 YOLOX 的開源程式碼，並做適當的調整來適應本專案的輸入輸出介面。在本專案的 dataset/data_augment/yolov5_augment.py 檔案中，我們撰寫了相關的程式，如程式 9-10 所示。

→ 程式 9-10　YOLOX 風格的混合增強

```
# YOLO_Tutorial/dataset/data_augment/yolov5_augment.py
# ------------------------------------------------------------
...

def yolox_mixup_augment(origin_img, origin_target, new_img, new_target,
                        img_size, mixup_scale):
    jit_factor = random.uniform(*mixup_scale)
    FLIP = random.uniform(0,1) > 0.5

    # 調整影像的尺寸
    orig_h, orig_w = new_img.shape[:2]
    cp_scale_ratio = img_size/ max(orig_h, orig_w)
    if cp_scale_ratio!= 1:
        interp = cv2.INTER_LINEAR if cp_scale_ratio > 1 else cv2.INTER_AREA
            new_shape = (int(orig_w* cp_scale_ratio), int(orig_h* cp_scale_ratio))
        resized_new_img = cv2.resize(
            new_img, new_shape, interpolation=interp)
    else:
        resized_new_img = new_img

    # 補零調整影像的尺寸
    cp_img = np.ones([img_size, img_size, new_img.shape[2]], dtype=np.uint8)* 114
    new_shape = (resized_new_img.shape[1], resized_new_img.shape[0])
    cp_img[:new_shape[1],:new_shape[0]] = resized_new_img

    # 對補零後的影像的尺寸施加空間擾動
    cp_img_h, cp_img_w = cp_img.shape[:2]
    cp_new_shape = (int(cp_img_w* jit_factor),
                    int(cp_img_h* jit_factor))
    cp_img = cv2.resize(cp_img,(cp_new_shape[0], cp_new_shape[1]))
    cp_scale_ratio*= jit_factor

    # 隨機水平翻轉
```

```python
if FLIP:
    cp_img = cp_img[:,::-1,:]

# 完成空間擾動後 , 重新補零調整影像尺寸
origin_h, origin_w = cp_img.shape[:2] target_h,
target_w = origin_img.shape[:2]
padded_img = np.zeros(
    (max(origin_h, target_h), max(origin_w, target_w),3), dtype=np.uint8
)
padded_img[:origin_h,:origin_w] = cp_img

# 剪裁影像
x_offset, y_offset = 0,0
if padded_img.shape[0] > target_h:
    y_offset = random.randint(0, padded_img.shape[0]- target_h- 1)
if padded_img.shape[1] > target_w:
    x_offset = random.randint(0, padded_img.shape[1]- target_w- 1)
padded_cropped_img = padded_img[
    y_offset: y_offset + target_h, x_offset: x_offset + target_w
]

# 處理標籤資料
new_boxes = new_target["boxes"]
new_labels = new_target["labels"]
new_boxes[:,0::2] = np.clip(new_boxes[:,0::2]* cp_scale_ratio,0, origin_w)
new_boxes[:,1::2] = np.clip(new_boxes[:,1::2]* cp_scale_ratio,0, origin_h)
if FLIP:
    new_boxes[:,0::2] = (
        origin_w- new_boxes[:,0::2][:,::-1]
    )
new_boxes[:,0::2] = np.clip(
    new_boxes[:,0::2]- x_offset,0, target_w
)
new_boxes[:,1::2] = np.clip(
    new_boxes[:,1::2]- y_offset,0, target_h
)

mixup_boxes = np.concatenate([new_boxes, origin_target['boxes']], axis=0)
mixup_labels = np.concatenate([new_labels, origin_target['labels']], axis=0)
mixup_target = {
```

```
    'boxes': mixup_boxes,
    'labels': mixup_labels
}

# 混合影像
origin_img = origin_img.astype(np.float32)
origin_img = 0.5* origin_img + 0.5* padded_cropped_img.astype(np.float32)

return origin_img.astype(np.uint8), mixup_target
```

為了能夠更加直觀地理解 YOLOX 風格的混合增強，我們可以修改 dataset/
voc.py 檔案中的相關設定，將 yolox_trans_config 傳給 VOCDetection 類別的
trans_config 參數，然後運行該程式檔案，即可看到 YOLOX 風格的混合增強與
馬賽克增強共同作用的效果。圖 9-7 展示了 YOLOX 風格資料增強的實例。

▲ 圖 9-7 YOLOX 風格資料增強的實例

從圖 9-7 的影像中，可以明顯看到被 YOLOX 風格的資料增強處理後的影像
看起來更「虛」，這是因為 YOLOX 的混合增強將兩張影像分別以 0.5 和 0.5 的
權重加到一起了，影像各自的像素值獲得了一定的弱化，看起來似乎也就更灰
暗、更「虛」了。另外，官方的 YOLOX 還使用了諸如旋轉和剪貼操作，感興
趣的讀者可以修改 yolox_trans_config 中的 shear 和 degrees 參數，圖 9-8 展示了
一些實例，其中，shear 和 degrees 參數分別被設置為 2.0 和 10.0。

▲ 圖 9-8　加入旋轉和剪貼處理的實例

　　從圖 9-8 中可以明顯看到剪貼和旋轉處理的效果。也正是因此，官方的 YOLOX 在關閉了馬賽克增強和混合增強後，還在損失函數中額外加入了 L1 損失來修正剪貼和旋轉引入的負面效果。至此，講解完了架設我們自己的 YOLOX 的所有關鍵部分。由於訓練程式和先前的模型是共用的，因此，不再講解如何訓練，直接進入測試環節。

9.5　測試 YOLOX

　　首先，一如既往地使用 VOC 資料集來訓練和測試我們的 YOLOX 檢測器。假設已訓練好的模型檔案為 yolox_voc.pth，先運行 test.py 檔案來查看模型在 VOC 資料集上的檢測結果的視覺化影像。圖 9-9 展示了部分檢測結果的視覺化影像，可以看到，我們設計的 YOLOX 表現得還是很出色的。隨後，再去計算 mAP 指標，如表 9-2 所示，相較於我們之前實現的 YOLOv4，YOLOX 實現了更高的性能，證明了動態標籤分配的有效性。

▲ 圖 9-9　YOLOX 在 VOC 測試集上的檢測結果的視覺化影像

▼ 表 9-2　YOLOX 在 VOC2007 測試集上的 mAP 測試結果

模型	輸入尺寸	mAP/%
YOLOv1	640×640	76.7
YOLOv2	640×640	79.8
YOLOv3	640×640	82.0
YOLOv4	640×640	83.6
YOLOX	640×640	84.6

　　隨後，在 COCO 驗證集上進一步訓練並測試我們的 YOLOX。圖 9-10 展示了我們的 YOLOX 在 COCO 驗證集上的部分檢測結果的視覺化影像，可以看到，我們實現的 YOLOX 檢測器的表現還是比較可靠的。

▲ 圖 9-10　YOLOX 在 COCO 驗證集上的檢測結果的視覺化影像

　　為了定量地理解這一點，我們接著去測試 YOLOX 在 COCO 驗證集上的 AP 指標，如表 9-3 所示。從表中可以看到，我們實現的 YOLOX 在 COCO 驗證集上的性能要強於先前實現的 YOLOv4，儘管這與 YOLOX 官方舉出的 COCO 驗證集的性能存在較小的差距，但這可能是因為某些訓練或測試的細節未與官方 YOLOX 專案保持一致。總的來說，我們透過此次程式實現，掌握了 YOLOX 的

anchor-free 與動態標籤分配的兩大技術點，為後續學習更好的 YOLO 檢測器儲備了相關的基礎知識。從學習的角度來說，本章的目的已經達到了，讀者若擁有更多的算力，不妨嘗試改進和最佳化本專案程式的訓練策略，從而得到更好的性能。

▼ 表 9-3 YOLOX 在 COCO 驗證集上的 AP 測試結果

模型	輸入尺寸	AP/%	AP_{50}/%	AP_{75}/%	AP_S/%	AP_M/%	AP_L/%
YOLOv1	640×640	27.9	47.5	28.1	11.8	30.3	41.6
YOLOv2	640×640	32.7	50.9	34.4	14.7	38.4	50.3
YOLOv3	640×640	42.9	63.5	46.6	28.5	47.3	53.4
YOLOv4	640×640	46.6	65.8	50.2	29.7	52.0	61.2
YOLOX	640×640	48.7	68.0	53.0	30.3	53.9	65.2

9.6 小結

　　本章介紹了新一代的 YOLO 檢測器：YOLOX，其核心特色包括 anchor-free 檢測機制以及新型的動態標籤分配策略 SimOTA。自 YOLOX 工作問世後，YOLO 系列的發展又一次邁入了新的紀元，使得 YOLO 系列徹底拋棄了煩瑣的先驗框，擁抱了更加簡潔、高效、泛化性更好的 anchor-free 機制。從本書開始到現在，我們對當下的 YOLO 框架有了清晰的認識，了解了 YOLO 的框架結構和一些主要的技術點，現在，我們的認知系統中又增加了 anchor-free 機制和動態標籤分配兩大新型「武器」。儘管在 YOLOX 之後，YOLO 系列仍在更新，比如後來的 YOLOv6 和 YOLOv7，但是幾乎都沒有跳出由 YOLOv4 奠定的網路結構和由 YOLOX 所奠定的 anchor-free 機制和動態標籤分配兩大框架。因此，在讀者學完第 9 章後，本書的目的就幾乎達到了：帶領讀者摸清 YOLO 系列的發展脈絡、擁有相關的程式實現經驗，以及具備獨自架設 YOLO 框架的能力。希望這樣一款十分簡潔的 YOLO 檢測器能深受讀者喜歡。

第 **10** 章

YOLOv7

在 YOLOX 工作問世後，YOLO 系列的框架模式又獲得了一些重要更新：從原先的固定標籤分配升級為動態標籤分配。這一改進使得 YOLO 系列再也無須依賴先驗框，大大提高了 YOLO 在不同資料集上和不同任務場景下的泛化性，減少了部分超參數。儘管在此之後仍有部分工作嘗試引入先驗框，但 anchor-free 架構與動態標籤匹配技術已是大勢所趨了。

這之後，美團公司提出了工業部署導向的 YOLOv6[10] 系列，在繼承 YOLOX 的解耦檢測頭、動態標籤分配策略等核心思想的同時，還引入了備受矚目的「重參數化」技術，使得 YOLOv6 可以在工業場景下表現得更為出色、部署更加便利。從技術的巨觀層面來看，YOLOv6 並沒有展現出長足的進步，但從微觀層面來看，引入的「重參數化」技術為基礎模型設計帶來了很多便利和啟發。

不過，在 YOLOv6 之後，YOLOv4 的原班人馬再度出手，親手打磨 YOLO 系列，提出了新一代更強更快的 YOLO 檢測器：YOLOv7。時至今日，絕大多數先進的物件辨識專案可以大致分為資料前置處理、模型結構、標籤分配以及損失函數四大部分。從前面的每一次 YOLO 的改進內容裡，我們也可以很清楚地看到這四大部分或大或小的改進。而這一次的 YOLOv7，將改進和最佳化的注意力集中在了「模型結構」上。

從資料前置處理的角度來看，YOLOv7 沿用了 YOLOv5 的資料前置處理，包括馬賽克增強和混合增強；從標籤分配的角度來看，YOLOv7 繼承了 YOLOX 的動態標籤分配策略；從損失函數的角度來看，YOLOv7 還是使用 YOLOv5 已經調整好的損失函數。但在模型結構層面，YOLOv7 做出了極大的突破，不僅大幅削減了 YOLO 系列的參數量和計算量，還顯著提升了 YOLO 系列的性能，實現了性能與速度之間的良好平衡。

到這裡，相信讀者都已經對 YOLO 系列有了足夠清晰的認識，儘管從整體架構來看，YOLOv7 並沒有實質性的突破，但考慮到 YOLOv7 的輕量化網路設計對於我們設計自己的網路會帶來很有價值的啟發，本章，我們從網路結構的角度來進一步學習 YOLOv7 工作，了解這一新的 YOLO 工作在模型結構設計層面所做出的突破成果。接下來，我們一起去了解和學習 YOLOv7 的網路結構。

10.1 YOLOv7 的主幹網絡

為了提高學習 YOLOv7 網路結構的效率，我們在講解 YOLOv7 的網路結構時，也同步介紹相關的程式實現。在本專案的 config/model_config/official_yaml/yolov7.yaml 檔案中，我們複製了一份官方 YOLOv7 的設定檔，以便讀者查閱 YOLOv7 的網路結構。我們結合該檔案來講解 YOLOv7 的網路結構。同時，在本專案的 models/yolov7/yolov7_backbone.py 檔案中，我們也實現了 YOLOv7 的主幹網絡，為了方便，我們不妨將 YOLOv7 的主幹網絡命名為 ELANNet。

首先，我們可以從設定檔中看到 YOLOv7 的 P1 層，其包含三層卷積，完成一次對輸入影像的空間降採樣操作，如程式 10-1 所示。

➔ 程式 10-1 YOLOv7 的 P1 層結構

```
# YOLO_Tutorial/config/model_config/official_yaml/yolov7.yaml#
# -------------------------------------------------------------
...

# yolov7 backbone backbone:
    #[from, number, module, args]
    [[-1,1, Conv,[32,3,1]],# 0

     [-1,1, Conv,[64,3,2]],# 1-P1/2
     [-1,1, Conv,[64,3,1]],

     ...
```

注意，YOLOv7 的「卷積三元件」是不同於 YOLOv4 的，主要變化就是其中的非線性啟動函數採用了 YOLOv5 的 SiLU 啟動函數，其數學形式如公式（10-1）所示。隨後，就可以輕鬆地架設出 YOLOv7 的 P1 層，我們將 P1 層命名為 layer_1。經過 P1 層的處理後，輸入影像的空間維度被降採樣了兩倍，同時，通道數也從 3 增加至 64。如程式 10-2 所示。

$$x = x \times \sigma(x) \qquad (10\text{-}1)$$

➔ 程式 10-2 YOLOv7 的 P1 層程式

```
# YOLO_Tutorial/models/yolov7/yolov7_backbone.py
# -------------------------------------------------------------
...

# ELANNet
class ELANNet(nn.Module):
    def _init_(self, act_type='silu', norm_type='BN', depthwise=False):
        super(ELANNet, self). init()
        self.feat_dims = [512,1024,1024]

        # P1/2
        self.layer_1 = nn.Sequential(
            Conv(3,32, k=3, p=1,
                act_type=act_type, norm_type=norm_type, depthwise=depthwise),
```

```
        Conv(32,64, k=3, p=1, s=2,
            act_type=act_type, norm_type=norm_type, depthwise=depthwise),
        Conv(64,64, k=3, p=1,
            act_type=act_type, norm_type=norm_type,depthwise=depthwise)
    )
    ...
```

接下來，繼續查閱設定檔，了解 YOLOv7 的 P2 層設定。從相關的程式中，我們可以看到 YOLOv7 先使用一層步進值為 2 的卷積得到 4 倍降採樣特徵圖，然後連接一連串卷積處理這個 4 倍降採樣特徵圖，如程式 10-3 所示。

➜ **程式 10-3 YOLOv7 的 P2 層結構**

```
# YOLO_Tutorial/config/model_config/official_config/yolov7.yaml#
# ------------------------------------------------------------
...

# yolov7 backbone
backbone:
    #[from, number, module, args]
    ...
    [-1,1, Conv,[128,3,2]],# 3-P2/4
    [-1,1, Conv,[64,1,1]],
    [-2,1, Conv,[64,1,1]],
    [-1,1, Conv,[64,3,1]],
    [-1,1, Conv,[64,3,1]],
    [-1,1, Conv,[64,3,1]],
    [-1,1, Conv,[64,3,1]],
    [[-1,-3,-5,-6],1, Concat,[1]],
    [-1,1, Conv,[256,1,1]],# 11
    ...
```

在 YOLOv7 的論文中，我們可以查閱到 ELAN 模組的網路結構，如圖 10-1 所示，我們可以對應著論文所舉出的網路結構來看程式 10-3。為了便於讀者理解，我們也在圖 10-1 繪製了相關的網路結構。

ELAN 模組的優勢之一是在每個分支的操作中，輸入通道和輸出通道的數量都保持相等，僅在開始的兩個 1×1 卷積操作中存在輸入輸出通道數不一致的

現象。關於輸入輸出通道數相等的優勢這一點，早在 ShuffleNet-v2 [29] 中就已經被論證過了，這是一條常用的設計羽量級高效網路的準則之一，同時，YOLOv7 作者在另一篇 Scaled-YOLOv4 [41] 論文中也介紹了這一設計準則。按照上面的結構，我們可以容易地撰寫出該模組的程式，如程式 10-4 所示。

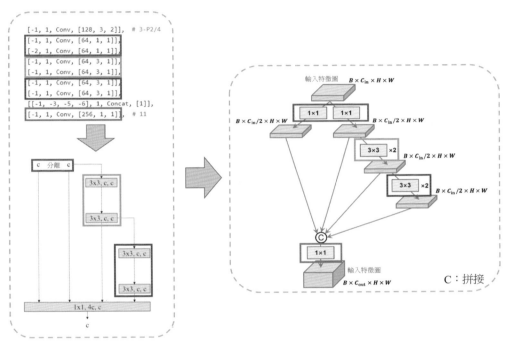

▲ 圖 10-1 YOLOv7 的 ELAN 模組結構

➡ 程式 10-4 ELAN 模組

```
# YOLO_Tutorial/models/yolov7/yolov7_basic.py
# ------------------------------------------------------------
...

class ELANBlock(nn.Module):
    def _init_(self, in_dim, out_dim, expand_ratio=0.5,
            act_type='silu', norm_type='BN', depthwise=False):
        super(ELANBlock, self). init()
        inter_dim = int(in_dim* expand_ratio)
        self.cv1 = Conv(in_dim, inter_dim, k=1, act_type=act_type, norm_type=
```

```
            norm_type)
        self.cv2 = Conv(in_dim, inter_dim, k=1, act_type=act_type, norm_type=
            norm_type)
        self.cv3 = nn.Sequential(*[
            Conv(inter_dim, inter_dim, k=3, p=1, act_type=act_type, norm_type=norm_
                type, depthwise=depthwise)
            for_ in range(2)
        ])
        self.cv4 = nn.Sequential(*[
            Conv(inter_dim, inter_dim, k=3, p=1, act_type=act_type, norm_type=norm_
                type,depthwise=depthwise)
            for_ in range(2)
        ])
        self.out = Conv(inter_dim*4, out_dim, k=1, act_type=act_type, norm_type=norm_
                    type)

    def forward(self, x):
        x1 = self.cv1(x)
        x2 = self.cv2(x)
        x3 = self.cv3(x2)
        x4 = self.cv4(x3)
        out = self.out(torch.cat([x1, x2, x3, x4], dim=1))

        return out
```

於是，主幹網絡的 P2 層也可以架設出來了，如程式 10-5 所示。

➡ 程式 10-5 YOLOv7 的 P2 層程式

```
# YOLO_Tutorial/models/yolov7/yolov7_backbone.py
# ------------------------------------------------------------
...

# ELANNet
class ELANNet(nn.Module):
    def _init_(self, act_type='silu', norm_type='BN', depthwise=False):
        super(ELANNet, self). init()
        self.feat_dims = [512,1024,1024]
        ...
```

```
# P2/4
self.layer_2 = nn.Sequential(
    Conv(64,128, k=3, p=1, s=2, act_type=act_type, norm_type=norm_type,
        depthwise=depthwise),
    ELANBlock(in_dim=128, out_dim=256, expand_ratio=0.5,
            act_type=act_type, norm_type=norm_type, depthwise=depthwise)
)
...
```

在完成了 P2 層的架設後，我們順勢架設後續的 P3 層。P3 層由兩部分組成，分別是空間降採樣操作和 ELAN 模組。在以往的 YOLOv3 和 YOLOv4 中，我們常常使用步進值為 2 的 3×3 卷積來實現，在 YOLOv2 中使用最大池化層來實現。YOLOv7 設計了一種新型的模組來實現降採樣操作，如程式 10-6 所示的相關設定。

➡ 程式 10-6 YOLOv7 的空間降採樣結構

```
# YOLO_Tutorial/config/model_config/official_config/yolov7.yaml#
# ------------------------------------------------------------
...

# yolov7 backbone
backbone:
#[from, number, module, args]
...
    [-1,1, MP,[]],
    [-1,1, Conv,[128,1,1]],
    [-3,1, Conv,[128,1,1]],
    [-1,1, Conv,[128,3,2]],
    [[-1,-3],1, Concat,[1]],# 16-P3/8
...
```

首先，YOLOv7 使用最大池化層（MP）來做一次空間降採樣，並緊接一個 1×1 卷積壓縮通道，同時，YOLOv7 還設置了一個與之並行的分支，先用 1×1 卷積壓縮通道，再用步進值為 2 的 3×3 卷積完成另一次空間降採樣。由於這兩

個空間降採樣是並行、獨立地對輸入的特徵圖做空間降採樣,因此輸出的特徵圖是一樣大的。最後,這兩個特徵圖會沿著通道拼接成一個特徵圖。如此一來,YOLOv7 就完成了這一次的 2 倍空間降採樣操作。為了能夠直觀理解這一操作的流程,我們繪製了相關的網路結構,如圖 10-2 所示。

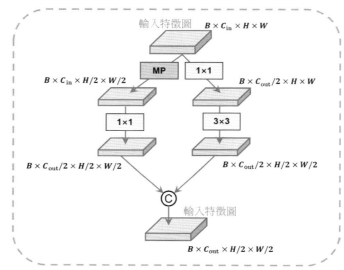

▲ 圖 10-2 YOLOv7 的降採樣模組(其中 MP 為最大池化層,C 為拼接)

在清楚了相關的操作和網路結構後,我們就可以來架設這一模組。這裡,我們不妨將這一模組命名為 DownSample 模組,相關程式如程式 10-7 所示。

➜ 程式 10-7 DownSample 模組

```
# YOLO_Tutorial/models/yolov7/yolov7_basic.py
# -----------------------------------------------------------
...

class DownSample(nn.Module):
    def _init_(self, in_dim, act_type='silu', norm_type='BN'):
        super(). init()
        inter_dim = in_dim//2
        self.mp = nn.MaxPool2d((2,2),2)
        self.cv1 = Conv(in_dim, inter_dim, k=1, act_type=act_type, norm_type=
```

```
            norm_type)
        self.cv2 = nn.Sequential(
            Conv(in_dim, inter_dim, k=1, act_type=act_type, norm_type=norm_type),
            Conv(inter_dim, inter_dim, k=3, p=1, s=2, act_type=act_type, norm_type=
                norm_type)
        )

    def forward(self, x):
        x1 = self.cv1(self.mp(x))
        x2 = self.cv2(x)
        out = torch.cat([x1, x2], dim=1)

        return out
```

　　隨後，我們就可以來架設 YOLOv7 的 P3 層，包括一個 DownSample 模組和一個 ELAN 模組。而之後的 P4 層和 P5 層，也都是透過堆疊這兩個模組來組成的，因此，我們不再贅述後續的結構。程式 10-8 展示了我們實現的 YOLOv7 的 P3 ～ P5 層的程式。

➜ 程式 10-8 YOLOv7 的 P3~P5 層程式

```
# YOLO_Tutorial/models/yolov7/yolov7_backbone.py
# ------------------------------------------------------------
...

# ELANNet
class ELANNet(nn.Module):
    def _init_(self, act_type='silu', norm_type='BN', depthwise=False):
        super(ELANNet, self). init()
        self.feat_dims = [512,1024,1024]
        ...

        # P3/8
        self.layer_3 = nn.Sequential(
            DownSample(in_dim=256, act_type=act_type),
            ELANBlock(in_dim=256, out_dim=512, expand_ratio=0.5,
                        act_type=act_type, norm_type=norm_type, depthwise=depthwise)
        )
```

```
    # P4/16
    self.layer_4 = nn.Sequential(
        DownSample(in_dim=512, act_type=act_type),
        ELANBlock(in_dim=512, out_dim=1024, expand_ratio=0.5,
                    act_type=act_type, norm_type=norm_type, depthwise=depthwise)
    )
    # P5/32
    self.layer_5 = nn.Sequential(
        DownSample(in_dim=1024, act_type=act_type),
        ELANBlock(in_dim=1024, out_dim=1024, expand_ratio=0.25,
                    act_type=act_type, norm_type=norm_type, depthwise=depthwise)
    )
    ...
```

10.2 YOLOv7 的特徵金字塔網路

接下來，講解 YOLOv7 的特徵金字塔網路和相關的程式實現。

和之前的 YOLOv4 與 YOLOv5 一樣，YOLOv7 仍採用 PaFPN 結構，主要的差別就在於將先前的基於 CSP 結構的模組替換為 ELAN 模組。不過，在 PaFPN 中，ELAN 模組的結構與主幹網絡中的 ELAN 模組有些差別。程式 10-9 展示了相關的設定。

➡ 程式 10-9 PaFPN 結構中的 ELAN 模組設定

```
# YOLO_Tutorial/config/model_config/official_config//yolov7.yaml#
# -----------------------------------------------------------
...

# yolov7 head head:
...

    [-1,1, Conv,[256,1,1]],
    [-2,1, Conv,[256,1,1]],
    [-1,1, Conv,[128,3,1]],
    [-1,1, Conv,[128,3,1]],
```

```
[-1,1, Conv,[128,3,1]],
[-1,1, Conv,[128,3,1]],
[[-1,-2,-3,-4,-5,-6],1, Concat,[1]],
[-1,1, Conv,[256,1,1]],# 63
    ...
```

從設定參數中不難看出，相較於主幹網絡所使用的 ELAN 模組，PaFPN 所使用的 ELAN 模組增加了最後融合的分支，其思想核心與主幹網絡的 ELAN 模組是一致的，仍舊採用了多個並行分支來豐富回傳的梯度流。圖 10-3 展示了該模組的網路結構。

在清楚了 ELAN 模組以及結合我們先前架設 PaFPN 網路的經驗，我們遵循官方的設定檔所展示的 PaFPN 結構即可輕鬆撰寫出相關的程式，如程式 10-10 所示。

→ 程式 10-10 YOLOv7 的 PaFPN

```python
# YOLO_Tutorial/models/yolov7/yolov7_pafpn.py
# ------------------------------------------------------------
...

class Yolov7PaFPN(nn.Module):
    def _init_(self, in_dims, out_dim, act_type='silu', norm_type='BN',
            depthwise=False):
        super(Yolov7PaFPN, self). init()
        self.in_dims = in_dims
        c3, c4, c5 = in_dims

        # top down
        ## P5-> P4
        self.reduce_layer_1 = Conv(c5,256, k=1, norm_type=norm_type, act_type=act_
                                type)
        self.reduce_layer_2 = Conv(c4,256, k=1, norm_type=norm_type, act_type=act_
                                type)
        self.top_down_layer_1 = ELANBlockFPN(in_dim=256 + 256, out_dim=256,
            act_type=act_type, norm_type=norm_type, depthwise=depthwise)
        # P4-> P3
```

```
        self.reduce_layer_3 = Conv(256,128, k=1, norm_type=norm_type, act_type=act_
                            type)
        self.reduce_layer_4 = Conv(c3,128, k=1, norm_type=norm_type, act_type=act_
                            type)
        self.top_down_layer_2 = ELANBlockFPN(in_dim=128 + 128, out_dim=128,
                        act_type=act_type, norm_type=norm_type, depthwise=depthwise)

        # bottom up
        # P3-> P4
        self.downsample_layer_1 = DownSampleFPN(128, act_type=act_type,
                                norm_type=norm_type, depthwise=depthwise)
        self.bottom_up_layer_1 = ELANBlockFPN(in_dim=256 + 256, out_dim=256,
                        act_type=act_type, norm_type=norm_type, depthwise=depthwise)
        # P4-> P5
        self.downsample_layer_2 = DownSampleFPN(256, act_type=act_type,
                                norm_type=norm_type, depthwise=depthwise)
        self.bottom_up_layer_2 = ELANBlockFPN(in_dim=512 + c5, out_dim=512,
                        act_type=act_type, norm_type=norm_type, depthwise=depthwise)

        # head conv
        self.head_conv_1 = Conv(128,256, k=3, p=1,
                        act_type=act_type, norm_type=norm_type, depthwise=depthwise)
        self.head_conv_2 = Conv(256,512, k=3, p=1,
                        act_type=act_type, norm_type=norm_type, depthwise=depthwise)
        self.head_conv_3 = Conv(512,1024, k=3, p=1,
                        act_type=act_type, norm_type=norm_type, depthwise=depthwise)

        # output proj layers
        if out_dim is not None:
            self.out_layers = nn.ModuleList([
                Conv(in_dim, out_dim, k=1,
                    norm_type=norm_type, act_type=act_type)
                    for in_dim in[256,512,1024]
                    ])
            self.out_dim = [out_dim]* 3
        else:
            self.out_layers = None
            self.out_dim = [256,512,1024]
```

```python
def forward(self, features):
    c3, c4, c5 = features

    # top down
    ## P5-> P4
    c6 = self.reduce_layer_1(c5)
    c7 = F.interpolate(c6, scale_factor=2.0)
    c8 = torch.cat([c7, self.reduce_layer_2(c4)], dim=1)
    c9 = self.top_down_layer_1(c8)
    ## P4-> P3
    c10 = self.reduce_layer_3(c9)
    c11 = F.interpolate(c10, scale_factor=2.0)
    c12 = torch.cat([c11, self.reduce_layer_4(c3)], dim=1)
    c13 = self.top_down_layer_2(c12)

    # bottom up
    # p3-> P4
    c14 = self.downsample_layer_1(c13)
    c15 = torch.cat([c14, c9], dim=1)
    c16 = self.bottom_up_layer_1(c15)
    # P4-> P5
    c17 = self.downsample_layer_2(c16)
    c18 = torch.cat([c17, c5], dim=1)
    c19 = self.bottom_up_layer_2(c18)

    c20 = self.head_conv_1(c13)
    c21 = self.head_conv_2(c16)
    c22 = self.head_conv_3(c19)

    out_feats = [c20, c21, c22]# [P3, P4, P5]

    # output proj layers
    if self.out_layers is not None:
        out_feats_proj = []
        for feat, layer in zip(out_feats, self.out_layers):
            out_feats_proj.append(layer(feat))
        return out_feats_proj

    return out_feats
```

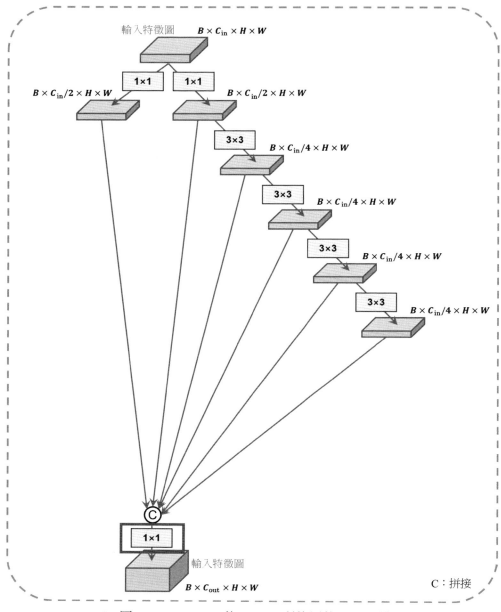

▲ 圖 10-3 YOLOv7 的 PaFPN 所使用的 ELAN 模組

由於我們會在後續的程式實現環節使用解耦檢測頭，因此我們會在上述程式的最後部分看到三層用於調整通道數的 1×1 卷積層。對於檢測頭的程式，前面已經大量實現過了，不再展開介紹。

至此，我們就講解完了 YOLOv7 的主幹網絡和特徵金字塔兩大結構。對於沒有講到的頸部網路，YOLOv7 仍使用基於 CSP 結構的 SPP 模組。有一點值得注意，雖然 YOLOv7 也使用了 SimOTA，但是在做預測時 YOLOv7 仍然使用了先驗框，而且在訓練階段， YOLOv7 仍舊會用到基於先驗框的標籤匹配。從發展的眼光來看，YOLOv7 的設計還是趨於保守了，儘管目前來看，先驗框還有一定作用，在某些情況下還可以略微提升模型的性能，但總歸是要被淘汰的。

按照一直以來的節奏，接下來就該去實現一款我們自己的 YOLOv7 了，但 YOLOv7 本身還有一些其他的技巧，比如固定、動態混合的標籤分配策略和輔助檢測頭等結構，考慮到有限的運算資源，這裡我們不再遵循 YOLOv7 官方專案的技術路線。由於 YOLOv7 網路結構輕量的特點，我們在接下來的實現章節中，將上面已經實現好的網路結構去替換我們的 YOLOX 的網路結構，進一步削減模型的參數量和計算量，同時不損失模型的性能。就網路結構而言，我們不妨將這一款檢測器命名為 YOLOv7，畢竟主幹網絡和特徵金字塔都複現自官方的 YOLOv7。

至於其他的諸如標籤分配策略、資料增強和訓練手段等，我們沿用先前的 YOLOX 所使用的相關設定，因此，我們就不再講解如何去訓練了，直接進入測試環節。

10.3 測試 YOLOv7

首先，使用 VOC 資料集來訓練和測試我們的 YOLOv7 檢測器。假設已訓練好的模型檔案為 yolov7_voc.pth，首先運行 test.py 檔案來查看模型在 VOC 資料集上的檢測結果的視覺化影像。圖 10-4 展示了部分檢測結果的視覺化影像，可以看到，我們設計的 YOLOv7 表現得還是很出色的。隨後去計算 mAP 指標，如表 10-1 所示，相較於我們之前實現的 YOLOX，YOLOv7 不僅減少了模型的

參數量和計算量 GFLOPs，還將 mAP 指標提升了將近一個百分點。該實驗結果
證明了 YOLOv7 的網路結構實現了出色的性能與速度的平衡。

▲ 圖 10-4　YOLOv7 在 VOC 測試集上的檢測結果的視覺化影像

▼ 表 10-1　YOLOv7 在 VOC2007 測試集上的 mAP 測試結果

模型	輸入尺寸	mAP/%	參數量 /M	GFLOPs
YOLOv1	640×640	76.7	37.8	21.3
YOLOv2	640×640	79.8	53.9	30.9
YOLOv3	640×640	82.0	167.4	54.9
YOLOv4	640×640	83.6	162.7	61.5
YOLOX	640×640	84.6	155.4	54.2
YOLOv7	640×640	85.5	144.6	44.0

　　隨後，使用 COCO 資料集進一步訓練並測試我們的 YOLOv7。圖 10-5 展示
了我們的 YOLOv7 在 COCO 驗證集上的部分檢測結果的視覺化影像，可以看到，
我們實現的 YOLOv7 仍舊表現出了出色的檢測性能。

　　為了定量地理解這一點，接著去測試 YOLOv7 在 COCO 驗證集上的 AP 指
標，如表 10-2 所示。相較於我們上一次實現的 YOLOX，在替換上了 YOLOv7
的網路結構後（保留了 YOLOX 風格的解耦檢測頭），我們所實現的 YOLOv7
表現出了更好的性能，結合此前在 VOC 測試集上的對比結果，充分表明了
YOLOv7 對於輕量化網路結構的探索是較為成功的—以更少的參數量和計算

量來實現更好的性能。儘管和官方的 YOLOv7 相比,我們所實現的 YOLOv7 的性能表現要遜色了一點,但這也許是因為我們沒有使用包括輔助檢測頭 (AuxHead)、混合 9 張影像的馬賽克增強,以及 YOLOv5 風格的先驗框等技巧。考慮到本書的宗旨在於入門,便不對複現加以過高的要求。

▲ 圖 10-5 YOLOv7 在 COCO 驗證集上的檢測結果的視覺化影像

▼ 表 10-2 YOLOv7 在 COCO 驗證集上的測試結果

模型	輸入尺寸	AP/%	AP_{50}/%	AP_{75}/%	AP_S/%	AP_M/%	AP_L/%
YOLOv1	640×640	27.9	47.5	28.1	11.8	30.3	41.6
YOLOv2	640×640	32.7	50.9	34.4	14.7	38.4	50.3
YOLOv3	640×640	42.9	63.5	46.6	28.5	47.3	53.4
YOLOv4	640×640	46.6	65.8	50.2	29.7	52.0	61.2
YOLOX	640×640	48.7	68.0	53.0	30.3	53.9	65.2
YOLOv7	640×640	49.5	68.8	53.6	31.2	54.3	65.6

10.4　小結

在本章，我們講解了 YOLOv7 的工作。當然，我們沒有介紹 YOLOv7 使用的「重參數化」、輔助檢測頭 YOLOR[48] 中的隱性知識（implicit knowledge）等技術點，只講解了更加關注的網路結構。感興趣的讀者可以閱讀 YOLOv7 的論文和官方原始程式來更深入地學習 YOLOv7。

至此，本書的核心內容全部講解完了。從一開始的 YOLOv1 到最近的 YOLOv7，我們都做了充分的講解，最重要的是，我們配合豐富的程式實現，加深了對 YOLO 系列的了解和認識，也了解了物件辨識專案程式通常包含的內容。到這裡，我們最開始的「入門」目的已經充分達到了。儘管本書所提供的原始程式都實現了較為不錯的性能，但當讀者今後開展自己的工作並解決實際場景的一些問題時，作者的專案恐怕是不夠的，儘管如此，相信讀者在有了相關的知識基礎和程式實現經驗後，能夠上手那些知名度較高、完成度較高的開放原始碼專案，如 YOLOv5 和 YOLOv7。

就我們的初衷而言，本書到這裡就可以結束了。不過，在講解的過程中，也留下了一些有趣的伏筆，比如有沒有真正的 anchor-free 模型？第一個流行的 anchor-free 模型是什麼樣子的？以及除了多級檢測結構，僅用單級特徵圖能否勝任物件辨識任務呢？諸如此類的問題。所以，儘管核心內容已收尾，但是在本書的最後，不妨去了解和學習一些 YOLO 之外的工作，以進一步拓展我們對物件辨識領域發展的認識。

MEMO

第 **4** 部分

部分其他流行的物件辨識框架

第11章

DETR

　　2020 年，一篇發表在 ECCV 會議上的 End-to-End Object Detection with Transformer 論文[6]（簡稱 DETR）在電腦視覺領域掀起了一股新的浪潮，撼動了以往長期處在統治地位的基於 CNN 架構的物件辨識框架。DETR 以其極為簡潔的檢測範式使廣大的學者意識到 Transformer[5] 在電腦視覺任務中的無限潛力，因此，在這之後，大量基於 Transformer 的視覺模型如雨後春筍般在各大視覺任務中競相出現、爭奇鬥豔。毫無疑問，DETR 是 2020 年最成功的深度學習工作之一，是電腦視覺發展的重要轉捩點之一，也是未來幾年內新浪潮的發起者。因此，學習 DETR 有助為今後深入研究基於 Transformer 的各種視覺檢測演算法打下堅實基礎。

也許，起初我們會對 DETR 敬而遠之，不是因為 DETR 的工作晦澀難懂，而是因為 Transformer 對一些人來說過於陌生，畢竟用慣了 CNN 來處理各類視覺任務。事實上，相較於 CNN，Transformer 是一個十分簡單的結構，其數學原理十分簡單，以此為核心架設起來的 DETR 檢測器也同樣是一個簡潔高效而又極具啟發性的工作。從當下的發展趨勢來看，了解 DETR、Transformer 是必要的，會為我們後續的工作帶來一些有價值的思考和靈感。

需要說明一點，由於訓練 DETR 十分耗時且相當地消耗算力資源，因此，我們在實現章節中不會去訓練 DETR，僅呼叫 DETR 官方開放原始碼專案所提供的已訓練好的權重檔案。同時，由於 DETR 屬於新框架的工作，我們也單獨建立了一個開放原始碼專案，不再與先前的 YOLO 專案共用一套資料前置處理、訓練和測試程式。

本章所涉及的程式如下。

- **官方 DETR 開源程式碼**：https://github.com/facebookresearch/detr
- **本書 DETR 程式實現專案**：https://github.com/yjh0410/DeTR-LAB

接下來，我們領略一下這個新工作的獨特魅力。

11.1　解讀 DETR

一如既往地，我們先從 DETR 的網路結構開始講解本章的內容，包括基於 CNN 架構的主幹網絡、基於 Transformer 的編碼器 - 解碼器（encoder-decoder）結構以及別具一格的 object queries 理念。

11.1.1　主幹網絡

首先，我們來講解 DETR 的主幹網絡。以現在的角度來看，DETR 無疑是「Transformer in CV」研究路線的開篇之作，正因如此，DETR 盡可能地採用較為簡潔的結構，為後續的研究留有充分的空間，相較於性能，也許 DETR 團隊更注重的是對後續工作的啟發。

對於主幹網絡，DETR 採用基於 CNN 的主幹網絡（如 ResNet-50）來處理輸入影像，提取特徵。對於給定的輸入影像 $I \in \mathbb{R}^{B \times 3 \times H \times W}$，其中 B 是 batch size，3 是 RGB 顏色通道，H 和 W 分別是輸入影像的高和寬。經過主幹網絡的處理後，我們會得到一張特徵圖 $C_5 \in \mathbb{R}^{B \times 2048 \times H_o \times W_o}$，其中，$H_o$ 和 W_o 分別為 H 和 W 的 1/32。隨後，再用一層 1×1 卷積壓縮通道，將較大的通道數 2048 壓縮至常見的 256。我們不妨將該特徵圖命名為 $P_5 \in \mathbb{R}^{B \times 256 \times H_o \times W_o}$。

為了符合 Transformer 的介面，我們需要將輸入資料的維度調整成 [B, N, C] 的格式，其中 N 是序列的長度，在這裡，$N = H_o \times W_o$，而 C 是特徵維度，這裡 $C = 256$。因此，這就需要我們展平空間維度，然後與通道維度調換一下順序。有些情況下，Transformer 也會採用另一種維度順序 [N, B, C]，但數學過程是一樣的，所以，我們不妨就用 [B, N, C] 這個維度順序。

另外，Transformer 還需要額外的**位置嵌入**（position embedding），為輸入序列提供位置資訊。由於 CNN 輸出的是二維特徵圖，具有較強的空間連結，DETR 的位置嵌入也需要是二維的，即同時生成 x 和 y 兩個方向的位置編碼。我們將 DETR 的位置嵌入記為：$Pos \in \mathbb{R}^{1 \times 256 \times H_o \times W_o}$，其中 1 是對應 batch size 的維度。

我們簡單介紹一下 Transformer 中用於位置嵌入的計算公式，如公式（11-1）所示：

$$PE(pos, 2i) = \sin\left(pos / 10000^{2i/d_{\text{model}}}\right)$$
$$PE(pos, 2i+1) = \cos\left(pos / 10000^{2i/d_{\text{model}}}\right) \tag{11-1}$$

程式 11-1 展示了 DETR 官方開源程式碼所實現的生成位置嵌入，整體來看，這當中沒有包含複雜的實現。

➜ 程式 11-1 製作位置嵌入

```
# detr/models/position_encoding.py
# ------------------------------------------------------------
...

class PositionEmbeddingSine(nn.Module):
    def _init_(self, num_pos_feats=64, temperature=10000, normalize=False,
```

```
    scale=None):
    super(). init()
    self.num_pos_feats = num_pos_feats
    self.temperature = temperature
    self.normalize = normalize
    if scale is not None and normalize is False:
        raise ValueError("normalize should be True if scale is passed")
    if scale is None:
        scale = 2* math.pi
    self.scale = scale


def forward(self, tensor_list: NestedTensor):
    x = tensor_list.tensors
    mask = tensor_list.mask
    assert mask is not None
    not_mask = ~mask
    y_embed = not_mask.cumsum(1, dtype=torch.float32)
    x_embed = not_mask.cumsum(2, dtype=torch.float32)
    if self.normalize:
        eps = 1e-6
        y_embed = y_embed/ (y_embed[:,-1:,:] + eps)* self.scale
        x_embed = x_embed/ (x_embed[:,:,-1:] + eps)* self.scale

    dim_t = torch.arange(self.num_pos_feats, dtype=torch.float32, device=x.device)
    dim_t = self.temperature**(2* (dim_t//2)/ self.num_pos_feats)

    pos_x = x_embed[:,:,:, None]/ dim_t
    pos_y = y_embed[:,:,:, None]/ dim_t
    pos_x = torch.stack((pos_x[:,:,:,0::2].sin(),
                        pos_x[:,:,:,1::2].cos()), dim=4).flatten(3)
    pos_y = torch.stack((pos_y[:,:,:,0::2].sin(),
                        pos_y[:,:,:,1::2].cos()), dim=4).flatten(3)
    pos = torch.cat((pos_y, pos_x), dim=3).permute(0,3,1,2)
    return pos
```

在程式 11-1 中，輸入 x 就是上面講到的特徵圖 P_5。這段程式還是很好理解的，不過，有一點需要解釋，那就是程式中的 mask 變數。在訓練階段，同一批次的影像尺寸不可能是一樣大的，前置處理只能保證輸入影像的最短邊為 800，

最長邊不超過 1333，而當採用了多尺度增強時，部分影像的最短邊可能會小於 800，即使短邊相同，長邊也有可能不一樣。換言之，在訓練期間，讀取的一批影像的空間尺寸可能互不相等，為了保留長寬比並順利組成一個批次，就需要使用填充（padding）補零的方式來對齊這些影像的尺寸，對於該操作，我們已經不陌生了，圖 11-1 展示了處理該情況的實例。

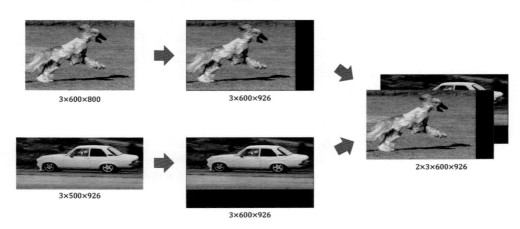

3×600×800

3×600×926

3×500×926

3×600×926

2×3×600×926

▲ 圖 11-1 DETR 的影像前置處理

相較於我們之前的這類操作的實現，在 DETR 中，我們對齊的不再是最長邊，而是最短邊，但並沒有實質性的區別。在完成補零操作後，由於補零的區域不包含任何有效的信息，我們自然不希望這部分數值參與前向傳播和反向傳播的計算，因此就需要一個額外地儲存了 0/1 離散值的 mask 來標記哪些區域是有效的，哪些區域是無效的，其中，0 表示原圖區域（有效區域），1 表示 padding 區域（無效區域），無效區域既不會參與 Transformer 的計算，也不會回傳梯度。程式 11-2 展示了該處理操作的程式實現，這也是 DETR 的資料前置處理環節的一部分。

➔ 程式 11-2 處理同一批次的輸入影像

```
# detr/util/misc.py
#-------------------------------------------------------------
...

def nested_tensor_from_tensor_list(tensor_list: List[Tensor]):
```

```
if tensor_list[0].ndim == 3:
    if torchvision._is_tracing():
        # nested_tensor_from_tensor_list() does not export well to ONNX
        # call_onnx_nested_tensor_from_tensor_list() instead
        return_onnx_nested_tensor_from_tensor_list(tensor_list)

    # TODO make it support different-sized images
    max_size = _max_by_axis([list(img.shape) for img in tensor_list])
    # min_size = tuple(min(s) for s in zip(*[img.shape for img in tensor_list]))
    batch_shape = [len(tensor_list)] + max_size
    b, c, h, w = batch_shape
    dtype = tensor_list[0].dtype
    device = tensor_list[0].device
    tensor = torch.zeros(batch_shape, dtype=dtype, device=device)
    mask = torch.ones((b, h, w), dtype=torch.bool, device=device)
    for img, pad_img, m in zip(tensor_list, tensor, mask):
        pad_img[: img.shape[0],: img.shape[1],: img.shape[2]].copy_(img)
        m[: img.shape[1],:img.shape[2]] = False
else:
    raise ValueError('not supported')
return NestedTensor(tensor, mask)
```

　　綜上，DETR 的主幹網絡主要包含兩個流程，主幹網絡處理輸入影像並調整輸出的特徵圖的格式：$F \in \mathbb{R}^{B \times H_o W_o \times 256}$，以及生成位置嵌入：$Pos \in \mathbb{R}^{B \times H_o W_o \times 256}$。注意，其中的 B 是將 $Pos \in \mathbb{R}^{1 \times H_o W_o \times 256}$ 在第一個維度上進行**廣播**（broadcast）後的結果，當然，這一步也不需要顯式地計算，程式會自動地進行廣播。最後，我們將特徵圖 F 和位置嵌入 Pos 一同輸入 Transformer 中。接下來，我們就將角度切換至 Transformer。

11.1.2 Transformer 的編碼器

　　標準的 Transformer 共包含兩大部分，分別是**編碼器**（encoder）和**解碼器**（decoder）。首先，我們來講解編碼器。編碼器的核心就是**自注意力**（self-attention）機制，這裡，我們用幾個公式簡單介紹一下 Transformer 的自注意力機制的數學過程：

首先，計算自注意力機制中的 Q（query）、K（key）和 V（value）：

$$Q = W^q X, K = W^k X, V = W^v X \qquad (11\text{-}2)$$

接著，將位置嵌入加入輸入中：

$$Q = Q + Pos, K = K + Pos, V = V + Pos \qquad (11\text{-}3)$$

然後，計算 Q 和 K 的相似度，得到自注意力矩陣：

$$S = softmax\left(\frac{QK^T}{\sqrt{d_k}}\right) \qquad (11\text{-}4)$$

其中，d_k 就是特徵維度，即 256。

隨後，我們用得到的自注意力矩陣來計算自注意力機制的輸出：

$$H = SV \qquad (11\text{-}5)$$

最後，我們再用一層**前饋網路**（feedforward network，FFN）和**殘差連接**得到最終的輸出：

$$X = LN\left[Linear\left(H + X\right)\right]$$
$$Y = LN\left[FFN\left(X\right) + X\right] \qquad (11\text{-}6)$$

其中，LN 表示 layer normalization 層，$Linear$ 表示線性輸出層，即一層全連接層。FFN 通常由若干線性層和非線性啟動函數組成。

以上便是 Transformer 的編碼器的標準計算流程。不過，在 DETR 中，有一處小細節有所不同，那就是在 DETR 的公式（11-3）中，只有 Q 和 K 被加上了 Pos，而 V 沒有加，論文裡並沒有解釋其具體原因。除此之外，DETR 的編碼器和標準的 Transformer 一樣。

實際上，我們通常會使用「**多頭注意力**」（multi-head attention）機制來並行地完成多次自注意力計算，而非上述公式所展示的僅包含一次自注意力處理過程。僅一次自注意力操作可能不足以提取足夠豐富的特徵，就相當於在卷積操

作中，我們僅用一個卷積核心不足以提取好的特徵，「多頭注意力」並行地做多次自注意力操作可以視為使用多個卷積核心來提取輸入特徵圖中的豐富的特徵。在 PyTorch 函數庫中，多頭注意力已經實現我們只需像呼叫卷積操作那樣去呼叫 PyTorch 的多頭注意力。不過，為了方便讀者更進一步地理解多頭注意力，我們參考 GitHub 上的開源程式碼，實現了簡單的多頭注意力，如程式 11-3 所示。

➜ 程式 11-3 多頭注意力的程式範例

```python
# MultiHeadAttentino
class MultiHeadAttention(nn.Module):
    def _init_(self, dim, heads=8, dropout=0.1):
        super(). init()
        self.heads = heads
        self.scale = dim_head**-0.5# 1/ sqrt(d_k)
        self.attend = nn.Softmax(dim = -1)
        self.to_q = nn.Linear(dim, dim, bias = False)# W_q
        self.to_k = nn.Linear(dim, dim, bias = False)# W_k
        self.to_v = nn.Linear(dim, dim, bias = False)# W_v
        self.linear = nn.Linear(inner_dim, dim)
        self.norm = nn.LayerNorm(dim)
        self.dropout = nn.Dropout(dropout)

    def forward(self, query, key, value):
        B, NQ = query.shape[:2]
        B, NK = key.shape[:2]
        B, NV = value.shape[:2]
        # Input：x-> [B, N, C_in]
        #[B, N, h*d]-> [B, N, h, d]-> [B, h, N, d]
        q = self.to_q(query).view(B, NQ, self.heads,-1).permute(0,2,1,3).
            contiguous()
        k = self.to_k(key).view(B, NK, self.heads,-1).permute(0,2,1,3).
            contiguous()
        v = self.to_v(value).view(B, NV, self.heads,-1).permute(0,2,1,3).
            contiguous()

        # Q*K^T/ sqrt(d_k): [B, h, N, d] X[B, h, d, N] = [B, h, N, N]
        dots = torch.matmul(q, k.transpose(-1,-2))* self.scale
```

```
        attn = self.attend(dots)

        # softmax(Q*K^T/ sqrt(d_k))* V：[B, h, N, N] X[B, h, N, d] = [B, h, N, d]
        out = torch.matmul(attn, v)
        #[B, h, N, d]-> [B, N, h*d]=[B, N, C_out], C_out = h*d
        out = out.permute(0,2,1,3).contiguous().view(B, NQ,-1)

        # out proj
        out = self.linear(out)
        out = out + self.dropout(out)
        out = self.norm(out)

        return out
```

同時，我們也舉出後續會用到的 FFN 模組的程式，如程式 11-4 所示。它的結構非常簡單，只包含幾層全連接層和避免模型過擬合的 Dropout 層。這裡，我們舉出的 FFN 使用了 GeLU 啟動函數，但 DETR 使用的則是 ReLU 啟動函數，這一點還需讀者注意。

➡ 程式 11-4 前饋網路的程式範例

```
# Feedforward Network
class FFN(nn.Module):
    def _init_(self, dim, mlp_dim, dropout=0.1):
        super(). init()
        self.linear1 = nn.Linear(dim, mlp_dim)
        self.dropout = nn.Dropout(dropout)
        self.linear2 = nn.Linear(mlp_dim, dim)

        self.norm = nn.LayerNorm(dim)
        self.dropout1 = nn.Dropout(dropout)
        self.dropout2 = nn.Dropout(dropout)

        self.activation = nn.GELU()

    def forward_post(self, x):
        x = self.linear1(x)
        x = self.activation(x)
        x = self.dropout1(x)
```

```
        x = self.linear2(x)
        x = x + self.dropout2(x)
        x = self.norm(x)

        return x
```

在了解了自注意力機制和前饋網路並且有了這兩部分的程式後，我們就可以很容易地架設 Transformer 的編碼器。程式 11-5 展示了單層 Transformer 編碼器的程式。

➜ 程式 11-5　單層 Transformer 編碼器的程式範例

```
# Transformer Encoder Layer
class TransformerEncoderLayer(nn.Module):
    def _init_(self, dim, heads, mlp_dim=2048, dropout = 0.):
        super(). init()
        self.self_attn = MultiHeadAttention(dim, heads, dropout)
        self.ffn = FFN(dim, mlp_dim, dropout)

    def forward(self, x, pos=None):
        # x-> [B, N, d_in]
        q = k = x if pos is None else x + pos
        v = x
        x = self.attn(q, k, v)
        x = self.ffn(x)

        return x
```

注意，只有 **Q** 和 **K** 才會被加上 **Pos**，**V** 不加 **Pos**，這一點在程式 11-5 中獲得了清晰的展示。對於完整的 Transformer 編碼器，我們只需重複堆疊程式 11-5 所展示的單層編碼器，如程式 11-6 所示。

➜ 程式 11-6　多層 Transformer 編碼器的程式範例

```
class TransformerEncoder(nn.Module):
    def _init_(self, dim, depth, heads, mlp_dim=2048, dropout=0.):
        super(). init()
        # build encoder
```

```
    self.encoders = nn.ModuleList([
        TransformerEncoderLayer(dim, heads, mlp_dim, dropout)
            for_ in range(depth)])

def forward(self, x, pos=None):
    for m in self.encoders:
        x = m(x, pos)

    return x
```

經過編碼器的處理後，輸入的特徵圖 F 的維度仍舊是 $[B, N, 256]$，其中 N = $H_o \times W_o$，沒有發生變化，這是因為編碼器使用的是自注意力機制，Q、K 和 V 均來自同一個輸入，沒有外部的參數會輸入進來，因此序列長度 N 也就不會發生變化。

至此，我們就講解完了 Transformer 的編碼器結構。需要說明的是，在講解該部分時，我們沒有使用 DETR 官方原始程式中所舉出的相應程式，而是參考了 GitHub 上的開源程式碼，其目的是使用簡單的程式結構來加深此前不熟悉 Transformer 結構的讀者的印象，在有了這些基礎後，後續上手 DETR 也很容易。當然，這也得益於 DETR 良好的程式風格，沒有過多花俏的技巧。

11.1.3 Transformer 的解碼器

相較於編碼器模組，解碼器模組要稍複雜一些。圖 11-2 展示了 DETR 的 Transformer 結構，包含編碼器和解碼器兩大模組，每一模組又都包含了若干層編碼器和解碼器。

圖 11-2 的左半部分所展示的是編碼器的完整結構，可以看到，只有 Q 和 K 加入了空間位置編碼資訊，也就是前文講過的空間嵌入，而 V 沒有加入該資訊，這與我們先前所講的是一致的。而圖的右半部分所展示的就是接下來所要講的解碼器的完整結構，可以看到，解碼器模組也包含了多層解碼器，每一層解碼器又可以分為「多頭自注意力」和「多頭注意力」兩個主要部分。其他的過程都是一樣的。圖中展示了單層解碼器的結構。接下來，我們詳細介紹這兩個部分的處理過程。

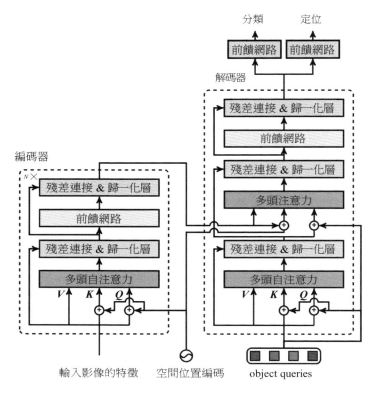

▲ 圖 11-2　DETR 的編碼器與解碼器的結構

　　第一部分是「多頭自注意力」，所謂的「自注意力」，是指 **Q**、**K** 和 **V** 均來自同一個輸入。對於這個輸入，DETR 定義了一個名為 object queries 的變數，它是一個維度為 [N_q, C] 的可學習變數，其中，N_q 是網路要輸出的物體數量，比如 100，而 C 是特徵維度，與編碼器中的特徵維度相等，即 $C = 256$。為了方便計算，一般會把它在 batch size 的維度上進行廣播，使其維度變成 [B, N_q, 256]。DETR 預設 $N_q = 100$，即一張影像最多會被檢測出 100 個物體，如果沒有這麼多物體，比如只檢測出了 20 個，那麼剩餘的 80 個位置的置信度都會很低，即被辨識為背景。對於這一部分，首先將空間位置編碼加入輸入中，如公式（11-7）所示。

$$Q_1 = K_1 = tgt + Q_p, V_1 = tgt \qquad (11\text{-}7)$$

其中，$tgt \in \mathbb{R}^{B \times N_p \times 256}$ 是第一層解碼器的輸入，通常會被初始化為 0。然後，採用標準的自注意力公式來處理它們，得到輸出的 tgt，我們將這一計算過程簡記為 $MHSA(\cdot)$，如公式（11-8）所示。

$$tgt = MHSA(Q_1, K_1, V_1)$$ （11-8）

如此一來，單層解碼器的第一部分的計算就完成了，主要就是對自訂的 object queries 進行了一次多頭自注意力處理。

單層解碼器的第二部分是「多頭注意力」，更準確地說，是「交叉注意力」（cross attention），因為在這一次的注意力處理操作中，Q、K 和 V 不都是由同一個輸入得來的。依據圖 11-2 所展示的結構，我們可以得知 Q 來自第一個自注意力的輸出 tgt，而 K 和 V 則來自編碼器模組的輸出，記作 $memory$：

$$Q_2 = tgt + Q_p,\ K_2 = memory + Pos,\ V_2 = memory$$ （11-9）

在確定了 Q、K 和 V 之後，我們就可以去計算交叉注意力了，如公式（11-10）所示，就其數學形式而言，與先前的自注意力公式是一樣的。事實上，交叉注意力和自注意力的核心差別不在於計算公式，而僅在於 Q、K 和 V 的來源。

$$tgt_2 = softmax\left(\frac{Q_2 K_2^T}{\sqrt{d_k}}\right) V_2$$ （11-10）

另外，我們仔細觀察公式（11-10），其中，Q_2 的主要資訊來自 DETR 設定的 object queries，然後計算 Q_2 與 K_2 的相似度，根據這一相似性矩陣來決定 V_2 中的哪些資訊被輸出，哪些資訊被抑制。而 K_2 和 V_2 均來自編碼器模組的輸出，也就是輸入影像的高級特徵，因此，我們可以認為，這一交叉注意力計算的實質就是讓 object queries 中的資訊與輸入影像的資訊進行互動，並根據 object queries 中的資訊來決定輸入影像中的哪些資訊是有用的，哪些資訊是不需要的。所以，在觀察到了這一點之後，我們就不難明白 DETR 的 object queries 本質上其實就是一個「資訊儲存庫」，透過學習來決定可以保留用於篩選影像中物體的資訊，DETR 正是利用這些資訊去查詢輸入影像中存在哪些物體，將其提取出來。

最後，我們做一次殘差連接，將 ***tgt*₂** 加入 ***tgt*** 中，並用 *FFN* 做一次非線性處理，如公式（11-11）所示。

$$tgt = LN\left[Linear\left(tgt_2 + tgt\right)\right]$$
$$tgt = LN\left[FFN\left(tgt\right) + tgt\right]$$

（11-11）

　　至此，我們講解完了單層解碼器的數學過程。在清楚了原理後，就可以很容易撰寫出相關的程式，如程式 11-7 所示。

➜ 程式 11-7　單層 Transformer 解碼器的程式範例

```python
# Transformer Decoder Layer
class TransformerDecoderLayer(nn.Module):
    def _init_(self, dim, heads, mlp_dim=2048, dropout=0.):
        super(). init()
        self.self_attn = MultiHeadAttention(dim, heads, dropout)
        self.ffn_0 = FFN(dim, mlp_dim, dropout)
        self.cross_attn = MultiHeadAttention(dim, heads, dropout)
        self.ffn_1 = FFN(dim, mlp_dim, dropout)

    def forward(self, tgt, memory, pos=None, query_pos=None):
        # memory is the output of the last encoder
        # x-> [B, N, d_in]
        q0 = k0 = tgt if query_pos is None else tgt + query_pos
        v0 = tgt
        tgt = self.self_attn(q0, k0, v0)
        tgt = self.ffn_0(tgt)

        q = tgt if query_pos is None else tgt + query_pos
        k = memory if pos is None else memory + pos
        v = memory
        tgt = self.cross_attn(q, k, v)
        tgt = self.ffn_1(tgt)

        return tgt
```

　　然後，我們就可以堆疊多層解碼器來架設 Transformer 的解碼器模組，如程式 11-8 所示。

→ 程式 11-8 多層 Transformer 解碼器的程式範例

```python
# Transformer Decoder
class TransformerDecoder(nn.Module):
    def _init_(self, dim, depth heads, dim_head, mlp_dim=2048,
                dropout = 0., act='relu', return_intermediate=False):
        super(). init()
        # build encoder
        self.return_intermediate = return_intermediate
        self.decoders = nn.ModuleList([
            TransformerDecoderLayer(dim, heads, dim_head, mlp_dim, dropout, act)
            for_ in range(depth)])

    def forward(self, tgt, memory, pos=None, query_pos=None):
        intermediate = []
        for m in self.decoders:
            tgt = m(tgt, memory, pos, query_pos)
            if self.return_intermediate:
                intermediate.append(tgt)

        if self.return_intermediate:
            # [M, B, N, d]
            return torch.stack(intermediate)

        return tgt.unsqueeze(0)# [B, N, C]-> [1, B, N, C]
```

注意，由於解碼器模組中的每一層解碼器的數學過程都是一模一樣的，無非就是不斷提取編碼器模組輸出的特徵中的某些有用的資訊，並將其加入 $\boldsymbol{tgt}$ 中。因此，每一層解碼器的輸出 $\boldsymbol{tgt}_i \in \mathbb{R}^{B \times N_q \times 256}$ 都可以單獨拿來去做最終的檢測。在程式 11-8 中，我們就設置了一個名為 return_intermediate 的參數，其目的就是用來決定是否要輸出每一層解碼器的結果。最後，我們將這些中間輸出合在一起，得到最終的輸出 $\boldsymbol{tgt} \in \mathbb{R}^{M \times B \times N_q \times 256}$，其中，$M$ 就是解碼器的層數。如果我們不需要中間輸出，就只保留最後一層解碼器的輸出。

至此，Transformer 的基本概念和相應的計算過程就介紹完了，最後由解碼器模組輸出的特徵也就可以用於最終的分類和定位。程式 11-9 展示了 DETR 的預測層。

→ 程式 11-9　DETR 的預測層

```
# output
outputs_class = self.class_embed(hs)
outputs_coord = self.bbox_embed(hs).sigmoid()
```

　　需要注意的是，在回歸邊界框的座標時，DETR 使用 Sigmoid 函數將其映射到 0 ～ 1 範圍內，這是因為 DETR 回歸的是相對座標，而非絕對座標。變數 hs 就是 Transformer 的輸出 $tgt \in \mathbb{R}^{M \times B \times N_q \times 256}$。我們簡單介紹一下類別預測和位置預測。

- **類別預測 outputs_class**。該預測的維度是 $[M, B, N_q, K + 1]$，其中，K 是物件的類別數量，如 VOC 資料集的 20 和 COCO 資料集的 80，而多出來的 1 是背景標籤。需要說明的是，DETR 中的 K 是 91，這是因為 COCO 資料集其實一共有 91 個物件，但在物件辨識任務中只使用 80 個物件，另外 10 個是不用的，但 DETR 直接設為 91，即使 COCO 資料集上的檢測任務只有 80 個物件。另外，DETR 把背景的索引放在了最後，而非 0，這樣做的好處是前景的索引是從 0 開始的，方便省事。

- **位置預測 outputs_coord**。該預測的維度是 $[M, B, N_q, 4]$，分別是邊界框的中心點座標和長寬，都是相對座標，即值域在 0 ～ 1 內，所以 DETR 後面用了 Sigmoid 函數來做一次映射。注意，相較於傳統的 CNN 方法如 YOLO 和 RetinaNet，DETR 的最大區別就是採用「直接回歸座標」的策略，而非回歸相對於特徵圖的網格的偏移量。DETR 輸出的是一個序列，並沒有網格座標可供參考。不難想像，DETR 的這種回歸方式在一定程度上可能會需要更長的訓練時間。也因此，後來的 Deformable DETR[7] 引入了 Reference points 概念和 Iterative Bounding Box Refinement 技術來幫助邊界框的回歸，同時 Anchor DETR[49] 工作也是參考了 Reference points 的概念給 DETR 加上了 Anchor points，從而加快 DETR 的收斂。

　　但作為一個新框架的開山之作，DETR 並沒有去考慮這些煩瑣的細節，也不需要考慮，因為能夠提出一個簡潔有效的框架，擁有可觀的性能，吸引許多研究者的注意就已經成功了。好的技術往往是一代又一代地迭代出來的，而非

一蹴而就。以現在的角度看整個 DETR 的發展脈絡，可以說，最初的 DETR 團隊已經達到了這一目的，在其全新框架的啟發下，物件辨識領域又有了全新的發展。

言歸正傳，在完成了主幹網絡和 Transformer 的講解後，DETR 的結構也就基本清楚了，最後，我們展示 DETR 的前向推理程式，如程式 11-10 所示。為了節省篇幅，這裡只展示主要部分的程式。

➜ 程式 11-10 DETR 的前向推理

```python
# detr/models/detr.py
...

class DETR(nn.Module):
    def _init_(self, backbone, transformer, num_classes, num_queries, aux_loss=
        False):
        ...

    def forward(self, samples: NestedTensor):
        ...

        if isinstance(samples,(list, torch.Tensor)):
            samples = nested_tensor_from_tensor_list(samples)
        features, pos = self.backbone(samples)

        src, mask = features[-1].decompose()
        assert mask is not None
        hs = self.transformer(self.input_proj(src), mask, self.query_embed.weight,
            pos[-1])[0]

        outputs_class = self.class_embed(hs)
        outputs_coord = self.bbox_embed(hs).sigmoid()
        out = {'pred_logits': outputs_class[-1],'pred_boxes': outputs_coord[-1]}
        if self.aux_loss:
            out['aux_outputs'] = self._set_aux_loss(outputs_class, outputs_coord)
        return out

    @torch.jit.unused
```

```
def_set_aux_loss(self, outputs_class, outputs_coord):
    return[{'pred_logits': a,'pred_boxes': b}
        for a, b in zip(outputs_class[:-1], outputs_coord[:-1])]
```

在測試階段,如果我們選擇輸出每一層解碼器的結果,那麼 DETR 會將所有的預測結果整理到一起,然後使用 NMS 做一次處理,在這種情況下使用 NMS 操作是必要的,因為每一層解碼器都會去檢測影像中的物體,難免會對同一個物件有相同的響應,容錯檢測也就無法避免。如果我們僅使用最後一層解碼器的輸出,就不需要使用 NMS 了,因為 DETR 採用的訓練策略在很大程度上會避免這個問題。

至此,我們講解完了 DETR 的結構,和之前許多的物件辨識網路不同,DETR 不再依賴特徵圖自身的空間座標,即網格 (網格本身其實也是一種先驗),而是將物件辨識任務視作一種序列到序列的預測任務,直接輸出影像中的物件類別與邊界框,無須網格座標來作為中轉。可以說,DETR 是在 YOLO 之後的又一次具有革新意義的工作,是物件辨識發展史上的又一個里程碑。相較於以前的僅停留在不使用先驗框的 anchor-free 概念,DETR 實現了真正意義上的 anchor-free 檢測器,因為它不再採用基於網格回歸位置偏移量的策略。圖 11-3 展示了 DETR 的網路結構。

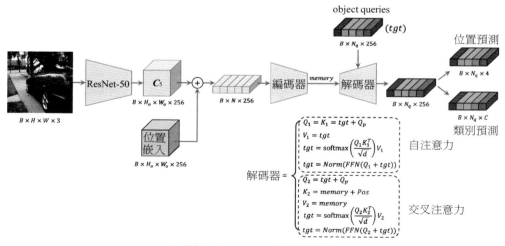

▲ 圖 11-3　DETR 的網路結構

不過，也正是因為沒有了網格，DETR 的標籤分配策略才發生了變化。學到這裡，想必讀者都已經明白，除了網路結構本身，資料前置處理、標籤分配以及損失函數等也是很重要的。所以，接下來，我們就要進入本章的實現環節，從實現的角度來加深對 DETR 的理解和認識。

11.2 實現 DETR

貫徹本書一直以來的風格，我們首先來架設一個 DETR 檢測器。在 11.1 節，我們已經詳細地講解了 DETR 的主幹網絡、Transformer 結構以及預測層，所以，相關的程式實現也就十分清晰了。

11.2.1 DETR 網路

在作者的 DETR-LAB 專案中，我們在 models/detr/detr.py 檔案中實現了 DETR 檢測器，包括主幹網絡、Transformer、預測層以及其他起輔助作用的函數。程式 11-11 展示了我們所要實現的 DETR 的程式框架。

➔ 程式 11-11 DETR 的主體程式框架

```
# DeTR-LAB/models/detr/detr.py
# ------------------------------------------------------------
...

# DeTR detector
class DeTR(nn.Module):
    def _init_(self, cfg, device, num_classes, trainable, aux_loss, use_nms):
        super(). init()
        ...

        #--------- Object Query ----------
        self.query_embed = nn.Embedding(self.num_queries, self.hidden_dim)

        #--------- Network Parameters----------
        ## 主幹網絡
        self.backbone, bk_dims = build_backbone(cfg, self.pretrained, False)
```

```
## input proj layer
self.input_proj = nn.Conv2d(bk_dims[-1], self.hidden_dim, kernel_size=1)

## Transformer
self.transformer = build_transformer(cfg)

## 預測層
self.class_embed = nn.Linear(self.hidden_dim, num_classes + 1)
self.bbox_embed = MLP(self.hidden_dim, self.hidden_dim,4,3)
```

對於主幹網絡，我們採用標準的 ResNet 網路，透過呼叫 build_backbone 函數來架設主幹網絡。讀者可以在專案的 models/detr/backbone.py 檔案中找到相關程式，其實現方式引用了 DETR 的官方原始程式。

前面我們已經講過，主幹網絡的作用就是壓縮輸入影像的空間尺寸，提取輸入影像中的高級特徵。這就會引出一個問題，那就是**為什麼不直接把輸入影像調整成 [B, N, C] 的格式去交給 Transformer 處理呢**？這是因為 Transformer 的計算複雜度為 $O(N^2)$，過大的 N 會使計算量顯著增大，這既耗時，又耗運算資源，且影像本身的資訊都是淺層的，具有很高的容錯度，使用 CNN 去做一次處理就顯得很有必要，這樣既能縮減 N，還能濾掉無用和容錯的資訊。當然，隨著 Transformer 在電腦視覺領域中的進一步發展，我們完全可以使用基於 Transformer 技術所架設的分類網路來壓縮影像、提取高級特徵，不過，就任務需求而言，這和使用 CNN 網路沒有本質區別，僅表現在基於 Transformer 的分類網路可能會提取出更好的特徵，如同諸葛連弩與梅可馨重機槍的差別。

隨後，我們就來架設 DETR 的 Transformer 部分，儘管前面我們已經撰寫了相關的程式，但受運算資源的限制，作者尚不能從頭訓練一個 DETR，因此，對於 Transformer 的實現，我們仍引用官方的開源程式碼，以便後續使用官方的 DETR 的權重來做測試等。在本專案的 models/detr/transformer.py 檔案中，我們可以找到 Transformer 的相關程式。由於 PyTorch 函數庫已經提供了多頭注意力的實現，因此我們無須自己去撰寫這部分的程式。程式 11-12 展示了 Transformer 的核心程式。

→ 程式 11-12 DETR 的 Transformer 模型

```python
# DeTR-LAB/models/detr/transformer.py
# ------------------------------------------------------------
...

class Transformer(nn.Module):
    def _init_(self, d_model=512, nhead=8, num_encoder_layers=6,
                num_decoder_layers=6, dim_feedforward=2048, dropout=0.1,
                activation="relu", normalize_before=False,
                return_intermediate_dec=False):
        super(). init()

        encoder_layer = TransformerEncoderLayer(d_model, nhead, dim_feedforward,
                                            dropout, activation, normalize_before)
        encoder_norm = nn.LayerNorm(d_model) if normalize_before else None
        self.encoder = TransformerEncoder(encoder_layer, num_encoder_layers, encoder_
                                    norm)

        decoder_layer = TransformerDecoderLayer(d_model, nhead, dim_feedforward,
                                            dropout, activation, normalize_before)
        decoder_norm = nn.LayerNorm(d_model)
        self.decoder = TransformerDecoder(decoder_layer, num_decoder_layers,
                    decoder_norm,return_intermediate=return_intermediate_dec)

        self.d_model = d_model
        self.nhead = nhead

    def forward(self, src, mask, query_embed, pos_embed):
        # flatten NxCxHxW to HWxNxC
        bs, c, h, w = src.shape
        src = src.flatten(2).permute(2,0,1)
        pos_embed = pos_embed.flatten(2).permute(2,0,1)
        query_embed = query_embed.unsqueeze(1).repeat(1, bs,1)
        mask = mask.flatten(1)

        tgt = torch.zeros_like(query_embed)
        memory = self.encoder(src, src_key_padding_mask=mask, pos=pos_embed)
        hs = self.decoder(tgt, memory, memory_key_padding_mask=mask,
                        pos=pos_embed, query_pos=query_embed)
        return hs.transpose(1,2), memory.permute(1,2,0).view(bs, c, h, w)
```

　　前面我們已經講解了編碼器和解碼器的原理以及程式實現，所以程式 11-12 中用到的關於編碼器和解碼器的程式請讀者自行閱讀。有了前文的基礎，相信閱讀官方的程式實現並不困難。接著，我們就可以撰寫 DETR 前向推理的程式了，如程式 11-13 所示。

➜ 程式 11-13 DETR 的前向推理

```python
# DeTR-LAB/models/detr/transformer.py
# --------------------------------------------------------------
...

class DeTR(nn.Module):
    ...

    @torch.no_grad()
    def inference(self, x):
        # backbone
        x = self.backbone(x)
        x = self.input_proj(x["0"])

        # 生成位置嵌入 (position embedding)
        mask = torch.zeros([x.shape[0],*x.shape[-2:]],
                            device=x.device, dtype=torch.bool)# [B, H, W]
        pos_embed = self.position_embedding(mask, normalize=True)

        # transformer
        h = self.transformer(x, mask, self.query_embed.weight, pos_embed)[0]

        # output:[M, B, N, C]
        outputs_class = self.class_embed(h)
        outputs_coord = self.bbox_embed(h).sigmoid()

        # 在推理階段，僅使用解碼器的最後一層輸出
        outputs = {'pred_logits': outputs_class[-1],'pred_boxes': outputs_coord[-1]}

        # batch_size = 1
        out_logits, out_bbox = outputs['pred_logits'], outputs['pred_boxes']

        #[B, N, C]-> [N, C]
```

```
cls_pred = out_logits[0].softmax(-1)
scores, labels = cls_pred[...,:-1].max(-1)

# xywh-> xyxy
bboxes = box_ops.box_cxcywh_to_xyxy(out_bbox)[0]

# to cpu
scores = scores.cpu().numpy()
labels = labels.cpu().numpy()
bboxes = bboxes.cpu().numpy()

# 設定值篩選
keep = np.where(scores >= self.conf_thresh)
scores = scores[keep]
labels = labels[keep]
bboxes = bboxes[keep]

if self.use_nms:
    # nms
    scores, labels, bboxes = multiclass_nms(
        scores, labels, bboxes, self.nms_thresh, self.num_classes, False)

return bboxes, scores, labels
```

　　整體來看，DETR 的網路程式還是很簡潔的，沒有過於複雜的模組化處理。儘管 DETR 是點對點的檢測模型，但我們還是增加了一段 NMS 處理的程式，以便應對某些特殊的處理要求。預設情況下不使用 NMS。關於 DETR 的網路結構就說到這裡，接下來，我們介紹訓練和測試 DETR 時所用到的資料前置處理操作。

11.2.2 資料前置處理

　　相較於以往的資料前置處理，DETR 的這一部分工作並沒有太大的改動，主要的操作還是包括水平翻轉、剪裁和調整影像尺寸等。在專案的 dataset/transforms.py 檔案中，我們實現了用於建構資料前置處理的函數 build_transform，如程式 11-14 所示。

➡️ 程式 11-14　DETR 的資料前置處理

```
# DeTR-LAB/dataset/transforms.py
# -------------------------------------------------------------
...

def build_transform(
    is_train=False, pixel_mean, pixel_std,
    min_size, max_size, random_size=None):

    normalize = Compose([
        ToTensor(),
        Normalize(pixel_mean, pixel_std)
    ])

    if is_train:
        return Compose([
            RandomHorizontalFlip(),
            RandomSelect(
                RandomResize(random_size, max_size=max_size),
                Compose([
                    RandomResize([400,500,600]),
                    RandomSizeCrop(384,600),
                    RandomResize(random_size, max_size=max_size),
                ])
            ),
            normalize,
        ])
    else:
        return Compose([
            RandomResize([min_size], max_size=max_size),
            normalize,
        ])
```

　　在訓練階段，build_transform 函數的 is_train 參數為 True，那麼資料前置
處理操作就是隨機水平翻轉（RandomHorizontalFlip 類別）和隨機尺寸調整
（RandomResize 類別），其中，RandomSelect 函數會以 50% 的機率隨機選擇
一個尺寸調整方式—不是是將影像調整至指定的尺寸，就是是先隨機從 400、

500 和 600 中選擇一個最短邊的尺寸，再對影像做中心剪裁，最終調整至指定的尺寸。DETR 沒有使用到和顏色擾動相關的前置處理操作。最後是一個影像歸一化操作，其中平均值和方差為 ImageNet 資料集所統計出來的平均值和方差。

在測試階段，build_transform 函數的 is_train 參數為 False，那麼資料前置處理操作就只有調整影像尺寸和影像歸一化。關於這些函數的具體實現程式請讀者自行閱讀，這裡不再做過多的介紹了。DETR 沒有使用諸如馬賽克增強和混合增強等特殊的前置處理操作。一般來說在學術研究中，這兩個資料增強在物件辨識任務中很少會被用到。只有像 YOLO 這種注重即時性的工作為了彌補性能上的不足才會使用大量的資料增強操作。

11.2.3　正樣本匹配：Hungarian Matcher

在講解完了模型結構和資料前置處理之後，接下來自然就該輪到標籤匹配，這也是一個物件辨識專案的最重要的環節。由於 DETR 拋棄了以往的網格或先驗框的概念，使得以往的 anchor-based 的匹配策略不再適用，因為 DETR 的出發點之一就是著眼於物件辨識任務本身的無序性：**我們只是想得到影像中物體的邊界框和類別，並不在意它們之間的連結**。於是，DETR 乾脆從預測框本身來尋找和物件框之間的某種連結。這一思想也催生了後續諸多如 OneNet[54] 和 OTA[36] 等在內的特別注意動態標籤分配的工作。

DETR 設計了一種基於「雙邊匹配」思想的標籤分配策略。具體來說，假設網路輸出 N_q 配個預測框，物件的數量為 M（通常 $M << N_q$），標籤匹配的目的就是確定這 M 個物件分別由 N_q 個預測框中的哪幾個去學習。儘管 one-to-many 策略有助提升模型的性能，但這一策略也會使得模型對一個物件舉出容錯檢測結果。為了盡可能保證點對點的檢測特性，不使用 NMS 操作，DETR 只為每一個物件框匹配一個正樣本，那些沒有被匹配上的預測框就是負樣本，只參與背景的損失計算，不參與邊界框回歸，如圖 11-4 所示。

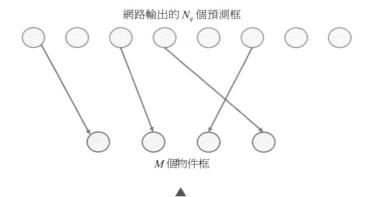

網路輸出的 N_q 個預測框

M 個物件框

▲ 圖 11-4　DETR 的「雙邊匹配」：
一個物件框僅會被匹配上一個預測框作為正樣本

　　接著，我們再從程式的角度來了解這一匹配的具體操作。讀者可以打開本書的 DETR-LAB 專案的 models/detr/matcher.py 檔案，在程式中，我們可以看到一個名為 HungarianMatcher 的類別，用於完成 DETR 的標籤匹配，其思想十分簡單：基於匈牙利演算法最小化物件框與預測框的代價。

　　首先，HungarianMatcher 類別接收 DETR 網路的所有預測，包括類別預測和邊界框座標預測，以及物件框的類別和邊界框座標。為了方便後續的計算，先將預測框和物件框的資料都調整成合適的格式，如程式 11-15 所示。

➜ 程式 11-15　前置處理網路的預測和標籤

```
# DeTR-LAB/models/detr/matcher.py
# ------------------------------------------------------------
...

class HungarianMatcher(nn.Module):
    def _init_(self, cost_class, cost_bbox, cost_giou):
        super(). init()
        self.cost_class = cost_class
        self.cost_bbox = cost_bbox
        self.cost_giou = cost_giou
        assert cost_class!= 0 or cost_bbox!= 0 or cost_giou!= 0,
            "all costs cant be 0"
```

```
@torch.no_grad()
def forward(self, outputs, targets):
    bs, num_queries = outputs["pred_logits"].shape[:2]

    #[B* num_queries, C] = [N, C], where N is B* num_queries
    out_prob = outputs["pred_logits"].flatten(0,1).softmax(-1)
    # [B* num_queries,4] = [N,4]
    out_bbox = outputs["pred_boxes"].flatten(0,1)

    #[M,] where M is number of all targets in this batch
    tgt_ids = torch.cat([v["labels"] for v in targets])
    #[M,4] where M is number of all targets in this batch
    tgt_bbox = torch.cat([v["boxes"] for v in targets])
    ...
```

隨後，再計算 N_q 個預測框和 M 個物件框的代價，包括**類別代價**和**座標回歸代價**。對於類別代價，DETR 計算的就是最簡單的交叉熵，得到一個類別代價矩陣 $C_{cls} \in \mathbb{R}^{N \times M}$，其中，$N = N_q \times B$，$M$ 是這一批資料的所有物件框的數量。$C_{cls}(i, j)$ 表示第 i 個預測框和第 j 個物件框的代價。在學習了 SimOTA 後，這部分內容就不難理解了。而對於座標回歸代價，DETR 則計算 L1 損失和 GIoU 損失兩部分。然後，將這三部分損失加權求和，作為最終的總代價，如程式 11-16 所示。

➡ 程式 11-16 計算預測框與物件框的代價

```
# DeTR-LAB/models/detr/matcher.py
# ------------------------------------------------------------
...

class HungarianMatcher(nn.Module):
    def _init_(self, cost_class, cost_bbox, cost_giou):
        super(). init()
        self.cost_class = cost_class
        self.cost_bbox = cost_bbox
        self.cost_giou = cost_giou
        assert cost_class!= 0 or cost_bbox!= 0 or cost_giou!= 0,
            "all costs cant be0"
```

```
@torch.no_grad()
def forward(self, outputs, targets):
    ...

    #[N, M]
    cost_class = -out_prob[:, tgt_ids]

    #[N, M]
    cost_bbox = torch.cdist(out_bbox, tgt_bbox, p=1)

    #[N, M]
    cost_giou = -generalized_box_iou(box_cxcywh_to_xyxy(out_bbox),
                                     box_cxcywh_to_xyxy(tgt_bbox))
    # Final cost matrix:[N, M]
    C = self.cost_bbox* cost_bbox + self.cost_class* cost_class + \
        self.cost_giou* cost_giou
    #[N, M]-> [B, num_queries, M]
    C = C.view(bs, num_queries,-1).cpu()
    ...
```

　　隨後，代價矩陣被放到 CPU 裝置上，因為後面要使用的 scipy.optimize 函數庫的 linear_ sum_assignment 函數僅支援在 CPU 裝置上做計算。程式 11-17 展示了使用該函數求解最小代價的程式。

➜ 程式 11-17　最小化預測框與物件框的代價

```
# DeTR-LAB/models/detr/matcher.py
# -----------------------------------------------------------
...

class HungarianMatcher(nn.Module):
    def _init_(self, cost_class, cost_bbox, cost_giou):
        super(). init()
        self.cost_class = cost_class
        self.cost_bbox = cost_bbox
        self.cost_giou = cost_giou
        assert cost_class!= 0 or cost_bbox!= 0 or cost_giou!= 0,
            "all costs cant be0"
```

```
@torch.no_grad()
def forward(self, outputs, targets):
    ...

    sizes = [len(v["boxes"]) for v in targets]

    indices = [linear_sum_assignment(c[i]) for i, c in enumerate(C.split
        (sizes,-1))]

    return[(torch.as_tensor(i, dtype=torch.int64),
torch.as_tensor(j, dtype=torch.int64)) for i, j in indices]
```

由於之前是把一批資料放在一起去做這些計算的，在求解出匹配的最佳解後，我們需要知道這些匹配屬於這批資料中的哪張影像，因此，這裡需要記錄這一批資料中的每張影像包含了多少個物件。在上面的程式中，sizes 變數就是服務於這個目的。最後，求出的解 indices 中就包含了預測框和物件框的匹配關係。我們使用 C.split(sizes,-1) 操作將代價矩陣分割成 B 份，每一份都是 $[B, N_q, M_i]$，其中，M_i 是第 i 張影像中的物件數量。顯然，for 迴圈中的 i 正好對應 batch size 維度的索引，那麼 c[i] 就是第 i 張影像預測的結果和物件的代價了。linear_sum_assignment 函數返回的就是對於 c[i] 這張影像的預測與物件的代價的**行索引**（對應 N_q 維度）和**列索引**（對應 M_i 維度）。我們使用這些行索引和列索引就可以確定哪個預測結果匹配上了哪個樣本，也就是獲得了正樣本的索引。最終，indices 變數中一共包含了 B 份這樣的行索引和列索引，在後面計算損失的時候，我們就可以根據行索引和列索引去確定哪些是正樣本，哪些是負樣本，完成相應的損失計算。

至此，DETR 就完成了正樣本匹配，確定了預測框和物件框之間的匹配關係，整個計算過程完全不依賴網格或先驗框，因此，這是一種動態分配策略。

11.2.4 損失函數

接下來，我們就可以著手計算損失了。在專案的 models/detr/criterion.py 檔案中，我們可以看到一個名為 Criterion 的類別。我們只需要關注該類別的兩個方法，分別是 loss_ labels 函數和 loss_boxes 函數。

首先是 loss_boxes 函數，該函數被用於計算邊界框的回歸損失，如程式 11-18 所示。

→ 程式 11-18　計算邊界框座標損失

```
# DeTR-LAB/models/detr/criterion.py
# -----------------------------------------------------------
...


def loss_boxes(self, outputs, targets, indices, num_boxes):
    assert'pred_boxes' in outputs
    idx = self._get_src_permutation_idx(indices)
    src_boxes = outputs['pred_boxes'][idx]
    target_boxes = torch.cat([t['boxes'][i]
                    for t,(_, i) in zip(targets, indices)], dim=0)
    loss_bbox = F.l1_loss(src_boxes, target_boxes, reduction='none')
    losses = {}
    losses['loss_bbox'] = loss_bbox.sum()/ num_boxes

    loss_giou = 1- torch.diag(generalized_box_iou(
        box_cxcywh_to_xyxy(src_boxes),
        box_cxcywh_to_xyxy(target_boxes)))
    losses[ 'loss_giou'] = loss_giou.sum()/ num_boxes
    return losses
```

在程式 11-18 中，我們先呼叫 _get_src_permutation_idx 函數來獲得這一批資料中的每個物件框的正樣本的索引，程式 11-19 展示了該函數的程式實現。

→ 程式 11-19　正樣本索引

```
# DeTR-LAB/models/detr/criterion.py
# -----------------------------------------------------------
...

def_get_src_permutation_idx(self, indices):
    batch_idx = torch.cat([torch.full_like(src, i) for i,(src,_)
        in enumerate(indices)])
    src_idx = torch.cat([src for(src,_) in indices])
    return batch_idx, src_idx
```

　　然後，用得到的 **idx** 變數去分別索引那些被匈牙利演算法匹配上的預測框與物件框，接著去計算邊界框的 **L1** 損失和 **GIoU** 損失即可。

　　我們再看 loss_labels 函數，該函數被用於計算邊界框的類別損失，如程式 11-20 所示。

➜ 程式 11-20　計算類別損失

```
# DeTR-LAB/models/detr/criterion.py
# ------------------------------------------------------------
...

def loss_labels(self, outputs, targets, indices, num_boxes, log=True):
    assert'pred_logits' in outputs
    src_logits = outputs['pred_logits']

    idx = self._get_src_permutation_idx(indices)
    target_classes_o = torch.cat([t["labels"][J] for t,(_, J) in zip
        (targets, indices)])
    target_classes = torch.full(src_logits.shape[:2], self.num_classes,
                                dtype=torch.int64, device=src_logits.device)
    target_classes[idx] = target_classes_o

    loss_ce = F.cross_entropy(src_logits.transpose(1,2), target_classes,
                              self.empty_weight)

    losses = { 'loss_ce': loss_ce}
    return losses
```

　　和計算邊界框座標損失的過程一樣的，計算類別損失時，也先獲取樣本的索引變數，再去索引那些被匈牙利演算法匹配上的預測框和物件框，計算二者的類別損失。

　　如果使用了 Transformer 的中間輸出，即每一層解碼器的輸出都去做預測，那麼也要為每一個中間輸出去做正樣本匹配和損失，如程式 11-21 所示。

➜ 程式 11-21　為中間預測製作正樣本和計算損失

```
# DeTR-LAB/models/detr/criterion.py
# ------------------------------------------------------------
```

```
...

def forward(self, outputs, targets):
    ...
    if'aux_outputs' in outputs:
        for i, aux_outputs in enumerate(outputs['aux_outputs']):
            indices = self.matcher(aux_outputs, targets)
            for loss in self.losses:
                kwargs = {}
                if loss == 'labels':
                    # Logging is enabled only for the last layer
                    kwargs = {'log': False}
                l_dict = self.get_loss(loss, aux_outputs, targets,
                                       indices, num_boxes,**kwargs)
                l_dict = {k + f'_{i}': v for k, v in l_dict.items()}
                losses.update(l_dict)

return losses
```

至此，DETR 的損失函數就講解完了，採用的都是常用的損失函數，並沒有複雜的計算過程，只要清楚正樣本是如何得來的，損失的計算就是水到渠成的事情了。

11.3 測試 DETR 檢測器

由於 DETR 模型的訓練是很消耗運算資源和時間的，因此我們不去訓練 DETR，直接講解測試 DETR 的內容。由於官方已經開放原始碼了 DETR 的權重，這裡我們直接載入官方提供的訓練權重。讀者可以在 DETR-LAB 專案中的 README 檔案中獲取權重的下載連結。假設我們下載好了 DETR-R50 的權重，即使用 ResNet-50 網路作為主幹網絡的 DETR 網路，運行下面的命令即可在 COCO 驗證集上做測試，並得到檢測結果的視覺化影像，如圖 11-5 所示。

```
python test.py--cuda-d coco-v detr\_r50--weight path/to/detr_r50.pth--show
```

▲ 圖 11-5 DETR 在 COCO 驗證集上的檢測結果的視覺化影像

　　從圖 11-5 中可以看出，DETR 的檢測效果還是很亮眼的，預測的類別置信度都很高，可見，即使不依賴網格，其新穎的架構也能極佳地處理較為複雜的場景，如遮擋和密集人群。

11.4 小結

　　至此，我們講完了 DETR。DETR 的一大亮點是展現了 Transformer 架構在電腦視覺領域中的可行性和強大的研究潛力。除此之外，在作者看來，DETR 的另一大亮點是拋開了在這之前的物件辨識主流框架：anchor-based。不論是 YOLO、RetinaNet，還是後來的 FCOS 等所謂的「anchor-free」流派，都沒有脫離 anchor-based 這一檢測框架，而 DETR 做到了這一點，建構了一款全新的、真正意義上的 anchor-free 檢測框架。當然，它也存在諸多問題，比如訓練時間太長，可解釋性差，尤其是在回歸邊界框的時候，直接回歸中心點座標和長寬讓人覺得有點匪夷所思，不如 anchor-based 框架直觀，不過，這些問題也一一被後續的諸如 Deformable DETR 和 Anchor DETR 等工作極佳地解決了。

第12章

YOLOF

自從 SSD 工作被提出後,**多級檢測**(multi-level detection)逐步成為檢測框架的標準範式,透過將不同大小的物件分配到不同尺度的特徵圖上,更進一步地去檢測不同尺度的物體。一般來說淺層特徵圖因其感受野較小、遺失資訊較少,所以很適合檢測尺寸較小的物件。而深層特徵圖因其具有較大的感受野和更深度的語義資訊,儘管會遺失較多的物件特徵,但對尺寸較大的物件來說受到的影響並不大,因而更適合檢測尺寸較大的物件。圖 12-1 展示了 anchor-based 工作中的多級檢測實例,通常較大的先驗框會佈置在深層特徵圖上,較小的先驗框會被佈置在淺層特徵圖上。這種分而治之的做法後來被普遍認為是物件辨識技術成功的關鍵因素之一。

深層特徵圖　　　　　　　　　　　　　　淺層特徵圖

▲ 圖 12-1　基於先驗框的多級檢測方法實例

　　隨後，**特徵金字塔網路**（feature pyramid network，FPN）[19] 被提出，該工作的核心思想是將不同尺度的特徵圖中的資訊相互融合，使得深層特徵圖能夠彌補淺層特徵圖所缺乏的語義資訊，進而提升多級檢測框架的性能。這一點我們已經在前面的章節中介紹過。受 FPN 的啟發，各種讓人眼花繚亂的融合方法也被提出，如 PaFPN [40] 和 BiFPN [55] 等。不同的 FPN 有不同的融合規則，但不論規則如何變化，其核心是讓不同尺度的特徵圖的資訊能夠進行融合。圖 12-2 展示了 3 種常見的特徵金字塔結構。

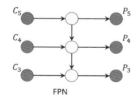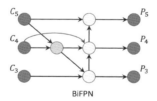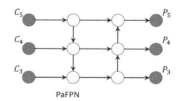

▲ 圖 12-2　不同形式的特徵金字塔結構

　　從巨觀的層面來看，在 FPN 被提出後，多級檢測這一檢測框架基本固定下來。自此之後，大體來說，輸入影像會先被主幹網絡處理，以得到多個不同尺度的特徵圖，如常用的 C_3、C_4 和 C_5 三個尺度的特徵圖，部分網路（如 RetinaNet）還會在 C_5 的基礎上，使用降採樣操作得到 P_6、P_7 等具備更大感受野的特徵圖。然後，這些特徵圖會被 FPN 做進一步的處理，使得來自不同尺度的資訊進行充分互動和融合。最後，每一個尺度的特徵圖都會被一個檢測頭處理。

　　然而，一旦某種框架被固定下來甚至成為一種準則，它必然會在今後的某個時間點受到挑戰，因為事物總是在發展著，從來不該墨守成規，這符合事物發展的客觀規律。於是，在 2021 年的 CVPR 上，曠世科技團隊就對多級檢測與FPN 這一經久不變的結構產生了質疑：**多級檢測是物件辨識技術成功的關鍵嗎？** 換言之，我們能否只用單一尺度的特徵圖來實現甚至超過多級檢測方法呢？為了回答這一問題，他們提出了新一代的基於 CNN 的單級物件辨識器：YOLO[45]。

　　事實上，我們對單級檢測方法並不陌生，比如早期的 YOLOv1[1] 和YOLOv2[2] 都是典型的單級物件辨識器，但性能不足，尤其是小物件的檢測性能，所以後來才有了 YOLOv3[3]。而在 2018 年的 ECCV 上，基於熱力圖回歸的 CornerNet[56] 被提出。受人體關鍵點檢測任務的啟發，CornerNet 採用熱力圖回歸方法，在尺寸較大的（通常採用 4 倍降採樣的特徵圖）特徵圖上分別回歸一個邊界框的左上角點和右下角點來確定物件的範圍。這之後，CenterNet[57] 以更加簡潔的網路結構和只回歸物件中心點的熱力圖的方式在學術界掀起了不小的熱潮。這些工作的共同點是在尺寸較大的特徵圖上回歸物件的各點（如中心點、上下左右角點等）的熱力圖。由於只採用單一尺度的熱力圖，因此它們都是單級檢測方法，只不過這個「級」有點高。

　　後來，在 2020 年的 ECCV 上，DETR[6] 從天而降，打響 Transformer[5] 在電腦視覺領域的第一炮，隨後的 ViT[50] 徹底拉開了 Transformer 橫掃電腦視覺任務的新時代序幕……除了 Transformer 被引入電腦視覺領域這一具有劃時代意義的貢獻，DETR 的另一個值得注意的點就是單級檢測架構，如圖 12-3 所示。

　　DETR 僅使用主幹網絡的最後一層 C_5 特徵圖，將其交給後續的 Transformer 去處理，得到最終的檢測結果。這一計算過程已經在第 11 章做過詳細的介紹，但這裡我們要著重關注一點：**DETR 只使用 C_5 特徵圖，性能就可以和採用多級檢測架構的 RetinaNet 相媲美。這使得研究者不得不重新反思單級檢測架構的性能不足的問題可能是因為使用的方法不對，而非與生俱來的缺陷？** DETR 舉出了一種有效的方式，充分展現出了單級檢測架構的性能潛力。此外，這種單級檢測方法和以往的基於熱力圖的方法有很大的區別，因為 C_5 特徵圖的空間尺寸較小，所需的計算量就更小。所以，DETR 的成功又引出了那個古老的問題：**單憑 C_5 特徵圖能否勝任物件辨識？**

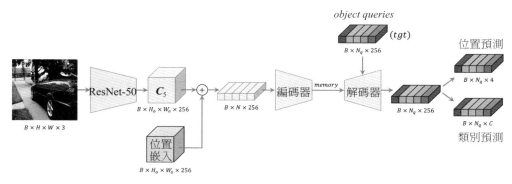

▲ 圖 12-3　DETR 的單級檢測架構

　　YOLOF 團隊顯然注意到了這個問題，不過，他們暫時尚未以 DETR 為起點去繼續探索這一問題，而是從另一個角度出發：**僅憑 CNN，是否也能達到 DETR 的性能？即 CNN 是否也能勝任 C_5 單尺度的物件辨識任務？**

　　於是，一個完全基於 CNN 架構的 C_5 單級檢測網路 **YOLOF** 從天而降。當然，以現在的角度來看 YOLOF，不免有些「開歷史倒車」之嫌，在此之後，多級檢測架構依舊是主流，即使是 DETR，也在後續的改進中，充分利用了多尺度特徵來強化尤其是小物件辨識的性能。儘管如此，YOLOF 這一工作的探索精神還是可圈可點的，我們不妨來講一講這一新穎的工作吧。

12.1　YOLOF 解讀

　　本節將詳細地講解 YOLOF 工作，包括網路結構、標籤匹配、損失函數以及論文所舉出的實驗結果，全面地了解 YOLOF 的創新點和貢獻。

12.1.1　YOLOF 的網路結構

　　一般來說一個全面完整的網路結構可以讓我們快速地掌握一個工作的框架，因此，我們可以在很多優秀的論文中找到一張展示了網路結構的圖片。為了便於讀者快速建立起對 YOLOF 的整體性認識，我們參考 YOLOF 的論文重新繪製了其網路結構，如圖 12-4 所示。

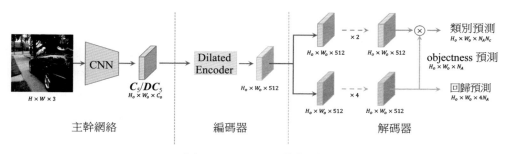

▲ 圖 12-4 YOLOF 的網路結構

由圖 12-4 可知，YOLOF 的網路結構簡單而清爽，沒有令人眼花繚亂的線條，這一點通常也是其他單極檢測網路的結構上的優勢。從圖中我們可以看到，YOLOF 網路可被劃分為三大部分：主幹網絡、編碼器以及解碼器。當然，以我們目前學過的知識，也可將其劃分為主幹網絡、頸部網路和檢測頭，但這裡，我們遵循 YOLOF 論文的約定。

對於主幹網絡，YOLOF 採用流行的 ResNet，如 ResNet-50 和 ResNet-101。假設輸入影像為 $I \in \mathbb{R}^{B \times 3 \times H \times W}$，YOLOF 僅使用主幹網絡最終輸出的 $C_5 \in \mathbb{R}^{B \times C_o \times H_o \times W_o}$ 特徵圖，其中，$H_o = H / 32$，$W_o = W / 32$。當更加注重小物件的性能時，主幹網絡的最後一層降採樣操作會被替換為膨脹係數為 2 的膨脹卷積，經過該膨脹卷積處理後的 C_4 特徵圖被命名為 DC_5 特徵圖，相較於 C_5 特徵圖，DC_5 特徵圖在保證與之相同的感受野的前提下，擁有更大的空間尺寸（16 倍空間降採樣），因此，DC_5 特徵圖保留住了更多的細節資訊，有助檢測小物件。

但是，相較於特徵金字塔結構，即使是 DC_5 特徵圖也是不夠的。沒有了特徵金字塔，需要考慮的就是頸部網路的選擇。此前，我們講過，特徵金字塔是當下最為流行的頸部網路結構，其特徵融合思想大大提高了物件辨識的性能，然而，YOLOF 的出發點就是不採用多級檢測架構，也不使用特徵金字塔，那麼如何從一個單級特徵圖中檢測不同尺度的物件就成為了挑戰。

在物件辨識任務中，**感受野**（receptive field）是一個十分重要的概念，而多級檢測和感受野又有著不可分割的聯繫。主幹網絡輸出的 C_5 特徵圖的感受野是單一的，這對於檢測不同尺度的物體顯然是不友善的。於是，YOLOF 作者團隊認為一個包含了「多種感受野」的模組是必要的，以便用不同的感受野去覆

蓋不同尺度的特徵。而能使得一個模組具有多個感受野的方法就是利用**膨脹卷積**（dilated convolution）。

　　經過這樣的思考之後，YOLOF 的第一個創新點應運而生：**DilatedEncoder 模組**。該模組由 4 個殘差塊組成，其中，每一個殘差塊都包含一層卷積核心為 3×3 的膨脹卷積。這 4 個殘差塊中的膨脹係數分別為 2、4、6 和 8，圖 12-5 展示了該模組的結構。

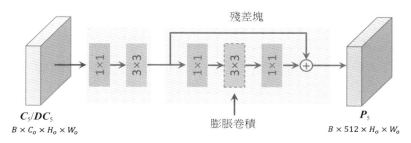

▲　圖 12-5　DilatedEncoder 模組的網路結構

　　依據 YOLOF 的研究動機，當特徵圖 C_5 或 DC_5 被 DilatedEncoder 模組處理完畢後，擁有不同膨脹係數的膨脹卷積使得特徵圖具有了不同的感受野，實現了豐富特徵圖感受野的目的，為最終檢測做好了準備。

　　對於後續的檢測頭，YOLOF 作者團隊將其命名為解碼器。相較於編碼器，解碼器的結構就非常簡單了，包括兩個並行分支，分別去執行物件類別的辨識和物件邊界框的回歸，也就是我們已經熟悉的解耦檢測頭。同時，YOLOF 還加入了隱式 objectness 預測，將回歸資訊與類別資訊耦合起來。

　　注意，YOLOF 的預測層使用了先驗框來完成最終的檢測，因此，YOLOF 是一個 anchor-based 方法。相較於 DETR 工作，這一點可能是 YOLOF 的缺陷。倘若不使用先驗框，YOLOF 這種基於 CNN 架構的單級檢測架構依舊能表現出強大的性能嗎？在 YOLOF 之後，這個問題並沒有得到答覆，似乎也沒有回答這個問題的必要了。

整體來看，YOLOF 的網路結構十分簡潔，沒有電路圖似的特徵融合結構。但是，僅使用 C_5 特徵圖會有一個致命問題，那就是該特徵圖在降採樣的過程中遺失了太多資訊，這是不可避免的。我們通常會讓深層特徵圖檢測大物體的原因之一是大物體的像素多，即使遺失一些細節資訊，也仍夠被檢測出來，因此可以承受住較多的降採樣處理，但小物體往往不行，其本身像素資訊就少，很容易在降採樣的過程中遺失，從而造成漏檢現象。從這一點上來看的話，DilatedEncoder 模組似乎還不夠，無法讓網路能夠關注那些小物體的資訊。不過，對於這個問題，YOLOF 的作者團隊有著不同的觀點，他們認為之所以容易造成漏檢，也許是因為以往使用的匹配規則不足以使得網路重視那些小物體的資訊。因此，從這個觀點出發，他們提出了 YOLOF 的第二個創新點。

12.1.2 新的正樣本匹配規則：Uniform Matcher

在以往的樣本匹配規則中，IoU 是一個常用的概念，最常用的基於 IoU 的匹配方法就是 Max-IoU，即只要先驗框與物件框的 IoU 超過了設定值，我們就將其視作正樣本，這一簡單的規則被應用到很多工作中，如 SSD、RetinaNet、YOLOv4 等。但是，對僅使用 C_5 特徵圖的單級檢測網路來說，YOLOF 作者團隊認為不能繼續沿用這一簡單規則，因為它會導致一個致命的問題：**不同大小的物件的正樣本數量不均衡**，如圖 12-6 所示。

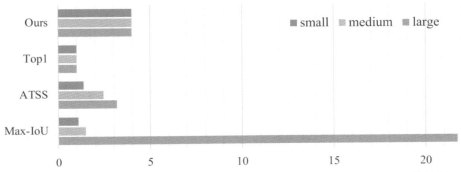

▲ 圖 12-6 不同的匹配方法在單級檢測架構下所生成的正樣本的分佈情況
（摘自 YOLOF 的論文〔45〕）

在圖 12-6 中，YOLOF 作者團隊將常用的幾種匹配規則應用到 YOLOF 的工作中來，結果發現，以往常用的 Max-IoU 策略會導致大物件被分配大量的正樣本，遠遠多於中小物件，這一不均衡問題會導致網路在學習的過程中過度關注大物件，從而影響小物件的學習。在多級檢測方法中，由於存在多個尺度，小物件的正樣本往往來自更合適的 C_3 尺度，而非 C_5 尺度，且 C_3 尺度的網格分佈更加緊密，也有助小物件的標籤分配。但是，在單級檢測架構下，空間尺寸過小的 C_5 尺度使得網格的排列過於稀疏，相鄰網格之間的步進值過大，此時再去計算 IoU，就很容易導致尺寸較小的物件和鄰近先驗框的 IoU 過低，甚至無法計算出來，從而造成正樣本數量過少的問題。圖 12-6 所展示的 ATSS[58] 方法也有類似不均衡的問題，但要好於 Max-IoU，而 Top1 策略則達成了最好的均衡，但它屬於 one-to-one 匹配方式，會損失模型的性能。

在觀察到上述現象後，YOLOF 作者團隊便想出了一個合理的解決辦法：為每個尺度的物件匹配上相同的正樣本數量，且大於 1，避免 one-to-one 匹配的劣勢。這一解決辦法被作者團隊命名為 Uniform Matcher 策略。具體來說，對於給定的物件框，首先計算它與全部先驗框的 L1 距離，然後保留前 k 個結果，考慮到僅依據 L1 距離所得到的結果不一定夠好，便在此基礎上又用 IoU 去對這 k 個結果做進一步的篩選，只有高於預先設定的 IoU 設定值的才會被保留下來。這裡，IoU 設定值為 0.15，而非以往的 0.5 或 0.7。之所以設置 0.15 這麼小的 IoU，可能是因為前面所提到的 C_5 尺度的網格分佈過於稀疏的問題，所以，IoU 設定值也就被設置得較低。理想情況下，每個物件框都能匹配上 k 個樣本，從而保證不論是大物件還是小物件，其正樣本數量都是一樣的，那麼在訓練過程中，每個物件框受到的關注度也盡可能是平等的。

在設計了這兩個創新點後，作者團隊便使用 COCO 訓練集去訓練 YOLOF，並在驗證集上進行測試，實驗結果如圖 12-7 所示。

Dilated Encoder	Uniform Matching	AP	Δ	AP_S	AP_M	AP_L
		21.1	-16.6	8.6	31.1	34.5
✓		29.1	-8.6	9.5	32.2	50.6
	✓	33.8	-3.9	17.7	40.9	43.8
✓	✓	**37.7**	-	**19.1**	**42.5**	**53.2**

▲ 圖 12-7　DilatedEncoder 模組和 Uniform Matcher 正樣本匹配規則對 YOLOF 的影響（實驗結果的圖片摘自 YOLOF 論文〔45〕）

　　從圖 12-7 展示的結果可以看出，這兩個創新點帶來的提升是十分顯著的，將 YOLOF 的性能指標 AP 從 21.1% 大幅提升至 37.7%。另外，我們也可以看到，在僅使用 DilatedEncoder 模組的情況下，模型的性能指標 AP 從 21.1% 提升至 29.1%，其中大物件 AP 指標的提升是十分顯著的，但小物件 AP 指標的提升幾乎可以忽略，這一結果恰恰證明了 DilatedEncoder 模組對小物件的檢測性能的提升作用並不大。而在僅使用 Uniform Matcher 的情況下，模型的性能指標 AP 從 21.1% 提升至 33.8%，十分顯著，此時，小物件的 AP 指標從很低的 8.6% 大幅提升至 17.7%，由此可見，單級檢測在小物件辨識任務上的性能不足的原因可能就是缺少合適的正樣本匹配策略，而 Uniform Matcher 出色地解決了這個問題。但是，我們也發現，Uniform Matcher 對大物件的檢測性能的提升要弱於 DilatedEncoder 模組。所以，將這兩個創新點結合起來，相輔相成，就塑造出了 YOLOF 這個強大的單級檢測器。

12.1.3 與其他先進工作的對比

　　為了進一步論證 YOLOF 的優勢，作者團隊又和流行的多級檢測器且同樣使用先驗框的 RetinaNet 進行對比，圖 12-8 展示了相關的對比實驗結果。

Model	schedule	AP	AP_{50}	AP_{75}	AP_S	AP_M	AP_L	#params	GFLOPs	FPS
RetinaNet [23]	1x	35.9	55.7	38.5	19.4	39.5	48.2	38M	201	13
RetinaNet-R101 [23]	1x	38.3	58.5	41.3	21.7	42.5	51.2	57M	266	11
RetinaNet+	1x	37.7	58.1	40.2	22.2	41.7	49.9	38M	201	13
RetinaNet-R101+	1x	40.0	60.4	42.7	23.2	44.1	53.3	57M	266	10
YOLOF	1x	37.7	56.9	40.6	19.1	42.5	53.2	44M	86	32
YOLOF-R101	1x	39.8	59.4	42.9	20.5	44.5	54.9	63M	151	21
YOLOF-X101	1x	42.2	62.1	45.7	23.2	47.0	57.7	102M	289	10
YOLOF-X101[†]	3x	44.7	64.1	48.6	25.1	49.2	60.9	102M	289	10
YOLOF-X101[†‡]	3x	47.1	66.4	51.1	31.8	50.9	60.6	102M	-	-

▲ 圖 12-8　YOLOF 與 RetinaNet 在 COCO 驗證集上的性能對比
（實驗結果的圖片摘自 YOLOF 論文〔45〕）

　　相較於 RetinaNet，僅使用 C_5 特徵圖的 YOLOF 不論是在計算量 GFLOPs 指標上還是在參數量上都有著極為顯著的優勢，速度上的優勢也同樣十分明顯，這

得益於 YOLOF 的檢測結構，沒有特徵金字塔和多個檢測頭。為了盡可能使得對比實驗公平，YOLOF 作者團隊還對 RetinaNet 做了一次最佳化，使用和 YOLOF 相同的 GIoU 損失、加入隱形 objectness 預測等，得到一個性能更加強悍的 RetinaNet+ 檢測器，但即使如此，YOLOF 依舊實現了足以與之媲美的性能，尤其是在表徵 YOLOF 的大物件辨識的 AP_L 指標上，YOLOF 顯著優於 RetinaNet，作者認為，這主要得益於 DilatedEncoder 模組所帶來的大感受野。但是，在小物件的檢測性能上，在使用相同主幹網絡的條件下，YOLOF 的 AP_S 指標卻明顯不及 RetinaNet+，儘管整體上 YOLOF 的 AP 指標並不遜於 RetinaNet，但就小物件的檢測性能而言，似乎並不理想。這一結果是不是正說明了，單級檢測架構的確無法勝任小物件的檢測任務呢？就這一點而言，YOLOF 似乎並沒有完全達到研究預期。

另外，YOLOF 也和 DETR 進行了對比。這裡，為了能夠和 DETR 對比，YOLOF 延長了訓練時長，從原先的 1× 訓練策略的 12 個 epoch 增加至 72 個 epoch，即使如此，和 DETR 的 300 ～ 500 個 epoch 的訓練時長比起來，72 個 epoch 也很短。圖 12-9 展示了相關的對比實驗結果。

Model	Epochs	#params	GFLOPS/FPS	AP	AP_{50}	AP_{75}	AP_S	AP_M	AP_L
DETR [4]	500	41M	86/24*	42.0	62.4	44.2	20.5	45.8	61.1
DETR-R101 [4]	500	60M	152/17*	43.5	63.8	46.4	21.9	48.0	61.8
YOLOF	72	44M	86/32	41.6	60.5	45.0	22.4	46.2	57.6
YOLOF-R101	72	63M	151/21	43.7	62.7	47.4	24.3	48.3	58.9

▲ 圖 12-9　YOLOF 與 DETR 在 COCO 驗證集上的性能對比
（實驗結果的圖片摘自 YOLOF 論文〔45〕）

從圖 12-9 展示的實驗結果不難看出，YOLOF 實現了它的初衷之一：**用 CNN 同樣也能勝任基於 C$_5$ 單級特徵圖的物件辨識任務**。不過，YOLOF 對大物件的檢測性能略遜於 DETR，這可能是因為 Transformer 捕捉全域資訊的能力要強於 DilatedEncoder 模組，而在小物件的檢測性能上，YOLOF 略勝一籌。不過，相較於 DETR，YOLOF 有一個致命的缺陷，那就是使用了先驗框。在 anchor-free 框架大行其道之際，YOLOF 仍舊使用先驗框的做法就顯得有點格格不入了，這也許就是因為 C$_5$ 尺度的網格分佈過於稀疏了，倘若不使用先驗框，似乎無法

將那麼多正樣本去平均地分配給每一個物件框。另外,也正是由於先驗框的存在以及 Uniform Matcher 策略的 one-to-many 模式,使得諸如 NMS 等後處理操作不可避免。因此,相較於 DETR,YOLOF 還是略為遜色,儘管其思想創新,但還是欠缺些革新性,但整體來說,敢於挑戰根深蒂固的框架設計理念,仍是值得肯定和讚揚的。

至此,我們就講完了 YOLOF 工作,整體來看,YOLOF 不失為一個優雅且具有啟發性的優秀工作。那麼,接下來,作者將秉承本書的風格,去實現一款我們自己的 YOLOF 檢測器。

12.2 架設 YOLOF

本節,我們來著手架設自己的 YOLOF 檢測器。從第一個 YOLOv1 到現在,我們已經實現了多個物件辨識器,想必讀者對於如何建構物件辨識專案的基本流程已經了然於胸了,所以,我們不再做過多的介紹,而用簡潔明了的程式來高效率地完成本節內容。本節所涉及的專案原始程式如下。

- **由作者實現的 YOLOF**:https://github.com/yjh0410/PyTorch_YOLOF

在本專案的 config/yolof_config.py 檔案中,我們可以查閱到 YOLOF 的設定參數,如程式 12-1 所示。

→ 程式 12-1 YOLOF 的設定檔

```
# PyTorch_YOLOF/config/yolof_config.py
# ------------------------------------------------------------
...

yolof_config = {
    ...

    'yolof-r50':{
        # input
        'train_min_size':800,
        'train_max_size':1333,
        'test_min_size':800,
```

```
        'test_max_size':1333,
        'format':'RGB',
        'pixel_mean':[123.675,116.28,103.53],
        'pixel_std':[58.395,57.12,57.375],
        'min_box_size':8,
        'mosaic': False,
        'transforms':[{'name':'RandomHorizontalFlip'},
                      {'name':'RandomShift','max_shift':32},
                      {'name':'ToTensor'},
                      {'name':'Resize'},
                      {'name':'Normalize'}],
        # model
        'backbone':'resnet50',
        'res5_dilation': False,
        'stride':32,
        'bk_act_type':'relu',
        'bk_norm_type':'FrozeBN',
        # encoder
        ...
    },
}
```

接下來，我們就從架設 YOLOF 的網路結構開始程式實現環節。

12.2.1　架設主幹網絡

　　首先，我們來架設 YOLOF 的主幹網絡。對於主幹網絡，我們採用標準的 ResNet，相關的程式已實現在專案的 models/backbone/resnet.py 檔案中，我們可以呼叫其中的 build_resnet 函數來使用 ResNet 網路，如程式 12-2 所示。

➡ 程式 12-2　架設 YOLOF 的主幹網絡

```
# PyTorch_YOLOF/models/backbone/resnet.py
# -----------------------------------------------------------
...

def build_resnet(model_name='resnet18', pretrained=False, norm_type='BN', res5_
    dilation=False):
```

```
backbone = Backbone(model_name, pretrained, dilation=res5_dilation, norm_type=
norm_type)

return backbone, backbone.num_channels
```

在程式 12-2 中，norm_type 參數用於確定 ResNet 所使用的歸一化層的類型，具體來說，當 norm_type 被設置為 BN 時，ResNet 使用標準的 BN 層；當 norm_type 被設置為 FrozeBN 時，表示 ResNet 使用**被凍結的 BN 層**。所謂被凍結的 BN 層，是指網路在載入了 ImageNet 預訓練權重中的 BN 層參數後，其中的平均值和方差在後續的訓練中不會被更新。讀者可以在這段程式的上方找到名為 FrozenBatchNorm2d 的類別，即被凍結 BN 層的程式，這也是一段相當經典的程式了。之所以會有這樣的 BN 層存在，是因為在下游任務中，訓練階段所使用的 batch size 通常很小，而 BN 層中的平均值和方差對 batch size 又很敏感。考慮到 ImageNet 資料集和 COCO 資料集包含的影像都屬於自然影像，其分佈不會有太大的差別，因此，研究者認為 ImageNet 資料集上的 BN 層的平均值和方差這兩個參數是可以直接應用在 COCO 資料集上的，不需要再被更新。早期的很多工作如 Faster R-CNN 和 RetinaNet 都採用了這一做法。程式 12-3 展示了被凍結 BN 層的程式。

➜ 程式 12-3 平均值與方差被凍結的 BN 層

```
# PyTorch_YOLOF/models/backbone/resnet.py
# ------------------------------------------------------------
...

class FrozenBatchNorm2d(torch.nn.Module):
    def _init_(self, n):
        super(FrozenBatchNorm2d, self). init()
        self.register_buffer("weight", torch.ones(n))
        self.register_buffer("bias", torch.zeros(n))
        self.register_buffer("running_mean", torch.zeros(n))
        self.register_buffer("running_var", torch.ones(n))

    def load_from_state_dict(self, state_dict, prefix, local_metadata, strict,
                          missing_keys, unexpected_keys, error_msgs):
        num_batches_tracked_key = prefix + 'num_batches_tracked'
        if num_batches_tracked_key in state_dict:
```

```
        del state_dict[num_batches_tracked_key]

    super(FrozenBatchNorm2d, self)._load_from_state_dict(
        state_dict, prefix, local_metadata, strict,
        missing_keys, unexpected_keys, error_msgs)

def forward(self, x):
    # move reshapes to the beginning
    # to make it fuser-friendly
    w = self.weight.reshape(1,-1,1,1)
    b = self.bias.reshape(1,-1,1,1)
    rv = self.running_var.reshape(1,-1,1,1)
    rm = self.running_mean.reshape(1,-1,1,1)
    eps = 1e-5
    scale = w* (rv + eps).rsqrt()
    bias = b- rm* scale
    return x* scale + bias
```

　　另外，除了凍結 BN 層的平均值和方差，在載入了 ImageNet 預訓練權重後，還會將 ResNet 網路的前幾層的參數也都凍結，如程式 12-4 所示。

➜ 程式 12-4　凍結 ResNet 淺層的參數

```
# PyTorch_YOLOF/models/backbone/resnet.py
# -----------------------------------------------------------
...

class BackboneBase(nn.Module):
    def _init_(self, backbone: nn.Module, num_channels: int):
        super(). init()
        for name, parameter in backbone.named_parameters():
            if'layer2' not in name and'layer3' not in name and'layer4' not in
                name:parameter.requires_grad_(False)
        return_layers = {"layer2":"0","layer3":"1","layer4":"2"}
        self.body = IntermediateLayerGetter(backbone, return_layers=return_layers)
        self.num_channels = num_channels

    def forward(self, x):
        xs = self.body(x)
```

```
        fmp_list = []
        for name, fmp in xs.items():
            fmp_list.append(fmp)

        return fmp_list
```

在程式 12-4 所展示的 BackboneBase 類別中，只有 layer2 到 layer4 的參數是需要被訓練的，而之前幾層的參數都會被凍結，不會回傳梯度，因而也不會被訓練。之所以這麼做，是考慮到一個事實：既然主幹網絡已經在 ImageNet 資料集上被訓練過了，而網路的前幾層主要提取的是低級特徵，這些低級特徵在下游任務中是具有一定通用性的，因此，為了減少 GPU 的消耗，我們不妨把淺層的參數凍結。這同樣也有助節省訓練時間。

隨後，我們就可以在 YOLOF 模型框架內呼叫相關的函數來使用 ResNet 作為主幹網絡，如程式 12-5 所示。

➡ 程式 12-5 YOLOF 的主幹網絡

```python
# PyTorch_YOLOF/models/yolof/yolof.py
# ------------------------------------------------------------
...

class YOLOF(nn.Module):
    def _init_(self, cfg, device, num_classes, conf_thresh, nms_thresh, trainable,
        topk):
        super(YOLOF, self). init()
        self.cfg = cfg
        self.device = device
        self.fmp_size = None
        self.stride = cfg['stride']
        self.num_classes = num_classes
        self.trainable = trainable
        self.conf_thresh = conf_thresh
        self.nms_thresh = nms_thresh
        self.topk = topk
        self.anchor_size = torch.as_tensor(cfg['anchor_size'])
        self.num_anchors = len(cfg['anchor_size'])
```

```
#------------------------- Network ------------------------#
## backbone
self.backbone, bk_dims = build_backbone(cfg=cfg, pretrained=trainable)
...
```

12.2.2　架設 DilatedEncoder 模組

　　隨後，我們架設 DilatedEncoder 模組，在專案的 models/yolof/encoder.py 檔案中。我們可以看到 DilatedEncoder 類別。在 12.2 節，我們已經講解了該模組的結構和原理，十分簡單，因此其程式實現也十分簡單，核心就是膨脹卷積。程式 12-6 展示了相應的程式實現。

➔ 程式 12-6　DilatedEncoder 模組

```python
# PyTorch_YOLOF/models/yolof/encoder.py
# -----------------------------------------------------------
...

class DilatedEncoder(nn.Module):
    """ DilatedEncoder"""
    def _init_(self, in_dim, out_dim, expand_ratio, dilation_list, act_type, norm_
        type):
        super(DilatedEncoder, self). init()
        self.projector = nn.Sequential(
            Conv(in_dim, out_dim, k=1, act_type=None, norm_type=norm_type),
            Conv(out_dim, out_dim, k=3, p=1, act_type=None, norm_type=norm_type)
        )
        encoders = []
        for d in dilation_list:
            encoders.append(
                Bottleneck(in_dim=out_dim, dilation=d, expand_ratio=expand_ratio,
                        act_type=act_type, norm_type=norm_type))
        self.encoders = nn.Sequential(*encoders)

    def forward(self, x):
        x = self.projector(x)
```

```
        x = self.encoders(x)

        return x
```

架設完這一模組後，我們透過呼叫 build_encoder 函數來為 YOLOF 架設編碼器，如程式 12-7 所示。

➜ 程式 12-7 YOLOF 的編碼器模組

```
# PyTorch_YOLOF/models/yolof/yolof.py
# ------------------------------------------------------------
...

class YOLOF(nn.Module):
    def _init_(self, cfg, device, num_classes, conf_thresh, nms_thresh, trainable,
        topk):
        super(YOLOF, self). init()
        ...

        #------------------------ Network ------------------------#
        ## encoder
        self.neck = build_encoder(cfg=cfg, in_dim=bk_dims[-1], out_dim=cfg['encoder_
            dim'])
        ...
```

12.2.3 架設解碼器模組

最後，我們來架設 YOLOF 的解碼器，其結構就是一個解耦檢測頭和必要的預測層。對於解耦檢測頭，在專案的 models/yolof/decoder.py 檔案中，我們實現了 YOLOF 的檢測頭，對應檔案中的 NaiveHead 類別。名字中的「Naive」代表了它只有兩個簡單的並行分支，分別去提取類別特徵和位置特徵。程式 12-8 展示了 YOLOF 的解耦檢測頭。

➜ 程式 12-8 YOLOF 的解耦檢測頭

```
# PyTorch_YOLOF/models/yolof/decoder.py
# ------------------------------------------------------------
...
```

```python
class NaiveHead(nn.Module):
    def _init_(self, head_dim, num_cls_heads, num_reg_heads, act_type, norm_type):
        super(). init()
        self.head_dim = head_dim

        self.cls_feats = nn.Sequential(*[
            Conv(head_dim, head_dim, k=3, p=1, act_type=act_type, norm_type=norm_type)
            for_ in range(num_cls_heads)])
        self.reg_feats = nn.Sequential(*[
            Conv(head_dim, head_dim, k=3, p=1, act_type=act_type, norm_type=norm_type)
            for_ in range(num_reg_heads)])

    def forward(self, x):
        cls_feats = self.cls_feats(x)
        reg_feats = self.reg_feats(x)

        return cls_feats, reg_feats
```

最後，就是三個預測層：obj_pred、cls_pred 以及 reg_pred，分別去預測隱式的 objectness、物件類別和邊界框位置，如程式 12-9 所示。注意，這裡的 objectness 不同於 YOLO 中的 objectness，後者是顯式的，即有明確的標籤去學習，而 YOLOF 中的 objectness 是隱式的，它會與預測的類別置信度相乘，相乘後的結果被用作物件框的類別置信度，然後去和物件類別標籤計算類別損失，隱式的 objectness 本身並沒有被直接地訓練。由於 objectness 來自回歸分支，因此物件框的類別置信度就耦合了類別和位置兩個分支的資訊，理應會效果更好，我們可以將此視為一個有參考價值的技巧。程式 12-9 展示了完整的 YOLOF 解碼器模組。

➜ 程式 12-9 YOLOF 的解碼器模組

```python
# PyTorch_YOLOF/models/yolof/decoder.py
# ------------------------------------------------------------
...

class DecoupledHead(nn.Module):
    def _init_(self, cfg, head_dim, num_classe, num_anchors, act_typ, norm_type):
        super(). init()
```

```python
        self.num_classes = num_classes
        self.head_dim = head_dim

        # feature stage
        self.head = NaiveHead(head_dim, cfg['num_cls_heads'],
                            cfg['num_reg_heads'], act_type, norm_type)

        # prediction stage
            self.obj_pred = nn.Conv2d(head_dim,1 * num_anchors,
                                kernel_size=3, padding=1)
            self.cls_pred = nn.Conv2d(head_dim, self.num_classes* num_anchors,
                                kernel_size=3, padding=1)
            self.reg_pred = nn.Conv2d(head_dim,4 * num_anchors,
                                kernel_size=3, padding=1)

    def forward(self, x):
        cls_feats, reg_feats = self.head(x)

        obj_pred = self.obj_pred(reg_feats)
        cls_pred = self.cls_pred(cls_feats)
        reg_pred = self.reg_pred(reg_feats)

        # implicit objectness
        B,_, H, W = obj_pred.size()
        obj_pred = obj_pred.view(B,-1,1, H, W)
        cls_pred = cls_pred.view(B,-1, self.num_classes, H, W)

        normalized_cls_pred = cls_pred + obj_pred- torch.log(
                1. +
                torch.clamp(cls_pred, max=DEFAULT_EXP_CLAMP).exp() +
                torch.clamp(obj_pred, max=DEFAULT_EXP_CLAMP).exp())
        #[B, KA, C, H, W]-> [B, H, W, KA, C]-> [B, M, C], M = HxWxKA
        normalized_cls_pred = normalized_cls_pred.permute(0,3,4,1,2).contiguous()
        normalized_cls_pred = normalized_cls_pred.view(B,-1, self.num_classes)

        #[B, KA*4, H, W]-> [B, KA,4, H, W]-> [B, H, W, KA,4]-> [B, M,4]
        reg_pred =reg_pred.view(B,-1,4, H, W).permute(0,3,4,1,2).contiguous()
        reg_pred = reg_pred.view(B,-1,4)

        return normalized_cls_pred, reg_pred
```

需要額外說明的是，在計算 objectness 和類別置信度的乘積時，並不是直接將二者相乘，而是採用了 log-exp 的數值穩定操作，所以，我們在程式 12-9 中會看到 normalized_ cls_pred 這個變數，並在計算該變數時，用到了 log 和 exp 等函數。該操作是一種常用的數值穩定操作，就數學本質而言，先做 log-exp 處理再用 Sigmoid 函數處理得到的結果，和直接將二者經過 Sigmoid 函數處理後的數值相乘是完全一致的，不要被複雜的形式所迷惑。感興趣的讀者可以自行了解相關的原理。

架設完這一模組後，我們透過呼叫 build_decoder 函數來建立這一模組，我們就不展示相關的程式實現了，和先前是類似的。

至此，我們就架設完成了 YOLOF 的網路。至於其他一些細節，比如前向推理等，請讀者自己查閱，有了前面工作的基礎，其他程式理解起來也會很順暢。

12.2.4　資料前置處理

本節，我們來講解一下 YOLOF 所使用的資料前置處理。

YOLOF 使用的資料增強主要包括隨機水平翻轉和隨機漂移（RandomShift）兩個操作。一般來說「1×」訓練策略僅會使用隨機水平翻轉，這一點在 RetinaNet 和 FCOS 等工作中常被用到，之所以只用這麼簡單的資料增強，是因為主幹網絡載入了 ImageNet 預訓練權重，所以不需要被訓練太久，在 COCO 資料集上大約用 12 個 epoch 的訓練時長即可使模型收斂。當然，如果我們加入更多的資料增強操作的話，顯然就要適當延長訓練的時間，使得模型充分收斂。

在 YOLOF 的「1×」訓練策略中，之所以還會使用額外的 RandomShift 操作，是因為在實際測試中，YOLOF 作者團隊發現這一操作在短短的「1×」策略下也會稍許提升 YOLOF 的性能。

在專案的 dataset/transforms.py 檔案，我們實現了 TrainTransforms 和 ValTransforms 兩個類別，分別是訓練階段和測試階段會用到的資料前置處理。大部分資料前置處理操作和之前實現的 DETR 沒有實質差別，所以這裡就不做過多介紹了，只介紹其中的 Resize 類別，程式 12-10 展示了該類別的程式實現。

➔ 程式 12-10 YOLOF 的資料前置處理

```python
# PyTorch_YOLOF/dataset/transforms.py
# --------------------------------------------------------------
...

class Resize(object):
    def _init_(self, min_size=800, max_size=1333, random_size=None):
        self.min_size = min_size
        self.max_size = max_size
        self.random_size = random_size

    def _call_(self, image, target=None):
        if self.random_size:
            min_size = random.choice(self.random_size)
        else:
                min_size = self.min_size

        # resize
        if self.min_size == self.max_size:
            # long edge resize
            img_h0, img_w0 = image.shape[1:]

            r = min_size/ max(img_h0, img_w0)
            if r!= 1:
                size = [int(img_h0* r), int(img_w0* r)]
                image = F.resize(image, size=size)
        else:
            # short edge resize
            img_h0, img_w0 = image.shape[1:]
            min_original_size = float(min((img_w0, img_h0)))
            max_original_size = float(max((img_w0, img_h0)))

            if max_original_size/ min_original_size* min_size > self.max_size:
                min_size = int(round(min_original_size/ max_original_size* self.
                    max_size))
            image = F.resize(image, size=min_size, max_size=self.max_size)

        # rescale bboxes
        if target is not None:
            img_h, img_w = image.shape[1:]
```

```
        # rescale bbox
        boxes_ = target["boxes"].clone()
        boxes_[:,[0,2]] = boxes_[:,[0,2]]/ img_w0 * img_w
        boxes_[:,[1,3]] = boxes_[:,[1,3]]/ img_h0 * img_h
        target["boxes"] = boxes_

    return image, target
```

在先前學習 YOLO 時，都是要麼直接將輸入影像 resize 成指定的尺寸，要麼保留長寬比，將最長邊 resize 到指定的尺寸，而短邊根據長寬比做相應的縮放。而 YOLOF 則不然，它將輸入影像的**最短邊**調整到指定的尺寸，如 800，而最長邊則做相應比例的縮放，但不超過 1333，如果超過了 1333，就先將最長邊調整到 1333，而短邊依據長寬比去做調整。

不同影像的長寬比不同，resize 後的尺寸顯然也各不相同，比如一張影像被調整成了 (800,956)，而另一張影像被調整成了 (416,800)，在訓練的時候，我們無法直接將這兩張影像拼接在一起，從而組成一批資料去訓練網路。對於這個問題的處理方式，先前我們在講解 DETR 的時候已經介紹過了，這裡就不重複了，讀者可以在專案的 utils/misc.py 檔案中找到名為 CollateFunc 的類別，該類別用於處理這個問題，程式的實現參考了 DETR 專案，這裡就不予以展示了。

12.2.5　正樣本匹配：Uniform Matcher

本節，我們講解 YOLOF 最重要的創新點：Uniform Matcher。在本專案的 models/yolof/matcher.py 檔案中，我們引用官方 YOLOF 的開源程式碼來實現用於標籤分配的 UniformMatcher 類別，程式 12-11 展示了其部分程式。接下來，我們對這部分程式做詳細的解讀。

➡ 程式 12-11 YOLOF 的 Uniform Matcher 類別

```
# PyTorch_YOLOF/models/yolof/matcher.py
# ----------------------------------------------------------
...

class UniformMatcher(nn.Module):
```

```
def _init_(self, match_times: int = 4):
    super(). init()
    self.match_times = match_times

@torch.no_grad()
def forward(self, pred_boxes, anchor_boxes, targets):
    ...
```

假定我們現在已經獲得了預測框 pred_bboxes，它的維度是 $[B, N, 4]$，其中，B 是 batch size，N 是預測框的數量，在訓練階段，$N = H_oW_oN_A$，其中，H_o 和 W_o 是 C_5 特徵圖的空間大小，N_A 是先驗框的數量。同時，預先準備好的先驗框也會被輸入進來，它的維度是 $[N,4]$。由於先驗框是這一批影像所共用的，因此我們將其沿 batch size 維度做廣播，將其維度調整為 $[B, N, 4]$。為了方便後面的計算，我們將它們都展平，得到維度為 $[M,4]$ 的 out_bbox 和 anchor_bbox 兩個變數，這裡，$M = BN$。同時，對於這批輸入的標籤，我們也將物件框調整成 $[N,4]$ 的格式，得到 tgt_bbox 變數，這裡，$N = N_1 + N_2 + ... + N_B$，其中 N_i 是第 i 張影像中的物件個數。

首先，我們分別計算預測框與物件框的 L1 距離和先驗框與物件框的 L1 距離，如程式 12-12 所示。

→ **程式 12-12 計算 L1 距離**

```
# PyTorch_YOLOF/models/yolof/matcher.py
# ------------------------------------------------------------
...

#計算 L1 代價
cost_bbox = torch.cdist(box_xyxy_to_cxcywh(out_bbox), box_xyxy_to_cxcywh
    (tgt_bbox), p=1)
cost_bbox_anchors = torch.cdist(anchor_boxes, box_xyxy_to_cxcywh(tgt_bbox), p=1)
```

然後，我們將 L1 距離作為代價矩陣。對於預測框，我們將此代價矩陣記作 C；對於先驗框，我們將此代價矩陣記作 C_1。然後，分別取代價最小的前 k 個預測框和先驗框，換言之，我們為每個物件框選取代價最小的前 k 個預測框和 k 個先驗框作為正樣本候選，如程式 12-13 所示。

➔ 程式 12-13 選取正樣本候選

```
# PyTorch_YOLOF/models/yolof/matcher.py
# -----------------------------------------------------------
...

indices = [tuple(torch.topk(c[i], k=self.match_times, dim=0,
                            largest=False)[1].numpy().tolist())
                            for i, c in enumerate(C.split(sizes,-1))]]
indices1 = [tuple(torch.topk(c[i], k=self.match_times, dim=0,
                            largest=False)[1].numpy().tolist())
                            for i, c in enumerate(C1.split(sizes,-1))]
```

接下來，為了方便後面索引這些正樣本，我們做一些必要的細節處理，如程式 12-14 所示。

➔ 程式 12-14 調整正樣本索引

```
# PyTorch_YOLOF/models/yolof/matcher.py
# -----------------------------------------------------------
...

for img_id,(idx, idx1) in enumerate(zip(indices, indices1)):
    # 'i' is the index of queris
    img_idx_i = [np.array(idx_ + idx1_) for(idx_, idx1_) in zip(idx, idx1)]
    # 'j' is the index of tgt
    img_idx_j = [np.array(list(range(len(idx_))) + list(range(len(idx1_))))
        for(idx_, idx1_) in zip(idx, idx1)]
    all_indices_list[img_id] = [*zip(img_idx_i, img_idx_j)]

all_indices = []
for img_id in range(bs):
    all_idx_i = []
    all_idx_j = []
    for idx_list in all_indices_list[img_id]:
        idx_i, idx_j = idx_list
        all_idx_i.append(idx_i)
        all_idx_j.append(idx_j)
    all_idx_i = np.hstack(all_idx_i)
    all_idx_j = np.hstack(all_idx_j)
```

```
        all_indices.append((all_idx_i, all_idx_j))

return[(torch.as_tensor(i, dtype=torch.int64),
            torch.as_tensor(j, dtype=torch.int64)) for i, j in all_indices]
```

最後，UniformMatcher 類別調整物件框匹配上的先驗框的索引和預測框的索引。注意，在 YOLOF 中，對於標籤的匹配，既考慮先驗框和物件框之間的連結，也同時考慮預測框和物件框之間的連結，按照論文裡說的，這一做法有助穩定訓練。

12.2.6 損失函數

在專案的 models/yolof/criterion.py 檔案中，我們引用官方的開源程式碼實現了用於計算損失的 Criterion 類別。在有了先前的基礎後，這段程式並不難理解，我們只做一些必要的講解。

首先，我們使用包含正樣本索引的 indices 變數去計算被匹配上的先驗框、預測框與物件框的 IoU，如程式 12-15 所示。

➜ 程式 12-15 計算先驗框、預測框與物件框的 IoU

```
# PyTorch_YOLOF/models/yolof/criterion.py
# --------------------------------------------------------
...

ious = []
pos_ious = []
for i in range(B):
    src_idx, tgt_idx = indices[i]
    # iou between predbox and tgt box
    iou,_ = box_iou(pred_box_copy[i,...],(targets[i]['boxes']).clone())
    if iou.numel() == 0:
        max_iou = iou.new_full((iou.size(0),),0)
    else:
        max_iou = iou.max(dim=1)[0]
    # iou between anchorbox and tgt box
    a_iou,_ = box_iou(anchor_boxes_copy[i],(targets[i]['boxes']).clone())
    if a_iou.numel() == 0:
```

```
        pos_iou = a_iou.new_full((0,),0)
    else:
        pos_iou = a_iou[src_idx, tgt_idx]
    ious.append(max_iou)
    pos_ious.append(pos_iou)
```

注意，YOLOF 會忽略那些與物件框的 IoU 大於 0.7 的負樣本預測，其目的是穩定訓練。而被標記為正樣本的、先驗框與物件框的 IoU 大於 0.15 的才會被保留下來去訓練，因為先前只根據 L1 距離選擇的前 k 個先驗框可能不全是好的樣本。這一點我們在前文已經提到過了。

接下來，就可以去計算損失了。首先，我們計算類別損失，程式 12-16 展示了計算類別損失和邊界框損失的程式實現。

➡ 程式 12-16　計算類別損失和邊界框損失

```
# PyTorch_YOLOF/models/yolof/criterion.py
# ------------------------------------------------------------
...

# cls loss
masks = outputs['mask']
valid_idxs = (gt_cls >= 0)& masks
loss_labels = self.loss_labels(
pred_cls[valid_idxs], gt_cls_target[valid_idxs], num_foreground)

# box loss
tgt_boxes = torch.cat(

                [t['boxes'][i] for t,(_, i) in zip(targets, indices)], dim=0

).to(self.device)
tgt_boxes = tgt_boxes[~pos_ignore_idx]
matched_pred_box = pred_box.reshape(-1,4)[src_idx[~pos_ignore_idx]]
loss_bboxes = self.loss_bboxes(matched_pred_box, tgt_boxes, num_foreground)
```

至此，我們完成了計算損失的講解。接下來，就可以著手訓練我們的 YOLOF 檢測器了。

12.3 訓練 YOLOF 檢測器

對於訓練程式，讀者可以打開專案的 train.py 檔案來查閱完整的訓練程式。有了先前的經驗，理解訓練程式的邏輯也就變得十分容易了，我們就不做過多的贅述了。讀者可以參考專案中的 train.sh 檔案中的運行命令來訓練網路。讀者可以在專案的 README 檔案中找到使用 COCO 資料集訓練的 YOLOF 模型的下載連結。

12.4 測試 YOLOF 檢測器

訓練完畢後，假設權重檔案為 yolof-r50.pth（使用 ResNet-50 作為主幹網絡）。在 COCO 驗證集上測試我們的 YOLOF 的檢測性能。圖 12-10 展示了 YOLOF 在 COCO 驗證集上的檢測結果的視覺化影像，可以看到，我們的 YOLOF 表現得還是很出色的，但部分測試影像中，還是能看到我們實現的 YOLOF 漏檢了一些小物件。

▲ 圖 12-10 YOLOF 在 COCO 驗證集上的檢測結果的視覺化

12.5　計算 mAP

　　最後，我們在 COCO 驗證集上測試 YOLOF 的 AP 指標。表 12-1 整理了相關測試結果。這裡，我們只舉出了 YOLOF-R18 和 YOLOF-R50 的測試結果，以供讀者參考。

▼ 表 12-1　我們實現的 YOLOF 在 COCO 驗證集上的測試結果，（其中，YOLOF-R50* 為官方實現的 YOLOF 檢測器）

模型	AP/%	AP_{50}/%	AP_{75}/%	AP_S/%	AP_M/%	AP_L/%
YOLOF-R18	32.2	50.7	33.7	13.3	36.0	46.7
YOLOF-R50	37.2	57.0	39.6	18.1	41.9	51.9
YOLOF-R50*	37.7	56.9	40.6	19.1	42.5	53.2

　　整體來看，相較於官方實現的 YOLOF-R50*，在可接受的差距範圍內，我們所實現的 YOLOF 檢測器基本達到了官方的性能，是一次比較成功的複現。倘若讀者有更多的運算資源，不妨使用更強大的主幹網絡來進一步提升 YOLOF 的性能。

12.6　小結

　　至此，我們講解完了 YOLOF。儘管 YOLOF 並沒有達到最佳的性能，但這並不是它的初衷，它主要的動機是：C_5 **單級檢測也可以達到多級檢測的效果。**為了證明這一點，它選擇了 RetinaNet 這一流行的多級檢測器作為 baseline，並超越了它。同時它也證明：**CNN 也可以勝任 C_5 單級檢測。**為了證明這一點，它選擇了 DETR 作為 baseline，並以更短的訓練時長達到了 DETR 的性能水平。整體來看，YOLOF 工作舉出了明確的研究動機，提出了有效的解決方案，用大量的實驗驗證了方案是有效的，並超過了所選的 baseline 的性能，其研究想法是很清晰的，對初學者來說，是有一定的啟發性的。

　　另外，想必讀者已經在 YOLOF 專案中發現了另一個檢測器：FCOS。由於 FCOS 和 YOLOF 在訓練策略和前置處理上有很多共同之處，因此，作者在完成了 YOLOF 的複現後，馬不停蹄地又實現了 FCOS 檢測器。FCOS 也是物件辨識領域中的里程碑之作之一，它最大的貢獻就是掀起了物件辨識領域的 anchor-free 的研究浪潮，進一步簡化了主流的物件辨識框架。在先前的內容中，我們也總是提到這個工作，所以，作者決定在第 13 章中向讀者介紹這款流行的 anchor-free 檢測器。

第13章

FCOS

　　自 Faster R-CNN [14] 工作問世以來,先驗框幾乎成為了大多數先進的物件辨識器的標準設定之一,比如我們先前所講過也實現過的 YOLOF、YOLOv2 ～ YOLOv4 甚至 YOLOv7 等工作,都採用了先驗框。但是,先驗框的缺陷也是十分明顯的,表現在以下幾點。

- 先驗框的長寬比、面積和數量依賴人工設計。縱然 YOLOv2 提出了基於 k 平均值聚類演算法的自我調整設計先驗框尺寸的策略,但且不說這個演算法還是要依賴具體的資料集,只論設計多少個先驗框就是個問題。

- 無論多麼精心地設計先驗框,一旦它的尺寸和數量被固定下來後,就不會再改變。模型在一個訓練集上被訓練之後,儘管已設定好的先驗框可能在這個資料分佈上表現得足夠好,可一旦遇到不屬於該資料分佈的場景時,已設定好的先驗框可能無法泛化到新的場景,導致模型的性能受損。

- 大量的先驗框也會顯著增加預測框的數量，從而加劇包括設定值篩選和 NMS 在內的後處理階段的計算壓力，也會拖慢模型的檢測速度。

一段時期內，以上幾個問題都暫未進入研究者的視野，似乎先驗框的內在矛盾尚未激化到一定程度。直到 2019 年，FCOS 工作被提出，劍指長期以來佔據「統治地位」的先驗框，在消除了先驗框的弊病的同時，FCOS 也為 anchor-free 的後續發展和成功提出了一些寶貴的實踐經驗。FCOS 工作證明了先驗框並不是一個先進的物件辨識框架所必需的設定。

事實上，早在 FCOS 之前，我們熟悉的 YOLOv1 就是一個不使用先驗框的檢測器，即 anchor-free 檢測器。不過，這種看法並不合適，畢竟在 YOLOv1 的時代，連先驗框的概念都沒有，強調 YOLOv1 是第一個 anchor-free 檢測器也不符合實際情況，但這不妨礙我們去重新檢查 YOLOv1，正所謂溫故而知新。前面我們也說過，之所以 YOLOv1 後續演變成了 anchor-based 系列，主要是因為 YOLOv1 的單級檢測架構不足以應對多尺度物件，而將其改進為多級檢測架構時，先驗框在這當中有著很大的作用。一旦沒有先驗框，多尺度標籤匹配就首當其衝。但這一問題在 FCOS 工作中被出色地解決了，也正因此，anchor-free 架構正式進入了廣大研究者的視野。

最初的 FCOS[59] 發表在 2019 年的 ICCV 上，隨後，2020 年，作者團隊對 FCOS[18] 做了進一步最佳化，擴充了實驗內容，然後發表在了國際頂級期刊 TPAMI 上。相較於 2019 年的版本，最新版本的 FCOS 在性能上有了不俗的提升，網路結構的設計也更加簡潔高效。因此，我們主要來講解發表在 TPAMI 期刊上的 FCOS 工作[18]。

13.1 FCOS 解讀

在本章，我們圍繞 2020 年的 FCOS 論文[18] 來講解第一個多級 anchor-free 檢測器，講解想法和先前的章節一樣，先從 FCOS 的網路結構講起，隨後講解標籤分配和損失函數等技術點。最後，我們動手來架設我們自己的 FCOS 工作，加深對這一工作的理解和認識。

13.1.1 FCOS 網路結構

在網路結構上，FCOS 採用了流行的 RetinaNet 的網路結構，這是因為 RetinaNet 是學術界最受歡迎的 baseline 之一，其網路結構簡潔、最佳化空間大以及訓練技巧簡單，很適合用來驗證創新點的有效性。遵循 RetinaNet 的結構，FCOS 使用 ResNet 網路作為主幹網絡，輸出多尺度特徵，然後使用基礎的 FPN [19] 來做多尺度特徵融合，最後部署一個參數在多尺度間共用的解耦檢測頭，分別去檢測每個尺度上的物件，圖 13-1 展示了 FCOS 的網路結構。

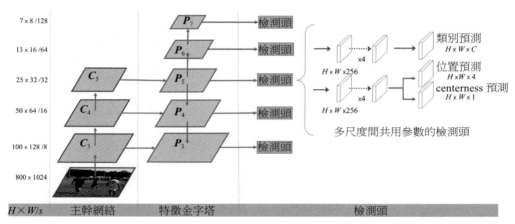

▲ 圖 13-1 FCOS 的網路結構圖示（摘自 FCOS 論文〔18〕）

給定一張輸入影像，FCOS 首先使用主幹網絡去提取多尺度資訊，輸出 C_3、C_4 和 C_5 三個尺度的特徵圖，然後做自頂向下的特徵融合，得到 P_3、 P_4 和 P_5 三個融合後的特徵圖。隨後，為了獲取更深層的特徵資訊，FCOS 在 P_5 特徵圖的基礎上，分別使用步進值為 2 的 3×3 卷積去做兩次降採樣操作，分別得到 P_6 和 P_7 特徵圖。這一點，FCOS 是與 RetinaNet 不同的，後者是在融合前的 C_5 特徵圖而非融合後的 P_5 特徵圖去獲得更深的 P_6 和 P_7 特徵圖。 FCOS 特意用對比實驗來證明了從融合後的 P_5 特徵圖來生成更深層的特徵資訊是更有效的。

對於檢測頭，FCOS 採用了和 RetinaNet 相同的結構，即由兩條並行的分支組成，且每條分支都包含了相同的 4 層 3×3 線性卷積和 ReLU 啟動函數，分別

輸出類別特徵和位置特徵。不過，FCOS 在每層卷積後面都增加了對 batch size 不敏感的 Group Normalization（GN）[60]。

對於最終的預測，FCOS 和 RetinaNet 類似，使用一層 3×3 線性卷積在類別特徵上預測物件的類別，另一層 3×3 線性卷積在位置特徵上預測每個網格到物件框上下左右四條邊的距離 (l, t, r, b)，如圖 13-2 所示。

▲ 圖 13-2　FCOS 預測物件框範圍內的每個網格到物件框的四條邊的距離

對於邊界框回歸，由於沒有了先驗框，且回歸分支預測的是網格到物件框的四條邊的偏移量，因此，FCOS 對座標回歸做了必要的調整。首先，FCOS 在網格 (x, y) 處預測偏移量 $\boldsymbol{t}^i_{x,y} = (l, t, r, b)$，假設第 i 個尺度的預測層的 3×3 線性卷積輸出的是 $\boldsymbol{d}^i_{x,y} = (t_l, t_t, t_r, t_b)$，在 2019 版的 FCOS [59] 中，它使用指數函數來將這些輸出映射成偏移量：

$$\boldsymbol{t}^i_{x,y} = \exp\left(s_i \boldsymbol{d}^i_{x,y}\right) \tag{13-1}$$

其中，s_i 是一個可學習的尺度因數。我們知道，檢測頭的參數在所有尺度上是共用的，也就是說，我們只需要部署一個檢測頭，但是，不同尺度所檢測的物件的尺度是不一樣的，對於類別預測，這一影響並不大，但對於較為敏感的位置預測，由於 FCOS 不再為每個尺度設置單獨的先驗框，因此 FCOS 認為有必要在回歸時為每一個尺度都單獨設置一個可學習的尺度因數來調節這一矛盾。

不過，在 2020 版的 FCOS [18] 中，指數函數被替換成了更為簡單的 ReLU 函數，也能保證輸出為非負，其中的尺度因數 s_i 被保留了下來，計算公式如下：

$$\boldsymbol{t}^i_{x,y} = \text{ReLU}\left(s_i \boldsymbol{d}^i_{x,y}\right) \tag{13-2}$$

兩種方法孰優孰劣暫且不論，但既然 2020 版的 FCOS 做了這樣的修改，我們就以最新的計算方法為準。

對於常見的類別預測和位置預測就講完了。從網路結構上來看，FCOS 繼承了 RetinaNet，並沒有做太大的改動，僅根據自己的預測量對檢測頭做了必要的調整，但是 FCOS 並沒有止步於此。

我們已經知道，對邊界框回歸，FCOS 預測的是每個網格到物件框的四個偏移量（顯然我們只關注位於物件框內的網格），但是，物件框內的所有網格預測出的偏移量都是可靠的嗎？FCOS 認為並非如此。一般來說在物件辨識任務中，物件的中心區域往往被認為是一個高品質區域，所以，FCOS 根據這樣的直覺引入「centerness」概念，即在原來結構的基礎上又設置了一個額外的 3×3 線性卷積去預測每一處網格的 centerness 值，這是一個處在 0 ～ 1 內的數，理想情況下，FCOS 在物件中心區域預測的 centerness 值會接近 1，而中心區域之外預測的值則接近 0，由此可以認為，centerness 是一種對於物件中心的置信度。

至此，我們講完了 FCOS 的網路結構。大體上來看，FCOS 沿用了 RetinaNet 的網路結構，十分簡潔清晰。FCOS 工作的意義並不在於提出一個全新的網路架構，而是想論證先驗框並非是必需的，而 RetinaNet 是 anchor-based 工作中十分經典的，不論是出於公平性，還是減少先驗框之外的因素對實驗可信度的影響，選擇 RetinaNet 作為 baseline 都是合適的。倘若在 RetinaNet 如此簡潔的工作上移除了先驗框後，性能依舊很強，甚至更強，就足以支援 FCOS 的論點。

接下來，我們再來介紹 FCOS 的多尺度標籤分配策略，這是 FCOS 的重點。

13.1.2 正樣本匹配策略

我們多次強調過，沒有了先驗框，首當其衝的就是多尺度標籤分配。即給定一個物件框 $(x_1, y_1, x_2, y_2, c_k)$，其中，$(x_1, y_1)$ 是物件框的左上角點座標，(x_2, y_2) 是物件框的右下角點座標，c_k 是第 k 個類別的標籤，我們最為關心的就是應該將其分配到哪個或哪幾個尺度上去，即由哪些尺度上的預測來負責學習這個標籤。為了能夠驗證 anchor-free 架構的有效性，這一點是 FCOS 必須要解決的。

以前，我們是根據先驗框與物件框的 IoU 來完成這項任務的，不同尺寸的先驗框對應不同的尺度，不難想像，一個較小的物件框會與較小的先驗框更貼近，從而被匹配到較淺的、空間尺寸較大的特徵圖（如 C_3 尺度）上，反之會被匹配到較深的、空間尺寸較小的特徵圖（如 C_5 尺度）上，這得益於先驗框本身帶有的尺度先驗資訊。然而，現在我們沒有了這個先驗資訊，就必須另闢蹊徑。FCOS 的創新點之一就是提出了一個用於解決這一問題的十分簡單且有效的方案。

前面已經說到，FCOS 一共使用五個特徵圖 $(P_3, P_4, P_5, P_6, P_7)$，其輸出步進值（空間降採樣倍數）分別為 8、16、32、64 和 128。FCOS 為每一個尺度都設定了一個尺度範圍，即對於特徵圖 P_i，其尺度範圍是 (m_{i-1}, m_i)。依照論文中的設定，這五個尺度範圍分別為 (0,64)、(64,128)、(128,256)、(256,512)，以及 (512, ∞)。這五個範圍怎麼用呢？

首先，我們去遍歷特徵圖 P_i 上的每一個網格，假設每一個網格的座標為 $(xs_a + 0.5, ys_a + 0.5)$，其中 (xs_a, ys_a) 為網格的左上角點座標，也就是我們以前熟悉的網格左上角座標，但我們又為之增加了 0.5 亞像素座標，即使得座標表徵的是網格中心點，如圖 13-2 所示。我們可以使用公式（13-3）來計算特徵圖 P_i 上的網格在輸入影像所對應的空間座標 (x_a, y_a)。

$$x_a = xs_a \times s + \frac{s}{2}, \; y_a = ys_a \times s + \frac{s}{2} \qquad\qquad (13\text{-}3)$$

然後，我們使用公式（13-4）去計算處在物件框內的每一個網格到物件框的四條邊的距離。

$$l^* = x_a - x_1, t^* = y_a - y_1$$
$$r^* = x_2 - x_a, b^* = y_2 - y_a \qquad (13\text{-}4)$$

我們取其中的 $m = \max(l^*, t^*, r^*, b^*)$，如果 m 滿足 $m_{i-1} < m < m_i$，則該網格將被視為正樣本，去學習自己到物件框四條邊的距離，反之則為負樣本。顯然，m 不可能超過物件框的最大尺寸 $\max(x_2 - x_1, y_2 - y_1)$。若物件框的尺寸偏小，它內部的網格就會更多地落在較小的範圍內，比如 (0,64)，反之，則會更多地落在較大的範圍內，如 (256,512)。換言之，FCOS 設置的五個範圍本質上是和物件自身大小相關的尺度範圍，是基於「**小的物件框更應該讓輸出步進值小的特徵圖去學習，大的物件框則應該讓輸出步進值大的特徵圖去學習**」的常識。

於是，多尺度分配的問題就解決了，我們知道了哪些網格是正樣本，哪些網格是負樣本，也就知道了一個物件框該被哪些預測框去學習。但是，這裡還遺留了一個問題，那就是如何給 FCOS 設計的 centerness 預測製作標籤呢？FCOS 希望越靠近中心點的網格，它預測的四個偏移量越可靠，那麼 centerness 身為置信度，也就應該越接近 1。一個直觀的做法就是採用高斯熱力圖，將中心點作為高斯熱力圖的中心點，其置信度為 1，但是，FCOS 之所以設置 centerness，是希望它能夠衡量邊界框回歸的品質，所以，FCOS 採用了另一種做法，基於已經計算出的 (l, t, r, b) 計算 centerness 的標籤，如公式（13-5）所示。

$$\text{centerness}^* = \sqrt{\frac{\min(l^*, r^*)}{\max(l^*, r^*)} \times \frac{\min(t^*, b^*)}{\max(t^*, b^*)}} \qquad (13\text{-}5)$$

如果我們講解的是 2019 年發表在 ICCV 上的 FCOS[59]，那麼正樣本匹配策略到此就講解完了，但是 2020 年發表在 TPAMI 期刊上的 FCOS[18] 則在此基礎上又做了進一步的改進。

正如我們上面所講到的，FCOS 將一個物件框內的所有網格都作為正樣本候選，只要每個網格都找到了自己所處的尺度範圍，它就會被標記為正樣本，但是，一個物件框內的網格可能沒有落在物件上，而是落在了背景上，如圖 13-3a 所示。

在圖 13-3a 中，紅色圓表示處在物件上的網格，而藍色圓表示處在背景上的網格。不難想像，背景上的網格並不會包含太多的物件資訊，所以，這些網格用於回歸物件似乎並不合適。為了解決這一問題，FCOS 只將處在物件中心鄰域內的網格作為正樣本，這一做法稱為「中心先驗」，圖 13-3b 展示了一個 3×3 中心鄰域的實例。

儘管「中心先驗」做法會使得正樣本數量變少，但是大多數情況下，物件的中心區域往往會舉出高品質的正樣本，所以，這不僅不會損失模型的性能，反而會因舉出的正樣本品質更高而有助提升模型的性能。當然，在一些特殊情況下，物件框的中心點並沒有落在物件身上，此時「中心先驗」就會失效。但大量的實踐經驗還是證明了這一做法的有效性，至少在被廣泛認可的 COCO 資料集上，這一做法是有效的。

（a）無中心先驗　　　　　　　　　　（b）有中心先驗

▲ 圖 13-3　物件框內的網格分佈，
其中紅色圓表示處在物件上的網格，藍色圓表示處在背景上的網格

至此，FCOS 的正樣本匹配策略就講解完了，它主要的貢獻是解決了 anchor-free 在面臨多尺度分配時的問題，舉出了一套簡潔也較為優雅的方案。但是，我們仔細思考一下，不難發現，(m_{i-1}, m_i) 的設置本質上也是一種先驗尺度，仍舊依賴人工設計，就這一點而言，它和先驗框是有著同樣的缺陷的。FCOS 雖

然提出了一款 anchor-free 檢測框架，消除了先驗框的諸多弊病，但就依賴人工先驗這一點，FCOS 並未舉出實質性的解決方案。儘管如此，FCOS 仍舊是一個出色的工作，引起了學術界對於 anchor-free 框架的興趣和關注。也正是因為 FCOS 還會有著這樣的矛盾，才有了後續的包括 OTA[36] 等工作在內的動態標籤分配策略。由此可見，推進事物發展的是矛盾。在科學研究中，找到了現有方法的矛盾，也就找到了後續工作的研究點。

接下來，我們講一講 FCOS 的損失函數。

13.1.3 損失函數

FCOS 的損失函數十分簡單，大體上沿用了 RetinaNet 的設定。對於類別損失，FCOS 仍使用 RetinaNet 的 Focal loss[17] 函數。對於邊界框回歸損失，FCOS 則使用被廣泛證明有效的 GIoU 損失[43]。至於 FCOS 設計的 centerness 分支，由於它的標籤是在 0 ～ 1 範圍內，因此自然而然地使用 BCE 函數來計算損失。總的損失函數為三者的和，如公式（13-6）所示：

$$
\begin{aligned}
L\left(\{p_{x,y}\},\{t_{x,y}\},\{o_{x,y}\}\right) = &\frac{1}{N_{\text{pos}}}\sum_{x,y} L_{\text{cls}}\left(p_{x,y}, c_{x,y}^{*}\right) \\
&+ \frac{\lambda_{\text{reg}}}{N_{\text{pos}}}\sum_{x,y}\mathrm{II}_{c_{x,y}^{*}>0} L_{\text{reg}}\left(t_{x,y}, t_{x,y}^{*}\right) \\
&+ \frac{\lambda_{\text{ctn}}}{N_{\text{pos}}}\sum_{x,y}\mathrm{II}_{c_{x,y}^{*}>0} L_{\text{ctn}}\left(o_{x,y}, o_{x,y}^{*}\right)
\end{aligned}
\tag{13-6}
$$

其中，L_{cls} 是 Focal loss，L_{reg} 是 GIoU 損失，L_{ctn} 是 BCE 損失。$\mathrm{II}_{c_{x,y}^{*}>0}$ 為指示函數，即正樣本標記。λ_{reg} 和 λ_{ctn} 分別為回歸損失和 centerness 損失的權重，預設均為 1。

在推理階段，由於 FCOS 多了一個用於衡量邊界框預測品質的 centerness 預測，因此，每個邊界框的得分就等於其類別置信度和 centerness 值的乘積，如公式（13-7）所示：

$$
\text{cscore} = \sqrt{p_{x,y} \times o_{x,y}}
\tag{13-7}
$$

其中，開平方操作的目的是用於校正最終得分的數量級，對模型的 AP 沒有影響。

至此，我們講解完了 FCOS 的網路結構、標籤分配策略以及損失函數，也就講解完了 FCOS 所有的要點。整體來看，FCOS 是十分簡潔的，易於理解，這對於後續的深入研究是很有益的。事實上，學到這裡，我們也應該發現了，具有「里程碑」意義的工作往往都是簡單高效的，沒有過多花俏的技巧，這樣的工作不僅證明了某種可行性，同時也為後續的改進和最佳化留下了充足的研究空間。

13.2 架設 FCOS

本節，我們來著手架設自己的 FCOS 檢測器。本章所涉及的專案原始程式如下。

- **由作者實現的 FCOS**：https://github.com/yjh0410/PyTorch_YOLOF

注意，我們所實現的 FCOS 模型和第 12 章的 YOLOF 放在了一起，這是因為二者所使用到的訓練策略幾乎是相同的，放在一起既便於偵錯，也便於讀者查閱。

在本專案的 config/fcos_config.py 檔案中，我們可以查閱到 FCOS 的設定參數，如程式 13-1 所示。

➜ 程式 13-1 FCOS 的設定檔

```
# PyTorch_YOLOF/config/fcos_config.py
# ------------------------------------------------------------
...

fcos_config = {
    # fixed label assignment
    'fcos-r18':{
        # input
        'train_min_size':800,
        'train_max_size':1333,
```

```
            'test_min_size':800,
            'test_max_size':1333,
            'format':'RGB',
            'pixel_mean':[123.675,116.28,103.53],
            'pixel_std':[58.395,57.12,57.375],
            'min_box_size':8,
            'mosaic': False,
            'transforms':[{'name':'RandomHorizontalFlip'},
                         {'name':'ToTensor'},
                         {'name':'Resize'},
                         {'name':'Normalize'}],
        # model
        'backbone':'resnet18',
        'res5_dilation': False,
        'stride':[8,16,32,64,128],# P3, P4, P5, P6, P7
        'bk_act_type':'relu',
        'bk_norm_type':'FrozeBN',
        ...
    },
}
```

接下來，我們就從架設 FCOS 的網路結構開始本節的程式實現環節。

13.2.1 架設主幹網絡

首先，我們來架設 FCOS 的主幹網絡。對於主幹網絡，我們採用標準的 ResNet 網路，和第 12 章實現的 YOLOF 是一樣的，我們就不贅述了。然後，我 們就可以在 FCOS 的模型程式中去呼叫相關函數生成主幹網絡，如程式 13-2 所 示。

➜ 程式 13-2 架設 FCOS 的主幹網絡

```
# PyTorch_YOLOF/models/fcos/fcos.py
# ------------------------------------------------------------
...

class FCOS(nn.Module):
    def _init_(self, cfg, device, num_classes, conf_thresh, nms_thresh, trainable,
```

```
    topk):
    super(FCOS, self). init()
    ...


    #------------------------- Network -------------------------#
    ## 主幹網絡
    self.backbone, bk_dims = build_backbone(cfg=cfg, pretrained=trainable)

    ## 特徵金字塔
    self.fpn = build_fpn(cfg, bk_dims, cfg['head_dim'])

    ## 檢測頭
    self.head = build_head(cfg, num_classes)

    ## 可學習的尺度因數
    self.scales = nn.ModuleList([Scale() for_ in range(len(self.stride))])
    ...
```

　　對於特徵金字塔，我們透過呼叫 build_fpn 函數來架設最基本的特徵金字塔結構，如程式 13-3 所示。

➔ **程式 13-3　特徵金字塔結構**

```
# PyTorch_YOLOF/models/fpn.py
# ------------------------------------------------------------
...


class BasicFPN(nn.Module):
    def _init_(self, in_dims, out_dim=256,from_c5=False, p6_feat=False,
        p7_feat=False):
        super(). init()
        self.from_c5 = from_c5
        self.p6_feat = p6_feat
        self.p7_feat = p7_feat

        # latter layers
        self.input_projs = nn.ModuleList()
        self.smooth_layers = nn.ModuleList()
```

```python
        for in_dim in in_dims[::-1]:
            self.input_projs.append(nn.Conv2d(in_dim, out_dim, kernel_size=1))
            self.smooth_layers.append(nn.Conv2d(out_dim, out_dim, kernel_size=3,
                                        padding=1))

        # P6/P7
        if p6_feat:
            if from_c5:
                self.p6_conv = nn.Conv2d(in_dims[-1], out_dim,
                                        kernel_size=3, stride=2, padding=1)
            else:# from p5
                self.p6_conv = nn.Conv2d(out_dim, out_dim,
                                        kernel_size=3, stride=2, padding=1)
        if p7_feat:
            self.p7_conv = nn.Sequential(
                nn.ReLU(inplace=True),
                nn.Conv2d(out_dim, out_dim, kernel_size=3, stride=2, padding=1)
            )

def forward(self, feats):
    outputs = []
    #[C3, C4, C5]-> [C5, C4, C3]
    feats = feats[::-1] top_level_feat = feats[0]
    prev_feat = self.input_projs[0](top_level_feat)
    outputs.append(self.smooth_layers[0](prev_feat))

    for feat, input_proj, smooth_layer in zip(feats[1:],\
                                    self.input_projs[1:], self.smooth_layers[1:]):
        feat = input_proj(feat)
        top_down_feat = F.interpolate(prev_feat, size=feat.shape[2:],
            mode='nearest')
        prev_feat = feat + top_down_feat
        outputs.insert(0, smooth_layer(prev_feat))

    if self.p6_feat:
        if self.from_c5:
            p6_feat = self.p6_conv(feats[0])
        else:
            p6_feat = self.p6_conv(outputs[-1])
```

```
        outputs.append(p6_feat)

        if self.p7_feat:
            p7_feat = self.p7_conv(p6_feat)
            outputs.append(p7_feat)

    return outputs# [P3, P4, P5] or[P3, P4, P5, P6, P7]
```

讀者可以在專案的 models/fcos/fpn.py 檔案中找到特徵金字塔的程式，這是最基礎的 FPN 程式，沒有複雜的結構，所以很容易理解。

然後是檢測頭，我們透過呼叫 build_head 函數來架設解耦檢測頭。預測層則分別是類別預測、回歸預測以及 centerness 預測。關於解耦檢測頭，此前我們已經講過很多次了，這裡就不贅述了，請讀者自行打開專案的 models/fcos/head.py 檔案來查看這部分的程式。

最後就是可學習的尺度因數 Scale，我們為其設置一個可學習的 Tensor 類型變數，如程式 13-4 所示。

➜ 程式 13-4　可學習的尺度因數

```
# PyTorch_YOLOF/models/fcos/fcos.py
# ------------------------------------------------------------
...

class Scale(nn.Module):
    def _init_(self, init_value=1.0):
        super(). init()
        self.scale = nn.Parameter(
            torch.tensor(init_value, dtype=torch.float32),
            requires_grad=True
        )

    def forward(self, x):
        return x* self.scale
```

接下來，我們就可以撰寫前向推理的程式，相關實現十分簡單，不再贅述，以節省篇幅。讀者可以查看 FCOS 類別中的 inference_single_image 函數來了解 FCOS 的推理流程。

另外，對於解算邊界框和後處理等操作，和先前的工作大同小異，就不再展開介紹了，程式 13-5 展示了相關的程式實現。

➡ 程式 13-5 FCOS 的邊界框座標回歸的程式實現

```
# PyTorch_YOLOF/models/fcos/fcos.py
# -------------------------------------------------------------
...


def decode_boxes(self, anchors, pred_deltas):
    """
        anchors:(List[Tensor])[1, M,2] or[M,2]
        pred_reg:(List[Tensor])[B, M,4] or[M,4](l, t, r, b)
    """
    # x1 = x_anchor- l, x2 = x_anchor + r
    # y1 = y_anchor- t, y2 = y_anchor + b
    pred_x1y1 = anchors- pred_deltas[...,:2]
    pred_x2y2 = anchors + pred_deltas[...,2:]
    pred_box = torch.cat([pred_x1y1, pred_x2y2], dim=-1)

    return pred_box
```

至於資料前置處理，由於 FCOS 和我們先前實現的 YOLOF 都在同一個專案中，這部分的程式也是通用的，這裡就不講解了。

13.2.2 正樣本匹配

在專案的 models/fcos/matcher.py 檔案中，我們可以看到 Matcher 類別，它就是 FCOS 用到的正樣本匹配程式，也許讀者還會看到一些其他的類別，因不屬於本書範圍，這裡暫時不做介紹，這段程式的實現是參考了開放原始碼專案 cvpod 函數庫 [1]，再一次感謝開放原始碼社區。程式 13-6 展示了 Matcher 類別的程式框架。

---

1 https://github.com/Megvii-BaseDetection/cvpods

➜ 程式 13-6　FCOS 的標籤分配的程式框架

```
# PyTorch_YOLOF/models/fcos/matcher.py
# -----------------------------------------------------------
...

class Matcher(object):
    def _init_(self, cfg, num_classes, box_weights=[1,1,1,1]):
        self.num_classes = num_classes
        self.center_sampling_radius = cfg['center_sampling_radius']
        self.object_sizes_of_interest = cfg['object_sizes_of_interest']
        self.box_weightss = box_weights

    def get_deltas(self, anchors, boxes):
        ...

    @torch.no_grad()
    def _call_(self, fpn_strides, anchors, targets):
        ...
```

　　在 Matcher 類別中，fpn_strides 是所有尺度的輸出步進值，anchors 是所有尺度的所有網格的座標，targets 是訓練的標籤，包含類別標籤和物件框的座標資訊。這段程式相對較長，所以我們按照處理流程來做些必要的講解，方便讀者了解程式的功能。

　　首先，我們計算所有的網格到所有物件框的距離 deltas，並由此計算出處在物件框中心鄰域內的樣本的標記 is_in_boxes，如程式 13-7 所示。

➜ 程式 13-7　標記正樣本候選

```
# PyTorch_YOLOF/models/fcos/matcher.py
# -----------------------------------------------------------
...

#[N, M,4], M = M1 + M2 + ... + MF
deltas = self.get_deltas(anchors_over_all_feature_maps, tgt_box.unsqueeze(1))

...
```

```python
# bbox centers:[N,2]
centers = (tgt_box[...,:2] + tgt_box[...,2:])* 0.5

is_in_boxes = []
for stride, anchors_i in zip(fpn_strides, anchors):
    radius = stride* self.center_sampling_radius
    # [N,4]
    center_boxes = torch.cat((
        torch.max(centers- radius, tgt_box[:,:2]),
        torch.min(centers + radius, tgt_box[:,2:]),
    ), dim=-1)
    #[N, Mi,4]
    center_deltas = self.get_deltas(anchors_i, center_boxes.unsqueeze(1))
    # [N, Mi]
    is_in_boxes.append(center_deltas.min(dim=-1).values > 0)
# [N, M], M = M1 + M2 + ... + MF
is_in_boxes = torch.cat(is_in_boxes, dim=1)
```

變數 is_in_boxes 儲存了處在物件框的中心鄰域內的網格位置。因為整個計算過程基本都是矩陣操作，不需要用 for 迴圈去遍歷每一個網格，所以計算速度也較快。

接著，我們就可以計算每個網格距離物件框的最大偏移量，從而確定它是處在哪個尺度範圍內，如程式 13-8 所示。

➜ 程式 13-8 確定尺度範圍

```python
# PyTorch_YOLOF/models/fcos/matcher.py
# -----------------------------------------------------------
...

#[N, M], M = M1 + M2 + ... + MF
max_deltas = deltas.max(dim=-1).values
# limit the regression range for each location
is_cared_in_the_level = \
    (max_deltas >= object_sizes_of_interest[None,:,0])& \
    (max_deltas <= object_sizes_of_interest[None,:,1])
```

在有了 is_in_boxes 和 is_cared_in_the_level 兩個變數後,我們就可以得到正樣本的標記了,如程式 13-9 所示。

➡ **程式 13-9　確定正樣本的標記**

```
# PyTorch_YOLOF/models/fcos/matcher.py
# ------------------------------------------------------------
...

#[N,]
tgt_box_area = (tgt_box[:,2]- tgt_box[:,0])* (tgt_box[:,3]- tgt_box[:,1])
# [N,]-> [N,1]-> [N, M]
gt_positions_area = tgt_box_area.unsqueeze(1).repeat(
    1, anchors_over_all_feature_maps.size(0))
gt_positions_area[~is_in_boxes] = math.inf
gt_positions_area[~is_cared_in_the_level] = math.inf

# 如果一個 anchor 被分配給多個樣本
# 我們選擇將這個 anchor 分配給面積更小的標籤
#[M,]
positions_min_area, gt_matched_idxs = gt_positions_area.min(dim=0)
```

在程式 13-9 中,我們要注意一個小細節,那就是一個 anchor 可能會匹配給了多個物件框,即同時處在同一個物件框的中心鄰域,且又恰好落在了同一個尺度範圍內,這個時候,我們就將這個網格匹配給面積最小的那個物件框。

最後,我們就可以計算訓練所用到的標籤資訊了,包括類別標籤、邊界框的回歸偏移量的標籤以及 centerness 的標籤,如程式 13-10 所示。

➡ **程式 13-10　計算 centerness 預測的標籤**

```
# PyTorch_YOLOF/models/fcos/matcher.py
# ------------------------------------------------------------
...

# 邊界框回歸標籤
#[M,4]
gt_anchors_reg_deltas_i = self.get_deltas(
    anchors_over_all_feature_maps, tgt_box[gt_matched_idxs])
```

```
#[M,]
tgt_cls_i = tgt_cls[gt_matched_idxs]
# anchors with area inf are treated as background. tgt_cls_i[positions_min_area ==
math.inf] = self.num_classes


# centerness 回歸標籤
left_right = gt_anchors_reg_deltas_i[:,[0,2]]
top_bottom = gt_anchors_reg_deltas_i[:,[1,3]]
# [M,]
gt_centerness_i = torch.sqrt(
    (left_right.min(dim=-1).values/ left_right.max(dim=-1).values).clamp_(min=0)
    *(top_bottom.min(dim=-1).values/ top_bottom.max(dim=-1).values).clamp_(min=0)
)
```

至此，我們就講解完了 Matcher 類別的程式流程，也就講解了 FCOS 的標籤分配。接下來，我們就可以著手撰寫損失函數的程式。FCOS 的損失函數十分簡單，和 YOLOF 的損失函數大同小異，在專案的 models/fcos/criterion.py 檔案中，我們實現了用於計算損失的 Criterion 類別，其程式邏輯和先前的 YOLOF 是一樣的，並沒有複雜的實現，因此，我們就不展示介紹了。

由於 FCOS 和 YOLOF 共用同一個訓練程式檔案，因此，有關訓練的講解就省略了，讀者不妨自行閱讀訓練程式的檔案。在專案的 README 檔案中，我們提供了已經訓練好的權重檔案，以便完成後續的測試環節。

13.3 測試 FCOS 檢測器

在 COCO 資料集上訓練完畢後，假設訓練好的權重檔案為 fcos-r50.pth（使用 ResNet-50 作為主幹網絡）。在 COCO 驗證集上測試我們的 FCOS 的性能，圖 13-4 展示了部分檢測結果的視覺化影像，可以看到，我們的 FCOS 表現得還是很出色的。

▲ 圖 13-4　FCOS 在 COCO 驗證集上的檢測結果的視覺化

　　最後，我們測試 FCOS 的 AP 指標。受限於作者的 GPU 裝置，我們訓練和測試分別使用 ResNet-18 和 ResNet-50 作為主幹網絡的 FCOS-R18 和 FCOS-R50。另外，我們還在已經實現的 FCOS 基礎上去設計了一個可即時運行的 FCOS 檢測器，使用更小的影像輸入（最短邊為 512，最長邊不超過 736），並僅使用 C_3、C_4 和 C_5 三個尺度，其他結構保持不變，仍是最基礎的 FPN 結構和解耦檢測頭，我們將這一較小版的 FCOS 命名為 FCOS-RT。 FCOS-RT 的訓練策略不同於 FCOS，共訓練 48 個 epoch，並使用多尺度訓練。表 13-1 展示了 FCOS 和 FCOS-RT 在 COCO 驗證集上的 AP 指標。

▼ 表 13-1　我們實現的 FCOS 在 COCO 驗證集上的 AP 測試結果（其中，FCOS-R50* 為官方實現的 FCOS 檢測器）

模型	FPS	AP/%	AP_{50}/%	AP_{75}/%	AP_S/%	AP_M/%	AP_L/%
FCOS-R18	42	33.0	51.3	35.1	17.8	35.9	43.1
FCOS-R50	30	38.2	58.0	40.9	23.0	42.2	49.4
FCOS-RT-R18	83	33.7	51.5	35.7	16.9	38.1	46.2
FCOS-RT-R50	60	38.7	58.0	41.6	21.2	44.6	52.6
FCOS-R50*	—	38.9	57.5	42.2	23.1	42.7	50.2

在表 13-1 中，除了 AP 指標，我們還舉出了在 RTX3090 GPU 裝置上測試的速度指標 FPS，以突出我們的 FCOS-RT 網路在檢測速度上的優勢。測試速度時，我們不做任何加速處理，僅在 PyTorch 框架下做推理。從表 13-1 舉出的資料來看，相較於官方的 FCOS-R50*，我們實現的 FCOS 基本達到了官方的性能，在可接受的差距範圍內，可以認為我們的實現較好地複現了官方的工作。同時，我們所實現的 FCOS-RT 在速度和精度上獲得了更好的平衡，具有和 FCOS 幾乎相等性能的同時，還兼具了更快的檢測速度的優勢。

13.4 小結

至此，我們講解完了 FCOS。作為新一代的檢測器，FCOS 建構了一個簡潔高效的 anchor-free 框架，消除了先驗框的諸多負面影響。從現在的角度來看，儘管 FCOS 也有一些缺陷，比如它提出的尺度範圍仍依賴人工設計，但 FCOS 還是出色地解決了 anchor-free 框架下的多尺度分配的問題。透過本章的講解，我們了解了什麼是 anchor-free，它的意義是什麼，具有哪些優劣勢，這對我們後續更深入的學習是很有幫助的。

參考文獻

[1]   Redmon J, Divvala S, Girshick R, et al. You Only Look Once: Unified, Real-Time Object Detection[C]//Proceedings of the IEEE Conference on Computer Vision and Pattern Recognition. Las Vegas, NV, USA: IEEE Press,2016:779-788.

[2]   Redmon J, Farhadi A. YOLO9000: Better, Faster, Stronger[C]//Proceedings of the IEEE Conference on Computer Vision and Pattern Recognition. Honolulu, HI, USA: IEEE Press,2017:6517-6525.

[3]   Redmon J, Farhadi A. Yolov3: An Incremental Improvement[J]. arXiv preprint arXiv:1804.02767,2018.

[4]   Girshick R, Donahue J, Darrell T, et al. Rich Feature Hierarchies for Accurate Object Detection and Semantic Segmentation[C]//Proceedings of the IEEE Conference on Computer Vision and Pattern Recognition. Columbus, OH, USA: IEEE Press,2014:580-587.

[5]   Vaswani A, Shazeer N, Parmar N, et al. Attention is All You Need[J]. Advances in Neural Information Processing Systems,2017,30:1-11.

[6]   Carion N, Massa F, Synnaeve G, et al. End-to-end Object Detection with Transformers[C]// Proceedings of the European Conference on Computer Vision(ECCV). Springer Cham,2020:213-229.

[7]   Zhu X, Su W, Lu L, et al. Deformable Detr: Deformable Transformers for End-to-end Object Detection[J]. arXiv preprint arXiv:2010.04159,2020.

[8]   Bochkovskiy A, Wang C Y, Liao H Y M. Yolov4: Optimal Speed and Accuracy of Object Detection[J]. arXiv preprint arXiv:2004.10934,2020.

[9]   Ge Z, Liu S, Wang F, et al. Yolox: Exceeding Yolo Series in2021[J]. arXiv preprint arXiv:2107.08430,2021.

[10] Li C, Li L, Jiang H, et al. YOLOv6: A Single-stage Object Detection Framework for Industrial Applications[J]. arXiv preprint arXiv:2209.02976, 2022.

[11] Wang C Y, Bochkovskiy A, Liao H Y M. YOLOv7: Trainable Bag-of-freebies Sets New State-of- the-art for Real-time Object Detectors[C]// Proceedings of the IEEE Conference on Computer Vision and Pattern Recognition.2023:7464-7475.

[12] Everingham M, Van Gool L, Williams C, et al. Pascal Visual Object Classes Challenge Results[J]. Pascal Network,2005,1(6):1-45.

[13] Dollár P, Appel R, Belongie S, et al. Fast Feature Pyramids for Object Detection[J]. IEEE Transactions on Pattern Analysis and Machine Intelligen ce,2014,36(8):1532-1545.

[14] Ren S, He K, Girshick R, et al. Faster R-cnn: Towards Real-time Object Detection with Region Proposal Networks[J]. Advances in Neural Information Processing Systems,2015,28.

[15] Liu L, Ouyang W, Wang X, et al. Deep Learning for Generic Object Detection: A Survey[J]. International Journal of Computer Vision,2020,128:261-318.

[16] Liu W, Anguelov D, Erhan D, et al. SSD: Single Shot Multibox Detector[C]// Proceedings of the European Conference on Computer Vision(ECCV). Springer Cham,2016:21-37.

[17] Lin T Y, Goyal P, Girshick R, et al. Focal Loss for Dense Object Detection[C]//Proceedings of the IEEE International Conference on Computer Vision. Venice, Italy: IEEE Press,2017:2980-2988.

[18] Tian Z, Shen C, Chen H, et al. FCOS: A Simple and Strong Anchor-free Object Detector[J]. IEEE Transactions on Pattern Analysis and Machine Intel ligence,2020,44(4):1922-1933.

[19]   Lin T Y, Dollár P, Girshick R, et al. Feature Pyramid Networks for Object Detection[C]// Proceedings of the IEEE Conference on Computer Vision and Pattern Recognition. Honolulu, HI, USA: IEEE Press,2017:2117-2125.

[20]   Liu S, Huang D. Receptive Field Block Net for Accurate and Fast Object Detection[C]// Proceedings of the European Conference on Computer Vision(ECCV). Springer Cham,2018:385-400.

[21]   Chen L C, Papandreou G, Kokkinos I, et al. DeepLab: Semantic Image Segmentation with Deep Convolutional Nets, Atrous Convolution, and Fully Connected CRFs[J]. IEEE Transactions on Pattern Analysis and Machine Intelligence,2017,40(4):834-848.

[22]   Simonyan K, Zisserman A. Very Deep Convolutional Networks for Large-scale Image Recognition[J]. arXiv preprint arXiv:1409.1556,2014.

[23]   He K, Zhang X, Ren S, et al. Deep Residual Learning for Image Recognition[C]//Proceedings of the IEEE Conference on Computer Vision and Pattern Recognition. Las Vegas, NV, USA: IEEE Press,2016:770-778.

[24]   He K, Girshick R, Dollár P. Rethinking ImageNet Pre-Training[C]// Proceedings of the IEEE/CVF International Conference on Computer Vision. Seoul, Korea(South): IEEE Press,2019:4917-4926.

[25]   Howard A G, Zhu M, Chen B, et al. Mobilenets: Efficient Convolutional Neural Networks for Mobile Vision Applications[J]. arXiv preprint arXiv:1704.04861,2017.

[26]   Sandler M, Howard A, Zhu M, et al. MobileNetV2: Inverted Residuals and Linear Bottlenecks[C]//Proceedings of the IEEE Conference on Computer Vision and Pattern Recognition. Salt Lake City, UT, USA: IEEE Press,2018:4510-4520.

[27]   Howard A, Sandler M, Chu G, et al. Searching for MobileNetV3[C]// Proceedings of the IEEE/ CVF International Conference on Computer Vision. Seoul, Korea(South): IEEE Press,2019:1314-1324.

[28] Zhang X, Zhou X, Lin M, et al. ShuffleNet: An Extremely Efficient Convolutional Neural Network for Mobile Devices[C]//Proceedings of the IEEE Conference on Computer Vision and Pattern Recognition. Salt Lake City, UT, USA: IEEE Press,2018:6848-6856.

[29] Ma N, Zhang X, Zheng H T, et al. ShufflenetV2: Practical Guidelines for Efficient CNN Architecture Design[C]//Proceedings of the European Conference on Computer Vision(ECCV). Springer Cham,2018:116-131.

[30] He K, Zhang X, Ren S, et al. Spatial Pyramid Pooling in Deep Convolutional Networks for Visual Recognition[J]. IEEE Transactions on Pattern Analysis and Machine Intelligence,2015,37(9):1904-1916.

[31] Deng J, Dong W, Socher R, et al. ImageNet: A Large-scale Hierarchical Image Database[C]// Proceedings of the IEEE Conference on Computer Vision and Pattern Recognition. Miami, FL, USA: IEEE Press,2009:248-255.

[32] Lin T Y, Maire M, Belongie S, et al. Microsoft Coco: Common Objects in Context[C]//Proceedings of the European Conference on Computer Vision(ECCV). Springer Cham,2014:740-755.

[33] Szegedy C, Liu W, Jia Y, et al. Going Deeper with Convolutions[C]// Proceedings of the IEEE Conference on Computer Vision and Pattern Recognition. Boston, MA, USA: IEEE Press,2015:1-9.

[34] Wu S, Li X, Wang X. IoU-aware Single-stage Object Detector for Accurate Localization[J]. Image and Vision Computing,2020,97:103911.

[35] Zhang H, Wang Y, Dayoub F, et al. VarifocalNet: An IoU-aware Dense Object Detector[C]// Proceedings of the IEEE Conference on Computer Vision and Pattern Recognition. Nashville, TN, USA: IEEE Press,2021:8510-8519.

[36] Ge Z, Liu S, Li Z, et al. OTA: Optimal Transport Assignment for Object Detection[C]// Proceedings of the IEEE Conference on Computer Vision and Pattern Recognition. Nashville, TN, USA: IEEE Press,2021:303-312.

[37] Wang C Y, Liao H Y M, Wu Y H, et al. CSPNet: A New Backbone that can Enhance Learning Capability of CNNC]//Proceedings of the IEEE Conference on Computer Vision and Pattern Recognition Workshops. Seattle, WA, USA: IEEE Press,2020:1571-1580.

[38] Han K, Wang Y, Tian Q, et al. GhostNet: More Features From Cheap Operations[C]//Proceedings of the IEEE Conference on Computer Vision and Pattern Recognition. Seattle, WA, USA: IEEE Press,2020:1577-1586.

[39] Misra D. Mish: A Self-regularized Non-monotonic Activation Function[J]. arXiv preprint arXiv:1908.08681,2019.

[40] Liu S, Qi L, Qin H, et al. Path Aggregation Network for Instance Segmentation[C]//Proceedings of the IEEE Conference on Computer Vision and Pattern Recognition. Salt Lake City, UT, USA: IEEE Press,2018:8759-8768.

[41] Wang C Y, Bochkovskiy A, Liao H Y M. Scaled-YOLOv4: Scaling Cross Stage Partial Network[C]//Proceedings of the IEEE Conference on Computer Vision and Pattern Recognition. Nashville, TN, USA: IEEE Press,2021:13024-13033.

[42] Long X, Deng K, Wang G, et al. PP-YOLO: An Effective and Efficient Implementation of Object Detector[J]. arXiv preprint arXiv:2007.12099,2020.

[43] Rezatofighi H, Tsoi N, Gwak J Y, et al. Generalized Intersection Over Union: A Metric and a Loss for Bounding Box Regression[C]//Proceedings of the IEEE Conference on Computer Vision and Pattern Recognition. Long Beach, CA, USA: IEEE Press,2019:658-666.

[44] Zheng Z, Wang P, Liu W, et al. Distance-IoU loss: Faster and Better Learning for Bounding Box Regression[C]//Proceedings of the AAAI Conference on Artificial Intelligence.2020,34(07):12993-13000.

[45] Chen Q, Wang Y, Yang T, et al. You Only Look One-level Feature[C]// Proceedings of the IEEE Conference on Computer Vision and Pattern Recognition. Nashville, TN, USA: IEEE Press,2021:13034-13043.

[46] Xu S, Wang X, Lv W, et al. PP-YOLOE: An Evolved Version of YOLO[J]. arXiv preprint arXiv:2203.16250,2022.

[47] Ding X, Zhang X, Ma N, et al. RepVGG: Making VGG-style ConvNets Great Again[C]// Proceedings of the IEEE Conference on Computer Vision and Pattern Recognition. Nashville, TN, USA: IEEE Press,2021:13728-13737.

[48] Wang C Y, Yeh I H, Liao H Y M. You Only Learn One Representation: Unified Network for Multiple Tasks[J]. arXiv preprint arXiv:2105.04206,2021.

[49] Wang Y, Zhang X, Yang T, et al. Anchor Detr: Query Design for Transformer-based Detector[C]// Proceedings of the AAAI conference on Artificial Intelligence.2022,36(3):2567-2575.

[50] Dosovitskiy A, Beyer L, Kolesnikov A, et al. An Image is Worth16x16 Words: Transformers for Image Recognition at Scale[J]. arXiv preprint arXiv:2010.11929,2020.

[51] Liu Z, Lin Y, Cao Y, et al. Swin Transformer: Hierarchical Vision Transformer using Shifted Windows[C]//Proceedings of the IEEE International Cconference on Computer Vision. Montreal, QC, Canada,2021:9992-10002.

[52] Zeng F, Dong B, Zhang Y, et al. Motr: End-to-end Multiple-Object Tracking with Transformer[C]// European Conference on Computer Vision. Cham: Springer Nature Switzerland,2022:659-675.

[53] Dong B, Zeng F, Wang T, et al. Solq: Segmenting Objects by Learning Queries[J]. Advances in Neural Information Processing Systems,2021,34:21898-21909.

[54] Sun P, Jiang Y, Xie E, et al. What Makes for End-to-end Object Detection?[C]//International Conference on Machine Learning. PMLR,2021:9934-9944.

[55] Tan M, Pang R, Le Q V. EfficientDet: Scalable and Efficient Object Detection[C]//Proceedings of the IEEE Conference on Computer Vision and Pattern Recognition. Seattle, WA, USA: IEEE Press,2020:10778-10787.

[56] Law H, Deng J. CornerNet: Detecting Objects as Paired Keypoints[C]// Proceedings of the European Conference on Computer Vision(ECCV). Springer Cham,2018:734-750.

[57] Zhou X, Wang D, Krähenbühl P. Objects as points[J]. arXiv preprint arXiv:1904.07850,2019.

[58] Zhang S, Chi C, Yao Y, et al. Bridging the Gap Between Anchor-Based and Anchor-Free Detection via Adaptive Training Sample Selection[C]// Proceedings of the IEEE Conference on Computer Vision and Pattern Recognition. Seattle, WA, USA: IEEE Press,2020:9756-9765.

[59] Tian Z, Shen C, Chen H, et al. FCOS: Fully Convolutional One-Stage Object Detection[C]// Proceedings of the IEEE International Cconference on Computer Vision. Seoul, Korea(South): IEEE Press,2019:9626-9635.

[60] Wu Y, He K. Group Normalization[C]//Proceedings of the European Conference on Computer Vision(ECCV). Springer Cham,2018:3-19.

後記

本書主要圍繞 YOLO 系列來講解物件辨識領域中的一些基本技術點，這並不代表掌握了 YOLO 就掌握了整個物件辨識領域的精髓，摸清了這一領域的發展脈絡。事實上，YOLO 只不過是這一領域最為活躍的工作之一，除此之外，諸如 Faster R-CNN、RetinaNet 以及後來的 FCOS 和 DETR，都值得花大量篇幅去詳細介紹。當然，我們在第 4 部分中對 DETR、YOLOF 和 FCOS 進行了講解和實踐，但這些仍只是該領域的冰山一角。我們的核心內容仍聚焦於 YOLO 工作。YOLO 憑藉其簡潔的網路結構和工作原理，備受研究者的青睞。若要在這一領域中選出一個「里程碑」，YOLO 當之無愧。本書的初衷，就是希望能夠幫助每一位物件辨識的初學者入門物件辨識領域，為之後的研究做好鋪陳。物件辨識並不難，但也不簡單，經過這些年的發展，許多問題都獲得了有效的解決，檢測框架也逐漸趨於成熟，但仍有許多棘手的問題待解決。儘管這是一個表面上看來接近飽和的研究領域，但透過繁華的盛景，直窺任務的本質，我們仍會發現大量的核心問題尚待解決。

在完成本書之際，YOLO 系列又從 YOLOv7 更新至第八代 YOLO 檢測器：YOLOv8，由設計了知名 YOLOv5 系列的團隊一手打造。雖然這又是一款新的檢測器，但 YOLOv8 依舊沒有跳出本書所介紹的 YOLO 框架，依舊是 YOLOv4 風格的網路結構（使用了新的模組）、動態標籤分配策略以及 YOLOv5 風格的資料增強。因此，在學完本書後，作者相信讀者已經具備了學習 YOLOv8 的水平和能力。希望這款新的 YOLO 檢測器能帶給讀者不一樣的體驗。

YOLO 的全稱為「You Only Look Once」，意思是你只看一次。同時，YOLO 又是一句經典敘述「You Only Live Once」的縮寫。人生苦短，就讓我們揚帆起飛，向著充滿無限可能的遠方大膽前進吧！

深智數位
股份有限公司